KB142640

인문학도에게 권하는

나의 첫 번째
과학 공부

인문학도에게 권하는

$$x^2 + px + q = 0$$

$$x_{1/2} = \frac{-b \pm \sqrt{b^2 - 4ac}}{2a}$$

$$\varepsilon = mc^2$$

$$f(x) = \sin x$$

$$x = 6 - 9.4$$
$$x + a - b$$
$$f(x) = \tan x$$

나의 첫 번째
과학 공부

박재용 지음

행성B

과학적 사고로
인간중심주의를 깨다

　과학은 '어떻게'를 묻습니다. 인문학은 '왜'를 묻지요. 과학은 과정과 인과관계를 탐구하고, 인문학은 윤리와 가치를 추구합니다. 쉽게 말해 과학은 사실에 숨겨진 원리를 찾고, 인문학은 그 근간을 들여다보고 질문을 하지요. "그래서 우리는?" 이렇게 말입니다.

　물론 과학과 인문학을 완전히 분리할 수는 없습니다. 인문학자들도 '어떻게'를 물으며 과학에 뿌리를 둔 질문을 하기도 하고, 과학자들도 '왜'를 물으며 인문학적 관점으로 과학을 들여다보기도 하니까요.

　이 책은 원래 과학이 인문에게 던지는 질문입니다. 과학을 통해 인간 사회와 역사 속에 존재해 온 통념들이 어떻게 바뀌었는지, 그리고 그 변화가 현재의 우리에게 어떤 의미인지 물어보고 싶은 것입니다. 당연히 이 책에서 그에 대한 답까지 내리는 것은 아닙니다. 내릴 수도 없지요. 그 답은 언제나 각자의 몫이니까요.

　이 책은 과학의 역사 혹은 현황을 각 분과학문별로 다루고 있습니다만 각 영역을 자세히 들여다보는 것은 아닙니다. 학문의 탄생 배경을 중심으로 역사적 맥락을 짚어보고, 이를 통해 과학이 밝혀낸 인간과 지구에 대한 통찰을 전하고자 했습니다.

오랜 세월 인간은 자신을 신의 총애를 받는 특별한 존재로 여겼습니다. 또 지구가 우주의 중심이라고 생각했지요. 과학의 역사는 이러한 인간중심주의에서 벗어나는 여정입니다. 이 책은 지구가 우주의 중심이라 여겨지던 고대에서, 인간이야말로 신의 총애를 받는 존재라는 자부심으로 가득한 신화의 세계에서 걸어 나온 과학이 어떻게 인간과 지구의 평범함을 확인하는지 보여 줍니다. 특별한 존재라 생각했던 인간이 사실은 우주의 변방인 지구에서 다른 생물들과 다를 바 없는 진화의 과정을 거친 한 생명체에 불과하다는 것을요. 그다음 이렇게 묻습니다. '이렇게 한없이 낮춰진 그러나 여타의 생물들과 대등한 관계에 놓인 인간으로서 우리는 어떻게 살아야 할 것인가?'라고 말이죠.

자신을 객관적으로 알려고 하는 것은 여느 존재도 하지 못한 (현재까지 확인된 바로는) 인간만이 유일하게 이루어낸 대단한 성과입니다. 이 부분에 대해서만큼은 자부심을 가져도 좋습니다. 하지만 인간이야말로 특별한 존재이며, 인간을 만물의 척도로 보는 시각은 다릅니다. 그것은 뿌리 깊은 편견이지요. 과학적 사고로 세상을 본다는 것은 바로 이러한 편견을 깨는 일입니다. 이 책은 그곳까지 가는 여행의 지침서로 쓰게 되었습니다. 아쉬움이 없진 않지만 이 책을 덮을 때 여러분이 '그래서 나는, 인간은 우주에서 무엇인가?'를 생각할 수 있다면 이 책은 그 임무를 다한 거라 생각합니다.

2017년 9월

박재용

차례

3장. 인간은 특별한가

4장. 우주를 움직이는 힘은 무엇인가

1장

생명이란
무엇인가

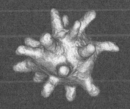

이 땅 위에서의 삶은 꽤나 저렴해.
예를 들어 넌 꿈을 꾸는 데 한 푼도 지불하지 않지.
환상의 경우는 잃고 난 뒤에야 비로소 대가를 치르고.
육신을 소유하는 건 육신의 노화로 갚아나가고 있어.

그것만으로는 아직도 부족한지
너는 표 값도 지불하지 않고,
행성의 회전목마를 탄 채 빙글빙글 돌고 있어.
그리고 회전목마와 더불어 은하계의 눈보라에 무임승차를 해.

비스와바 쉼보르스카, 〈여기〉에서

생명이란 무엇인가

생물학이 말해 주는 것

성경 창세기에 따르면 하느님은 빛과 어둠, 하늘과 땅을 나누고, 바다를 만듭니다. 그러고 나서 차례로 식물, 물짐승, 날짐승, 가축과 기어 다니는 동물, 들짐승을 창조합니다. 이 모든 준비가 다 끝나고 난 뒤에야 비로소 자신의 형상대로 사람을 창조하지요. 그리스 신화에서도 세상 만물이 모두 자리를 잡은 뒤에야 프로메테우스가 사람을 만듭니다. 중국의 고대 신화도 비슷합니다. 어느 신화에서든 인간은 항상 세상 만물이 모두 만들어진 후 마지막으로 창조됩니다. 이를 두고 어떤 이들은 인간이 만물 중 가장 늦된 자이니 자중하고 겸손하란 뜻이라고 말하지만, 사실 모든 것이 준비된 다음 비로소 인간이 세상의 주인공으로 등장했다는 지극히 인간중심적인 생각일 뿐입니다.

우리는 이렇게 아주 오랜 옛날부터 세상을 인간을 위해 준비된 무대라 여기는 것에 익숙합니다. 이 준비된 것에는 산과 바다, 하늘과 구름뿐만 아니라 식물과 동물도 포함되지요. 비단 신화만의 이야기는 아닙니다. 우리는 은연중에 인간은 다른 생물과 근본적으로

사람을 창조하고 있는 프로메테우스와 이를 지켜보는 아테나

다르다는 생각을 가지고 살아갑니다. 그런데 인간은 정말 그렇게 특별한 존재일까요? 과학의 발전, 특히 생물학의 발전 과정을 살펴보면 그렇지 않다는 사실을 발견할 수 있습니다. 생물학의 발달 과정은 인간이 다른 생물과 별반 다르지 않다는 걸 증명하는 과정이기도 합니다. 혹시 '에이 그래도 사람이 뭔가 다른 게 있겠지.'라는 생각이 드나요? 그래서 이 책의 첫 장은 바로 이런 의문과 고정관념에 대한 답을 알아보는 데서 시작합니다. 과연 사실은 어떠한지 생물학의 여러 분야를 통해 살펴볼 것입니다.

생물학은 18~19세기 초에 생긴 명칭으로, 현대 생물학은 역사가 그리 길지 않습니다. 이전에는 박물학 안에서 동물학, 의학에서 인체 해부학, 그리고 약학에서 식물학 등으로 나뉘어 있었습니다. 그러나 인간과 동물, 식물 전반에 걸친 이해가 높아지면서 이들의 생명으로서의 공통점에 천착하는 생물학이 태동한 것입니다. 간단히 말하면 생물학은 생명, 생물을 연구하는 학문입니다. 그렇기 때문에 생물학을 이해하기 위해서는 당연히 '생명이란 무엇인가?'라는 질문에서 시작해야 합니다.

바이킹호 실험: 화성에도 생명체가 있을까?

만약 지구 바깥 어딘가에 생명체가 존재하고, 이를 탐사하고 싶다면 가장 가능성이 높은 곳이 바로 화성입니다. 그래서인지 '화성인의 침공'이란 소재로 소설과 영화도 꽤 많이 만들어졌습니다. 100년 전쯤에는 화성을 관찰하다 운하를 발견했다는 주장이 선풍적인 인기를 끌기도 했지요. 1975년 8월 미 항공우주국 나사NASA는 미국 건국 200주년을 기념하며 화성에 첫 탐사선을 보냈습니다. 이 탐사선의 이름은 바이킹Viking입니다. 바이킹호의 가장 중요한 임무는 화성에 살아 있는 생명체가 있는지 확인하는 것이었습니다. 물론 그 이전에도 화성에 대한 관측을 계속해 왔고, 눈에 띌 정도로 큰 생물체가 없다는 건 알고 있었습니다. 그러니 만약 화성에 생명체가 있다면 토양 속에 있는 아주 작은 미생물이 될 터였습니다.

그럼 여기서 질문 하나. 나사의 과학자들은 화성의 토양 속에 생명체가 있는지 어떻게 알아내려고 했을까요? 생명체가 육안으로 볼 수 있는 정도의 크기라면 방법은 간단합니다. 사진이나 동영상을 촬영하면 되니까. 하지만 세균이나 단세포 원핵생물이라면 어떨까요? 사진과 동영상으로 그 모습을 담을 수가 없습니다. 더구나 바이킹호는 무인우주선이었습니다. 누군가 현미경으로 미생물을 직접 관찰하는 것도 불가능했습니다.

나사의 과학자들은 생명이라면 반드시 해야 하는 '어떤 행위'를 관찰하는 실험으로 생명체의 존재를 확인하려고 했습니다. 바로 물질대사입니다. 나사는 생명체 확인 실험 세 가지를 진행했는데, 모두 물질대사와 관련이 있습니다. 하나는 광합성에 관한 것(동화작용)이었고, 나머지 둘은 호흡(이화작용)에 관한 것이었습니다.

먼저 바이킹호는 화성의 토양을 채취해서 밀폐된 용기에 넣었습니다. 그다음 이산화탄소와 물을 공급하면서 램프로 빛을 쬐어 주었습니다. 만약 토양 속에 광합성을 하는 생물이 있다면 이산화탄소를 흡수해 영양분을 만들 테니 이를 확인해 보겠다는 것이었습니다. 호흡과 관련한 실험에서는 밀폐된 용기에 화성의 토양을 넣고 영양분을 공급했습니다. 영양분을 섭취해서 에너지로 이용하는 생명체가 있다면, 즉 호흡을 한다면 이산화탄소가 발생할 것이라고 생각했지요. 하지만 이 실험은 실패로 끝났습니다. 결과적으로 아무 일도 발생하지 않아서가 아니라 실험 자체가 엄밀하지 않아 의미가 없다고 판명되었기 때문입니다.

바이킹호의 이 실험은 우리가 생명을 정의하는 방식이 지극히 귀납적이란 사실을 보여준다는 점에서 인상적입니다. 지구 생물 중 스스로 양분을 생산하는 생물을 독립영양생물이라고 부릅니다. 이들 대부분은 빛과 물, 이산화탄소를 이용해서 양분을 만들고 부산물로 산소를 발생시킵니다. 그런데 그중 아주 일부는 빛이 아닌 열이나 다른 화학반응을 통해 양분을 만들고[1], 빛 에너지를 이용하기

---

1 심해열수공 부근에 사는 세균들이 열과 화학반응을 통해 영양분을 만드는 대표적인 독립

는 하지만 물을 이용하지 않고 양분을 생산하는 생물[2]도 있습니다. 바이킹호의 실험을 기획한 과학자들은 이 '대부분'에 해당하는 생물의 공통사항이 화성의 생물에게도 적용될 거라고 여긴 것입니다.

호흡에 관해서도 마찬가지입니다. 지구 생물 대부분은 산소 호흡을 하며 섭취한 영양분을 분해해서 에너지를 만들 때 부산물로 이산화탄소와 물을 만듭니다. 극히 일부만 산소 없이 호흡을 하며[3], 그 부산물로 이산화탄소 대신 다른 화학물질을 만들지요. 과학자들은 화성에 생명이 있다면 지구 생물 대부분이 하는 호흡을 관찰할 수 있을 것이라고 기대했습니다.

이렇듯 바이킹호의 실험은 지구 생물 대부분이 하는 일을 화성에 살고 있는 생물도 할 것이라는 전제 아래 이루어졌습니다. 화성 생물도 지구 생물처럼 물질대사를 한다고 가정한 것입니다. 즉, '모든 생물은 물질대사를 한다.'고 생각했습니다. 하지만 화성의 생명체가 탄소를 중심으로 한 생명체가 아니라면 이 실험을 통해서 우리가 확인할 수 있는 것은 아무것도 없습니다.

영양생물이다. 열수공에서 분출하는 각종 화학물질과 뜨거운 열을 이용해서 영양분을 만든다. 이들은 심해열수공 주변 생태계의 1차 생산자이다.

2 대표적으로 온천이나 화산 주변에 사는 황세균이 있다. 이들은 물 대신 황화수소를 이용해서 광합성을 한다. 그 결과 이들은 산소를 만드는 대신 황을 발생시킨다.

3 이런 생물들을 흔히 혐기성세균이라고 부른다. 이들은 대부분 산소가 없는 환경인 우리의 몸속이나 축축한 물기 아래 혹은 지하 깊숙한 곳에서 살아간다.

생명의 조건

그렇다면 귀납적으로 정의 내려진 생명이란 무엇일까요? 과학자들은 다음의 세 가지를 듭니다.

· 세포로 구성되어 있는가?
· 효소를 이용한 물질대사를 하는가?
· 번식을 하는가?

이 세 가지 조건을 만족시키면 생명이고 이를 만족시키지 못하면 생명이 아니라고 봅니다. 그런데 바이러스처럼 그 경계가 애매한 경우도 있습니다. 바이러스는 세포로 구성되어 있지 않습니다. 효소는 가지고 있지만 생장을 위한 물질대사는 하지 않습니다. 효소도 DNA나 RNA의 복제를 위해 필요한 최소한만 가지고 있습니다. 번식은 합니다. 일부지만 효소가 있고 번식을 하기 때문에 완전히 무생물이라고 정의하기엔 꺼림칙해 생물과 무생물의 중간 지대에 놓았습니다. 광우병을 일으키는 단백질인 프리온은 아예 무생물로 취급됩니다. 이 녀석은 세포도 아니고, 유전물질도 가지고 있지 않습니다. 또 효소도 없습니다. 그냥 단백질 덩어리인 것이지요. 일종의 번식처럼 보이는 행위, 자신과 유사한 단백질을 만들어 내기는 하지만 생물로 보지 않습니다. 수정도 마찬가지입니다. 지하 동굴에서 만들어지는 수정은 자라납니다. 스스로 결정화하며 조금씩 커지고 가지를 치지만 우리는 수정을 생물이라고 하지 않습니다.

이 세 가지 조건은 귀납적입니다. 즉 지구상의 다양한 생물을 관찰하고 그 공통점을 뽑았더니 저 세 가지가 핵심이란 것입니다. 따라서 언젠가 지구에서 혹은 지구 외의 다른 천체에서 생명임이 명백하지만 저 세 가지 조건에 맞지 않는 개체를 만난다면 귀납적 정의가 항상 그렇듯이 생명에 관한 이 조건은 깨질 것입니다. 그러나 현재까지는 이 조건을 충족해야만 생명으로 봅니다. 그렇다면 이제 질문을 바꿔 봅시다. 이 지구상에 있어 왔고, 지금도 존재하는 생명이란 과연 무엇일까요?

생명을 생명이게 하는 것

에르빈 슈뢰딩거Erwin Schrödinger, 1887~1961는《생명이란 무엇인가》란 책에서 '생명은 기억의 재현'이라고 했습니다. 번식은 '질서로부터 질서'를 만드는 행위라 했고, 외부의 물질을 흡수해서 생장하는 과정을 '무질서로부터 질서'를 만드는 행위라고도 했습니다. 린 마굴리스Lynn Margulis, 1935~2011[4]는 슈뢰딩거 저서와 동일한 제목의 자신의 저서《생명이란 무엇인가》에서 생명은 진화의 관점에서 볼 때 '바이러스와 그 후손'이라는 정의를 내렸습니다. 생명은 '인간의 형태로 우주가 스스로에게 던지는 질문'이라고도 했지요.

하지만 생명이란 한 문장으로 정의 내릴 수 없는 존재입니다. 그렇기에 생명의 기본적인 특징을 나열하는 것으로 그 정의를 대신

---

4 미국의 생물학자. 세포 내 미토콘드리아가 원래는 하나의 원핵세포였으나 세포 내 공생관계를 통해 소기관으로 자리 잡게 되었다는 주장으로 유명하다.

해 보려고 합니다.

첫째, 생명의 기본 단위는 세포입니다. 세포는 대개 핵, 세포막, 세포질, 미토콘드리아로 구성되어 있으며, 식물세포에만 엽록체와 세포벽이 추가됩니다. 그중 세포를 외부와 격리시키는 것은 세포막입니다. 두 겹의 인지질로 이루어진 세포막은 내부와 외부를 나눕니다. 모든 생물에게 예외 없이 적용됩니다. 이에 따라 생명은 내부적 통일성을 유지

에르빈 슈뢰딩거. 슈뢰딩거 방정식과 슈뢰딩거의 고양이로 유명한 오스트리아 출신의 물리학자다.

하는 존재라고 정의할 수 있습니다. 세포막으로 외부 환경과 무관하게 내부 질서를 유지함으로써 생명은 생명다워지는 것입니다. 그렇다고 세포막이 단절만을 뜻하지는 않습니다. 세포막 곳곳에 있는 작은 틈 사이로 외부와 내부는 끊임없이 서로 침투합니다. 세포의 외부와 내부에 존재하는 물은 항상 둘 사이를 드나들고, 그 물에 여러 가지 물질이 실려 드나듭니다. 물질이 더는 드나들지 않을 때 생명은 죽습니다. 생명은 홀로 존재할 수 없으며, 외부와 고립되어선 더더구나 존재할 수 없기 때문입니다. 이처럼 세포막은 생명을 외부와 나누지만 동시에 연결하기도 합니다.

둘째, 생명은 효소를 이용해 물질대사를 합니다. 포도당을 연소시키려면 400도 정도의 높은 열이 필요하지만 세포는 체온으로도 포도당을 분해할 수 있습니다. 효소 덕분이죠. 효소는 생명을 생

명이게끔 합니다. 생명이 살아가기 위해선 에너지가 필요합니다. 하지만 100의 에너지를 내기 위해 90을 써야 한다면 어떨까요? 나머지 10만 가지고 살아야 합니다. 이런 비효율적인 체계는 오래 가지 못합니다. 다행히 생명에는 효소가 있어 10만 소비해도 100의 에너지를 얻을 수 있습니다. 효소가 있으므로 생명은 효율적으로 생명 활동과 번식을 할 수 있는 것입니다.

또한 단순한 구조로 되어 있는 원핵생물조차 제대로 기능하기 위해선 여러 가지 소기관이 필요합니다. 이들 소기관은 수많은 화학반응으로 만들어집니다. 붙이고 나누고 바꾸는 이 과정의 핵심이 효소입니다. 비닐봉지 하나를 만드는 데도 정유 공장에서부터 대규모 공장들이 필요하지만 세포는 눈에 보이지도 않는 작은 부피 안에서 단백질과 ATPAdenosine Triphosphate, 아데노신 삼인산[5], 세포 내 골격과 섬모를 만들어 냅니다. 모두 효소가 있어서 가능한 것이지요.

셋째, 생명은 내부 엔트로피를 일정하게 유지합니다. 세포가 만들어지면 그 내부는 정교하게 구획됩니다. 어디는 액포가 있고, 어디는 핵이 있지요. 골격은 세포를 지탱하고 세포막은 외부와 내부를 구분합니다. 질서가 잡히는 것입니다. 이는 곧 내부 엔트로피가 낮다는 의미이며 세포는 이 상태를 유지합니다. 자연은 보통 엔트로피가 낮은 상태에서 높은 상태로 갑니다. 불가역적입니다. 그러나 생명만이 이를 거슬러 내부 엔트로피를 낮은 상태로 유지합니

---

5 원핵생물의 세포막이나 진핵생물의 미토콘드리아에서 생성되는 물질이다. 근육 활동이나 신경 활동 등 다양한 생명 활동을 하는 데 필요한 에너지를 저장한 일종의 에너지 화폐라 볼 수 있다.

다. 물질대사를 통해서입니다. 이것은 곧 외부 엔트로피를 높이는 결과를 낳습니다. 생명은 내부 엔트로피를 낮추기 위해 우주의 엔트로피를 높이는 존재인 것입니다.

넷째, 생명은 생장합니다. 언뜻 보기에 생물의 생장은 무생물의 성장과 비슷해 보입니다. 둘 다 개체가 커지는 것입니다. 그러나 생물의 생장은 무생물의 성장과 다릅니다. 두 가지 지점에서 그러한데요. 먼저 생장은 성장과 달리 물질대사의 결과물입니다. 예를 들어 고드름은 땅을 향해 자라지만 그 과정에서 물질대사를 하지는 않습니다. 수정 또한 여러 방향으로 자라지만 물질대사를 하지는 않습니다. 그저 성장할 뿐이죠. 반면 생명은 생장을 위해 그에 필요한 여러 부품을 스스로 만들어야 합니다. 그 과정에는 어김없이 효소가 개입합니다.

세포의 핵심은 외부와의 소통입니다. 외부와 소통이 불가능해지면 세포는 죽게 됩니다. 그렇기 때문에 세포는 일정한 크기 이상으로 커지지 못합니다. 따라서 다세포생물의 생장은 곧 세포 분열입니다. 원핵생물은 특히나 그 크기가 제한되어 있습니다. 생장을 위해 필요한 에너지를 얻는 데 한계가 있기 때문입니다. 진핵생물은 에너지 생산을 미토콘드리아에 위임해서 그 효율이 비약적으로 커졌습니다. 그에 따라 세포의 크기가 커졌지만 그마저도 한계가 있어 외부와의 소통이 가능한 만큼만 허용됩니다. 즉 생장은 세포의 수가 커지는 것을 통해서 이루어집니다. 그렇게 증가한 세포들은 자신의 역할에 맞춰 변형됩니다. 우리 몸에는 신경세포, 근육세포, 표피세포 등 다양한 목적을 지닌 여러 가지 세포가 존재합니다. 생장은 곧 세포의 종류가 늘어나는 것입니다.

다섯째, 생명은 번식을 합니다. 애초에 번식을 목적으로 생명이 만들어진 것은 아닙니다. 다만 번식하지 않는, 혹은 못하는 생명은 자연히 사라졌고 번식을 하는 생명들만 남았습니다. 이 생명들은 자기와 닮은 자손을 낳습니다. 지렁이는 지렁이를 낳고, 뱀은 뱀을 낳지요. 사람은 사람을, 유글레나는 유글레나를, 세균은 세균을 낳습니다. 무엇이 자식으로 하여금 부모를 닮게 할까요? 그것은 바로 유전자입니다. 부모는 자신과 동일하거나 거의 흡사한 유전자를 자손에게 물려줍니다. 자식이 물려받은 유전자는 부모가 겪은 것과 같은 시기에 같은 단백질을 만들고, 이 단백질로 효소를 만들고, 이 효소를 이용해 부모와 같은 형태로 자신을 발생시키고 생장시킵니다. 결국 생명은 리처드 도킨스Richard Dawkins, 1941~의 말대로 유전자의 운반체이기도 합니다.

여섯째, 생명은 연결된 존재입니다. 생명은 스스로 만든 생태계의 일원으로만 존재합니다. 어느 생물도 어느 종도 혼자서 살 수 없습니다. 광합성으로 에너지를 얻는 식물은 언뜻 보기에 혼자서도 생존이 가능할 것 같지만 그렇지 않습니다. 식물은 꽃가루와 씨를 운반할 동물이 있어야 하고, 뿌리와 연결된 균사체가 있어야 하고, 원핵생물이 있어야 합니다. 동물도 그렇고 원생생물도 그렇습니다. 모든 생물은 다른 종의 생물과 어떤 형태로든 연결되어 있어야만 합니다. 연결이 끊긴 생물은 곧 사라지고 맙니다. 따라서 생명은 생태계 내에서 다른 생명과의 연결로 존재합니다.

마지막으로 생명은 진화합니다. 진화하지 않는 생물은 없습니다. 흔히 말하는 살아 있는 화석도 실제로는 진화의 결과물입니다. 생태계는 끊임없이 변하기 때문입니다. 생태계의 변화는 그 안에서 생물이 담당하는 역할을 변화시킵니다. 이 변화에 대응하는 것이 바로 진화입니다. 지구상의 어떤 생물도 진화를 비껴 불멸의 삶을 살 순 없습니다. 생명은 진화하는 존재이자 동시에 필멸의 존재입니다.

생명은 어떻게 발생할까

생물학의 시조 아리스토텔레스

생물을 과학적으로 접근한 최초의 인물은 아리스토텔레스
Aristoteles, BC 384~BC 322입니다. 물론 그 이전에 히포크라테스Hippocrates,
BC 460?~BC 377?가 있었지만 그의 관심사는 오로지 인간의 몸과 치료
였습니다. 이에 비해 아리스토텔레스는 생물 자체에 대한 탐구에
관심이 많았습니다. 실제 남아 있는 그의 저작 중 4분의 1가량이 동
물학에 관한 것입니다.

　그는 지상의 모든 사물을 무생물, 식물, 동물, 인간 이렇게 네
계층으로 나누었습니다. 그중 무생물은 영혼이 없고, 식물은 식물
의 영혼을 가지고 있으며 동물은 식물의 영혼과 동물의 영혼을 함께
가진다고 보았습니다. 인간은 그것에 더해 인간의 영혼을 가지고
있다고 주장했습니다. 이 분류 자체가 이렇게 이야기합니다. 인간
은 동물과 다르다고. 약간 다른 것이 아니라 아예 차원이 다릅니다.
이는 아리스토텔레스만의 고유한 주장이 아닙니다. 그 시대뿐 아니
라 지금도 많은 사람이 스스로를 다른 생물, 특히 동물과 다르다고
생각합니다. '짐승 같은 놈'이 인간에 대한 욕이 되는 것이지요.

아리스토텔레스는 동물을 피의 유무에 따라 유혈동물과 무혈동물로 나누었습니다. 그다음 번식 방법에 따라 유혈동물은 네 가지, 무혈동물은 세 가지 종류로 구분했습니다. 동물을 총 일곱 가지로 범주화한 것입니다.

세부 구분을 살펴보면 제시된 표와 같이 유혈동물의 첫 범주는 새끼를 낳는 태생인 인류, 태생 사족류, 고래류이고, 그다음으로 몸속에 알을 낳고 부화시킨 뒤 새끼를 내놓는 난태생인 연체어류, 양막을 지닌 딱딱한 껍질의 알을 낳는 난생인 조류, 난생 사족류, 무족류가 있으며, 양막이 없고 알 껍질이 무른 불완전 난생인 어류도 있습니다. 무혈동물은 불완전 난생을 하는 연체류와 연각류, 저생 혹은 자연발생을 하는 유절류와 무성생식 혹은 자연발생을 하는 갑각류로 나누었습니다.

아리스토텔레스의 동물 분류는 린네Carl von Linne, 1707~1778가 생물을 재분류할 때까지 근 2000년간 지배적인 영향력을 행사합니다. 이 분류는 체계적으로 동물을 분류해 정리했다는 의미도 있지만 또 다른 의미도 있습니다. 먼저 아리스토텔레스는 인간의 목적에 따라 생물을 분류하지 않았습니다. 독이 있는 풀, 먹을 수 있는 풀 혹은 젖을 짜는 동물, 먹을 수 있는 동물 등으로 나누지 않았다는 뜻이지요. 실제로 고대의 각종 생물 분류는 인간이 어떻게 이용할 수 있는지를 가지고 나누는 경우가 허다했습니다. 또한 아리스토텔레스는 물에 사는 것, 하늘을 나는 것, 육지에 사는 것 등 눈에 띄는 단순한 기준으로 생물을 나누지 않았습니다. 자신이 보기에 본질적인 측면인 '피가 도는가?'를 기준으로 1차 분류를 하고 번식 방법을 통해 세분화했습니다. 그래서 난태생인 연체어류가 알을 낳는 새나 파충류보다 더 상위 분류에 속합니다. 그의 분류는 나름대로 철저하고 지속적인 관찰을 통해 이루어졌습니다. 고래를 다른 어류와 구분해 태생인 포유류와 같은 분류에 놓은 것도 그런 관찰의 결과입니다.

이러한 분류가 가능했던 이유는 그가 머릿속에서만 생각하지 않았기 때문입니다. 아리스토텔레스는 다양한 생물을 찾아서 수집하고 직접 관찰했으며 관찰한 생물의 공통점과 차이점을 정리했습니다. 이러한 토대 위에 자신의 생물관을 투영합니다. 그의 연구 방법은 대단히 귀납적이었습니다. 이 점은 당시 자연철학자들과는 사뭇 다른 점이었습니다. 당시의 자연철학자들은 선험적으로 신이 인간에게 부여했다고 생각하는 이성으로 사고하고, 이 추상적 사고에

표 1. 아리스토텔레스의 동물 분류

피의 유무	번식 방법	종류
유혈동물	태생	인류
		태생 사족류
		고래류
	난태생	연체어류
	난생	조류
		난생 사족류
		무족류
	불완전 난생	어류
무혈동물	불완전 난생	연체류
		연각류
	저생 혹은 자연발생	유절류
	무성생식 혹은 자연발생	갑각류
		기타

자연을 꿰맞추는 방식으로 사유했습니다. 아리스토텔레스는 이와 달리 직접 관찰하고, 수집하고, 분류한 데이터를 중심으로 사고했습니다. 그가 최초의 생물학자이자 박물학자, 과학자란 칭호를 받을 수 있었던 것도 바로 이러한 방법론 때문입니다.

생명은 스스로 생길 수 있을까?

아리스토텔레스의 동물 분류에 따르면 하등한 생물일수록 번식 방법이 단순합니다. 자연발생을 하거나 무성생식을 합니다. 내부 구조가 복잡하고 높은 차원의 영혼을 가진 생물이 부모에 의해서만 생겨나는 것과는 다르게 비교적 간단한 구조를 가진 생물은 자연발생적으로 생길 수 있다고 여긴 것입니다.

그렇다고 아무런 조건도 없이 아무데서나 생명이 나타나는 것은 아니었습니다. 생명의 기초가 되는 '생명의 배Germ'가 먼저 존재해야 하고, 이 배가 물질을 조직하여 생명의 모양새를 만든다고 생각했습니다. 이것이 바로 아리스토텔레스가 주장했던 자연발생설입니다. 이 주장은 르네상스에서 근대에 이르는 시기에 맹활약했던 생기론자들Vitalist의 관점과 동일합니다. 생기론자들이 그의 주장을 발전시킨 것이라고 봐야 할 정도입니다.

여기서 눈여겨봐야 할 점은 아리스토텔레스가 생명의 기원을 설명함에 있어 '신의 개입'을 배제했다는 것입니다. 일찍이 고대 그리스 자연철학자들이 자연 자체의 원리를 통해 세상을 설명했던 것처럼, 아리스토텔레스도 동일한 관점을 가지고 동물학을 연구했습니다. 새끼도, 알도 낳지 않는 것처럼 보이는 하등 동물에 대해 그는 신의 창조를 떠올리지 않았습니다. 대신 자연이 일정한 원리를 통해 생명을 만들어 낸다고 보았습니다. 실제로 그의 동물 분류나 여타 다른 저작들을 보아도 생명의 탄생에 신이 개입할 여지는 전혀 없습니다. 그런 점에서 아리스토텔레스의 동물 분류는 대단히 진보적인 주장이었습니다. 당시에는 신이 세상 만물을 창조했다는 말 한마디로 모든 설명이 끝나는 시기였으니까요.

생명은 오로지 생명에서 생겨난다

아리스토텔레스의 자연발생설은 이후 2,000년간 유럽에서 주류로 인정받습니다. 대신 그가 주장하던 생명의 기운인 배는 신이 태초에 이 세상에 뿌려놓은 것으로 수정되었습니다. 이렇게 기독교와 타협을 본 자연발생설은 이제 진보적 가치는 사라지고 반대로 생물 발생에 대한 일종의 보수 이데올로기가 됩니다.

아리스토텔레스의 세계관 속에서 잠자던 유럽을 깨운 것은 데카르트Descartes, 1596~1650의 기계론적 세계관이었습니다. 생물학에도 새로운 물결이 나타난 것이지요. 당시 데카르트는 정신과 육체가 별개라는 이원론적 세계관을 주장했는데, 그는 오직 인간만이 정신 활동을 하고 나머지는 모두 일종의 기계와 같다고 생각했습니다. 그래서 동물은 고통조차 느끼지 않는다고 주장했습니다. 다만 그 기계의 부속품이 시계와는 다를 뿐이라고 했습니다.

그는 인간마저도 그 몸은 기계라 여겼습니다. 다만 인간에게는

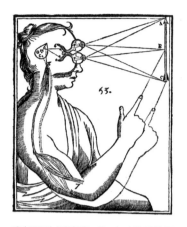

데카르트의 《인간론De Homine》의 63번 도판. 머리 중앙에 있는 솔방울 모양의 조직이 마음과 육체의 접점인 송과선이다.

영혼이 있어 여타 다른 생물들과 다르다고 했습니다. 이 영혼은 뇌의 송과선에 머무르는데, 영혼이 떠나면 인간은 다른 동물들과 동일한 기계가 됩니다. 따라서 데카르트에 따르면 아리스토텔레스가 주장했던 생물을 자연발생시키는 생명의 배(일종의 영혼)는 부정될 수밖에 없었습니다. 그의 기계론적 세계관의 세례를 받은 과학자들은 당연히 자연발생론을 부정하게 됩니다. 대신 생명은 오로지 생명에서만 생겨난다고 주장했습니다. 이를 생명속생설이라고 합니다.

하지만 유럽 대륙 곳곳에는 아직도 아리스토텔레스 세계관을 가진 이들이 꽤나 많이 있었습니다. 일종의 생기론자들입니다. 그들은 데카르트의 기계론적 세계관 자체에 불만을 품고 있었습니다. 그들이 생각하기에 생명에는 생명을 생명이게끔 하는, 혹은 무생물과 구분되는 무언가가 있어야 했습니다. 그런 그들에게 자연발생설은 세계를 가장 잘 설명하는 이론이었습니다.

자연발생설 VS 생명속생설

1642년 자연발생설을 주장하는 벨기에의 화학자 반 헬몬트Jan

Baptist Van Helmont, 1557~1644는 밀 낱알과 땀으로 더러워진 옷을 기름과 우유에 적셔 항아리에 넣어 창고에 두었더니 옷 아래에서 쥐가 나타난 걸 확인했다고 발표했습니다. 물론 당시의 실험은 그 수준에서 엄밀함을 갖기 힘들었고, 실험 결과도 자신의 주장에 맞는 것만 채택하는 등 결코 제대로 된 실험이라고 할 수는 없었습니다. 하지만 당시로서는 자연발생설을 실제로 확인한 첫 번째 결과였습니다.

그로부터 40년 뒤 생명속생설을 믿는 이탈리아의 의사 프란체스코 레디Francesco Redi, 1626~1697가 생선 한 도막을 병에 넣고 입구를 천으로 씌운 것과 씌우지 않은 것을 비교하는 실험을 합니다. 그 결과 천으로 씌우지 않은 병에서만 구더기가 발생했습니다. 레디의 실험은 자연발생설을 최초로 부정한 실험이면서 동시에 실험군과 대조군을 같이 비교한 최초의 대조 실험이기도 합니다. 그러나 애석하게도 입구를 천으로 씌운 병에서도 아주 작은 벌레가 기어 나옵니다. 이를 관찰한 레디는 결국 생물속생설은 비교적 큰 동물에만 적용되고 작은 동물에는 적용되지 않는다고 인정했습니다.

레디의 이러한 실험에도 여전히 생명속생설만을 주장하는 이들이 있었습니다. 그들은 아무리 작은 생물이라도 다른 생물로부터만 생겨난다는 주장을 굽히지 않았습니다. 그런 사람 중의 하나가 영국의 목사 존 니덤John Turberville Needham, 1713~1781입니다. 그사이 현미경이 발명되고 사람들은 현미경을 통해 육안으로는 보이지 않는 아주 작은 생물이 있다는 사실을 알게 되었습니다. 그리고 이런 미생물은 자연발생한다고 믿었습니다. 알보다도 작은 생물이었고, 현미경으로 아무리 관찰을 해도 그 미생물의 알은 보이질 않았기 때문입니다. 니덤은 이를 부정하고, 아무리 작은 생물도 다른 생물로부터만 나온다는 것을 확인하기 위한 실험을 고안합니다. 그는 1745년에 고기즙을 플라스크에 넣고 뜨겁게 데운 뒤 입구를 코르크 마개로 막고 방치한 후 며칠 뒤 현미경으로 관찰했습니다. 그런데 애석하게도 니덤의 의도와 달리 미생물이 관찰되었습니다. 사실 코르크 마개는 당시 사람들이 생각했던 것처럼 눈에 보이지 않는 미생물이 드나드는 걸 완전히 막지 못합니다. 더구나 팔팔 끓이는 것이 아니라 뜨겁게 데운 정도로는 세균을 죽이지 못합니다. 결국 니덤은 처음 의도와는 달리 자연발생설을 지지하게 됩니다.

그 뒤 1765년에 다시 이탈리아의 생물학자이자 신부였던 라차로 스팔란차니Lazzaro Spallanzani, 1729~1799의 실험이 이어집니다. 그는 고기즙을 플라스크에 넣고 오래 끓인 뒤 입구의 유리를 녹여 완전히 봉해 버립니다. 며칠 뒤 관찰했더니 미생물이 보이지 않았습니다. 이에 자연발생론자들은 끓이면 생명의 기운이 사라져서 자연발생이 일어나지 못하고, 완전히 밀봉한 곳에는 산소가 통하지 않으니 숨을 쉴 수가 없는데 어떻게 생물이 생길 수 있냐고 반박합니다.

17세기부터 이어지던 자연발생설과 생물속생설의 논쟁을 끝낸 것은 루이 파스퇴르Louis Pasteur, 1822~1895[6]의 실험이었습니다. 그는 고기즙을 플라스크에 넣고 목 부분을 가늘게 S자형으로 구부렸습니다. 그런 다음 플라스크를 가열해 완전히 멸균했습니다. 열이 식으면서 구부린 부분에 물이 찼고 외부 생물이 들어오지 못했습니다. 며칠 뒤 관찰을 하니 아무런 미생물도 없었습니다. 그러나 S자

---

6 프랑스의 생화학자 로베르트 코흐와 함께 '세균학의 아버지'라 불리며, 광학 이성질체를 발견했다. 저온 살균법과 광견병, 닭 콜레라 백신을 개발했다.

부분을 깨트리고 다시 며칠을 기다려 보니 미생물이 생겼습니다. 이를 통해 파스퇴르는 미생물도 공기를 통해 전달된다는 걸 확실하게 확인했습니다. 짧게는 200년 길게는 2000년을 이어온 생명 발생 논란에 종지부를 찍은 것입니다.

아리스토텔레스 이래로 내려온 자연발생설은 고등 생물과 하등 생물을 차별하는 것이기도 했습니다. 사실 자연발생설을 주장하는 사람도 모든 생물이 자연발생한다고 주장하지는 않았습니다. 아리스토텔레스는 포유동물이나 다른 척추동물 등은 어미를 통해서만 나온다고 주장했습니다. 그러니 이들이 자연발생한다고 주장한 것은 사실 작은 벌레나 바다에 사는 작은 생물들이었습니다. 이후 현미경이 발명된 뒤에는 눈에 보이지 않는 미생물도 이 범주에 들어갔습니다. 그러나 생명속생설은 모든 생물이 예외 없이 번식하는 존재임을 밝혀냈습니다. 인간에서부터 세균에 이르기까지 지구상의 모든 생명이 오로지 생명에서 발생한다고 선언하는 순간, 지구의 모든 생명은 발생에 관한 한 동등해진 것입니다.

그러나 생명속생설의 승리는 또 다른 고민을 안겨 주었습니다. 모든 생명이 생명에서만 생긴다면 최초의 생명은 어떻게 만들어진 것일까? 어떻게 보면 20세기는 최초의 생명이 어떻게 탄생했는지를 찾아가는 여정이기도 합니다. 어떤 이는 누군가가 최초의 생명을 창조했을 것이고 그럴 수 있는 존재는 신밖에 없다고 말합니다. 또 다른 이는 외계로 눈을 돌렸습니다. 먼 옛날 외계의 씨앗이 운석을 타고 지구로 왔다는 것입니다. 그러나 과학자 대부분은 이런 설명에 만족하지 못했습니다.

생명이 탄생하기 위해서는 다양한 재료들이 필요합니다. 생명에게 꼭 필요한 막을 구성하는 인지질이나, 단백질의 기본 재료인 아미노산, DNA와 RNA의 재료가 되는 고리 모양의 5탄당 등이 그 재료들입니다. 이 재료들이 초기 지구의 환경에서 충분히 만들어질 수 있다는 점은 이제 확실합니다. 20세기 초부터 시도된 연구와 실험들은 원시 지구와 비슷한 환경에서 여러 가지 생명의 재료가 충분히 합성될 수 있음을 보여 주었습니다. 재료들 중 일부는 우주에서 만들어져 지구로 들어왔을 가능성도 충분히 높습니다. 혜성이나 운석 연구를 보면 우주에도 꽤 많은 곳에서 아미노산과 탄수화물들이 존재함을 알 수 있기 때문입니다.

먼저 막이 생기고 이런 막들이 여러 가지 재료를 포획함으로써 최초의 생명꼴이 만들어졌을 거란 점은 분명합니다. 그 장소가 어디인지, 구체적인 과정이 어떻게 진행되었는지, 그 시기는 언제쯤인지에 대해선 아직 과학자들 사이에 여러 가지 가설이 충돌하고 있습니다. 심해열수공일 수도 있고, 바닷물이 들락날락하는 간조대의 암석표면일 수도 있습니다. 얕은 바다 밑바닥의 진흙일 수도 있고, 해저 화산 근처의 산성이 강한 바닷물에서 발생했을 수도 있습니다. 아니 어쩌면 이 모든 곳에서 동시에 발생했지만 그중 하나의 생명만이 살아남았을 수도 있습니다. 생명의 기원이 한 번이었는지 아니면 여러 번이었는지에 대해서도 논쟁이 있습니다. 초기 지구의 급격한 환경 변화와 지구에 충돌했던 소행성이나 그 파편들에 의해 존재하던 생명들이 사라지고, 그 자리에서 새로운 생명이 발생하기를 반복했을 수도 있습니다. 그래서 그 시작이 40억 년 전일 수도 38억 년 전일 수도 아니면 조금 더 늦어서 35~36억 년 전일 수도 있습니다.

여전히 논의 중인 문제지만 이 분야를 연구하는 학자들 거의 모두가 합의하는 부분이 있습니다. 최초의 생명은 누구의 도움이나 명령 없이 자연스러운 물리·화학 과정을 거쳐 태어났다는 것입니다. 지구와 비슷한 환경이 갖추어진 곳이면 지구뿐 아니라 우주 어디에서도 높은 확률로 생명이 탄생할 수 있다는 말입니다. 생명이 존재하지 않던 곳에서 생명이 탄생한다는 것은 진정 경이로운 일임에는 틀림없으나 신의 손을 필요로 하진 않습니다.

이토록 다양한 생명은 어떻게 출현했을까

고대 그리스의 진화론

진화가 만일 어떤 종이 자신과 사뭇 다른 종에서 탄생한다는 의미라면 서구 진화론의 제일 앞자리는 고대 그리스의 자연철학자 아낙시만드로스Anaximandros, BC 610~BC 546가 차지합니다. 그는 최초의 동물이 물속에서 탄생했다고 주장했습니다. 이 생물은 습기에서 자연히 생겼으며 외피에 가시가 돋쳐 있는 물고기 같은 모양이었다고 합니다. 그러다 뭍으로 올라와 태양의 열기로 건조해지자 가시가 떨어지고 두 다리와 두 팔이 생겼다는 것입니다. 마침내 인간이 된 것이지요. 마치 바다 거품에서 비너스가 탄생했다는 그리스 신화와 별반 다르지 않아 보입니다. 그러나 이 말은 꽤나 중요한 몇 가지 사실을 말해 줍니다.

우선 아낙시만드로스가 주장한 생물 탄생 과정을 보면 그 어디에도 '신의 의지'가 없습니다. 고대 그리스 자연철학이 과학과 철학의 시작이라 불리는 가장 큰 이유가 바로 이 지점입니다. 신의 개입 없이 자연 현상을 설명하는 것. 비록 그 설명이 어설프기는 하지만 말입니다. 그리스 자연철학으로 말미암아 데우스 엑스 마키나Deus ex machina는 그야말로 연극에서나 등장하는 허무한 신이 되었습니다.

그렇게 신의 개입을 배제하자 이제 '어떻게'를 설명해야만 했습니다. 지상에는 이토록 많은 생물이 다양하게 존재하는데, 과연 이들이 어떻게 출현했는지를 밝혀야 했습니다. 이에 대해서는 두 가지 설명이 가능합니다. 하나는 처음에는 소수의 혹은 한 종의 생물만 있었지만 어떠한 연유로 그 생물에서 다양한 종이 차례로 출현했다는 것이고, 다른 하나는 다양한 생물이 애초에 자연발생했다는 것입니다. 신을 배제하고 생각하면 후자는 전자에 비해 설득력이 떨어집니다. 자연스레 하나의 생명에서 여러 종의 다양한 생물이 기원했다는 진화론적 사고가 나타날 수밖에 없습니다.

또 다른 하나는 물에서 탄생한 생명이 뭍으로 나와서 현재의 모습을 하고 있다는 점입니다. 앞서 말했듯 성경에서도, 대부분의 신화에서도 인간은 맨 마지막에 창조됩니다. 세상 모든 것이 인간을 위해 준비되었다는 오만방자함의 표현일 것입니다. 특히 성경 창세기를 보면 하나님은 3일째에 식물을, 5일째에 수중 생물과 하늘을 나는 새를, 6일째에 뭍짐승을, 그리고 마침내 7일째에 인간을 창조합니다. 후자로 갈수록 고등 개체라는 인식이 밑바탕에 깔려 있습니다. 뭍짐승이 물에서 탄생했다는 아낙시만드로스의 말도 그러한 인식의 연속선상입니다. 포유류가 여타 생물에 비해 가장 인간과 비슷하고 정교해 보였기 때문에 창조의 순서도 그렇게 맞춘 것입니다.

다만 아낙시만드로스는 인간이 동물에서 진화했다고 주장합니다. 감히 인간을 동물과 같은 격으로 내려 버린 것이지요. 아낙시만드로스뿐만 아니라 당시 고대 그리스 자연철학자 중 일부는 인간의 탄생마저도 자연의 논리에 맡기는 과감함을 보여 줍니다. 그들은 인간이 가장 고등한 존재이기는 하나 그 시작을 미물로 보았습니다.

아낙시만드로스가 살던 시절로부터 200여 년이 지난 후 엠페도클레스Empedocles, BC 490?~BC 430?라는 또 다른 자연철학자가 등장했습니다. 세상 만물이 물, 불, 흙, 공기의 4원소로 이루어졌다는 주장으로 유명하지요. 그런데 이 엠페도클레스의 생물관이 사뭇 독특합니다. 그의 생물관은 일단 4원소 이론에서 시작합니다. 4원소가 나름대로의 비율로 섞여 살과 뼈가 되고, 이 살과 뼈가 모여서 기관Organ과 팔다리가 됩니다. 이렇게 만들어진 기관과 팔다리는 방황을 하다가 우연히 다른 기관이나 팔다리를 만납니다. 그 만남은 무작위로 이루어지기 때문에 대부분 제 역할을 하지 못하나 아주 드물게 제대로 된 짝을 만나게 되면 그로부터 생명이 탄생합니다. 인간 역시 그런 우연한 조합 중 하나인 것입니다.

그럼 왜 살과 뼈는 모여서 기관이나 팔다리가 되고, 기관과 팔다리는 왜 굳이 방황을 하다 짝을 만나는 것일까요? 이에 대해 엠페도클레스는 '사랑' 때문이라고 주장합니다. 이때의 사랑은 지금 우리가 생각하는 그런 의미는 아닙니다. 그는 4원소가 모이고 흩어지는 원리를 '사랑'과 '미움'이라고 하는데 이는 현대적으로 해석하면 '인력'과 '척력'입니다. 무엇이든 새로 영역을 개척할 때는 마땅한 말을 찾아 신조어를 만들거나 다른 영역의 말을 가져와 쓰는 경우가 많으니, 엠페도클레스가 말한 사랑과 미움 또한 그런 정도로 이해할 수 있습니다. 그래도 진화의 원리가 사랑이라니 꽤나 재미있습니다.

엠페도클레스의 이 견해는 아낙시만드로스보다 한걸음 더 나아간 주장이었습니다. 그는 인간과 다른 생물들이 아무런 목적 없이 우연히 만들어졌다고 말했던 것입니다. 세상에 인간이 목적 없이 만들어졌다니. 그럼 우리는 왜 태어난 것일까요? 거의 모든 신학자가, 그리고 모든 신이 치를 떨 일입니다.

엠페도클레스. 고대 그리스 철학자이자 정치가, 시인, 종교 교사, 의학자. 세상 만물이 4원소의 사랑과 다툼 속에서 생겨났다고 주장했다.

그다음은 아리스토텔레스입니다. 과학 분야 곳곳에 자신의 흔적을 남겨 놓은 아리스토텔레스는 동물학자이기도 했습니다. 16살에 플라톤 아카데미아에서 공부하던 그는 20년 뒤 플라톤이 죽자 아테네를 떠나 레스보스섬으로 떠납니다. 그곳에서 그는 레스보스섬 출신의 절친한 동료이며 그를 이어 소요학파의 2대 학두로 활약했던 테오프라스토스Theophrastos, BC 372?~BC 288?와 함께 생물학을 연구하게 됩니다. 아리스토텔레스는 동물학을, 테오프라스토스는 식물학을 연구했습니다. 일종의 분업이라고 할 수 있지요.

아리스토텔레스는 이 시기에 수많은 동물을 직접 보고 연구하며 자료를 모았습니다. 당시 그리스 자연철학의 연구 방법과는 분명히 다른 모습이었고, 특히나 그의 스승 플라톤의 방법론과는 정면으로 배치되는 방법론이었습니다. 당시 대부분의 자연철학자는 선험적 이성을 통한 연역적 방법론을 중요시했습니다. 파르메니데스Parmenides, BC 515?~BC 445? 이래로 인간의 감각은 불완전하다 여겨 왔으며 그렇기 때문에 감각의 허상에 가리어진 본질을 이성으로 파헤쳐야 한다는 주장이 이어지고 있었지요. 그러나 아리스토텔레스는 비록 완전하지 않더라도 그 감각에 기대어 만물을 관찰하고, 관찰한 결과를 토대로 그 이치를 따져야 한다고 생각했습니다.

이런 아리스토텔레스의 견해가 가장 잘 나타난 연구가 바로 동물학입니다. "현존하는 모든 생물은 생존 체계를 갖춘 것들이다. 다른 어떤 종이 그보다 우수한 형질을 보인다면 지금의 종은 멸종할 것이다." 이 말은 19세기 다윈이 아니라 기원전 3세기 아리스토텔레스가 한 말입니다. 아마 그는 지금 우리가 조기어류라고 부르는 물고기와 연골어류라고 부르는 상어와, 포유류로 분류하는 고래를 보면서 생각했을 것입니다. 그의 생각을 상상해 보면 이렇습니다.

바다에서 헤엄치기 위해선 상어든 물고기든 아니면 고래든 모두 비슷한 모습을 하고 있구나. 그런데 이들은 각기 알을 낳거나 몸 안에 알을 낳고 새끼가 되면 밖으로 내보내거나 아예 자궁에서 새끼를 키워 내보내는 전혀 다른 종류의 생물들이 아닌가? 또한 고래처럼 새끼를 낳는 네 발 달린 짐승과 알을 낳는 네 발 달린 짐승을 보라. 이들은 서로 다른 종류지만 육지에서 살기 적합하게 모두 발 네 개를 가지고 있다. 이들은 어쩌면 각기 사는 곳에 걸맞은 모습을 하고서야 살아갈 수 있는 게 아닐까? 그렇다면 무언가 물고기보다 더 잘 헤엄치는 새로운 생명이 나타나면 물고기가 사라지고, 사자보다 더 용맹한 짐승이 나타나면 사자가 사라지는 것은 아닐까?

그러나 아리스토텔레스는 동물학에서 했던 이런 고민을 계속 밀고 나가지 못합니다. 그는 후에 이러한 생각을 철회하고 생명의 사다리로 돌아갑니다.

여기서 잠깐 눈여겨봐야 할 부분이 있습니다. 바로 진화와 생명을 이야기할 때 식물은 쏙 빠져 있다는 사실입니다. 숲속에서 어떤 동물도 발견하지 못했음을 묘사할 때 자주 쓰는 표현인 '숲속에 아무도 없어.' 혹은 '아무도 없는 숲속에서'라는 말과 같은 맥락입니다. 이러한 표현은 숲속의 수많은 벌레를 도외시하고 숲 자체를 배경으로 생각한 데서 기인합니다. 식물은 애초부터 동물과 같은 취급을 받지 못했고 그저 동물과 인간이 살아가는 거처로서의 의미만 지녔습니다. 그래서 식물학은 의학의 일부였으며 동물학과는 달리 취급을 받았습니다. 이러한 사정은 17~18세기가 될 때까지 거의 변하지 않았습니다. 식물학과 동물학은 전혀 다른 위상이었던 것입니다.

다윈 이전의 진화론

아리스토텔레스로부터 2000년이 지난 후 새로운 진화론자들이 나타났습니다. 물론 그 사이에도 진화론적 시각을 가진 이들이 없었던 것은 아닙니다. 로마 시대의 루크레티우스Lucretius Carus , BC 96년~BC 55라든가 이슬람의 생물학자 알 자히즈Al-Jāhiz, 775 ~ 868 등은 엠페도클레스와 아리스토텔레스의 초기 문제의식을 이어갔습니다. 에피쿠로스학파였던 루크레티우스는 그의 저서《사물의 본성에 관하여De rerum natura》에서 "신 없이 자연법칙만으로 생물의 기원을 설명할 수 있다."라고 주장합니다. 그는 자연뿐만 아니라 인간과 사회 역시 자연의 기본적인 원리에 따라 변화하고 발전한다고 주장했고, 이는 1000년 뒤 르네상스 사상에 많은 영향을 주었습니다. 또한 로마 가톨릭이 초기 신학 체계를 잡아가는 데 주요한 역할을 했던 아우구스티누스Aurelius Augustinus, 354~430 또한 하느님이 창조한 동물들은 불완전한 형태에서 출발해 시간에 따라 천천히 변화했다고 보았습니다. 진화론에 대한 진지한 생각은 이후 이슬람 세계로 옮겨갑니다. 중세 이슬람의 철학자이자 의사, 생물학자였던 알 자히즈는《동물학》에서 "동물들은 생존 경쟁을 하는 과정에서 변화한다."라고 기술하며 다음과 같이 주장합니다.

동물은 생존을 위해 경쟁한다. 예를 들어 자원을 차지하고 먹잇감이 되는 것을 피하며 상처를 입지 않기 위한 활동 등이 그렇다. 이러한 경쟁에 의한 선택의 결과, 동물의 형태는 생존에 좀 더 유리한 방향으로 변화한다. 이러한 변화가 새로운 종을 만들고, 이 새로운 종의 자손들이 번성하게 되는 것이다.

이렇듯 꽤 많은 이슬람 철학자들이 지구에 존재하는 것들이 무생물에서 식물로, 식물에서 동물로, 동물에서 인간으로 변화했다고 생각했습니다. 그러나 안타깝게도 그들이 새로운 무언가를 덧붙인 것은 없었고, 그 생각은 주요한 흐름에서도 빗겨나가 있었습니다.

중세 유럽은 더더구나 진화론에 전혀 관심이 없었습니다. 우리가 알지 못하는 누군가가 진화론적 상상을 할 수도 있었겠지만 이를 드러낼 수 없는 사회였습니다. 모든 생물은 신이 직접 창조한 것이니 어떤 생물이 다른 생물로 바뀔 수 있다는 주장은 이단으로 취급되었습니다.

르네상스가 시작되고 고대 그리스의 저작들이 다시 번역되어 읽히면서 고대 그리스의 진화론적 사고는 유럽인들에 의해 부활합니다. 더구나 화석 연구를 통해 과거 지구에 살던 생물이 현재와 다른 모양을 하고 있다는 사실도 점점 확실해졌습니다. 이에 따라 생물을 보는 과학자들의 관점도 '신에 의해 창조된 생물'에서 '최초의 생물에서 진화한 생물'로 옮겨 갔습니다.

하지만 르네상스 초기에는 여전히 기독교의 영향력이 컸기 때문에 신성모독을 전제로 하는 진화론을 공공연히 주장하기는 쉽지 않았습니다. 그런 이유로 다른 과학 분야가 발전하는 속도에 비해 생물학의 발전 속도는 느렸습니다. 물리학과 천문학이 눈부신 발전을 하는 동안에도 생물학은 이렇다 할 발전을 보이지 못한 것이지요. 생물학에 변화의 바람이 불기 시작한 것은 18세기였습니다.

여기에는 몇 가지 요인이 있습니다. 먼저 지리상의 대 발견입니다. 이미 다른 사람들이 살고 있는 곳이었지만 유럽인들 눈에는 새로운 대륙이었습니다. 북아메리카가 발견되었고, 남아메리카도 있었습니다. 아프리카는 익숙했지만 그것은 북부 사막 지역뿐이었습니다. 적도를 지나 내려간 곳에는 열대우림의 아프리카가 있었습니다. 이슬람 무역 상인을 통해 전해만 듣던 오스트레일리아, 뉴질랜드, 일본, 중국, 동남아시아를 직접 눈으로 본 것도 처음이었습니다. 그곳에는 낯선 생물들이 살고 있었습니다. 구대륙에 낙타가 있었다면 신대륙에는 라마가 있었습니다. 아메리카 대륙의 드넓은 초원에는 야생마 한 마리가 없었습니다. 열대우림의 화려한 새들과 오스트레일리아의 주머니가 달린 짐승은 유럽인들에게 엄청난 충격이었습니다. 박물학자들은 고민하기 시작했습니다. 신대륙과 구대륙, 세계 곳곳에는 왜 저마다 다른 동물들이 살고 있는 것일까요?

또 다른 고민은 탄광과 지층에서 시작되었습니다. 산업혁명이 일어나면서 철과 석탄의 수요가 급증했습니다. 이전에는 광산이라고 해야 금이나 은을 캐고, 무기나 농기구에 쓸 철만 캐면 되었지만, 수요가 급증하자 유럽 전역에서 석탄과 철을 캐기 위한 광산이 부지기수로 늘어났습니다. 이는 어떤 곳을 파야 철과 석탄이 있을 확률이 높은지에 대한 연구로 이어졌고, 지질학이라는 새로운 학문이 탄생합니다. 그런데 이들이 연구하던 지층에서 대규모로 화석들이 발견됩니다. 물론 화석은 이전에도 간간히 발견되었지만, 전문적인 연구자들에 의해 다량의 화석이 확보되자 상황이 달라졌습니다. 대표적인 인물이 프랑스의 동물학자 조르주 퀴비에Georges Cuvier, 1769~1832입니다. 그는 여러 가지 화석 연구를 통해 이들이 지금의 생물들과는 전혀 다른 생물이었다고 확신했습니다. 그래서 다시 고민이 시작됩니다. 왜 옛날의 동물은 지금의 동물과 다른 걸까요?

생물학 자체의 발전도 있었습니다. 많은 생물이 해부되었고 생물학자들은 그들의 장기를 직접 관찰할 수 있었습니다. 인간도 해부의 대상이 되었습니다. 이를 통해 생물학자들은 여러 다른 종을 해부학적으로 비교할 수 있었습니다. 이 분야에서도 가장 처음 두각을 나타낸 사람은 조르주 퀴비에였습니다. 그는 고생물학이란 학문 분야를 창시했을 뿐 아니라 비교해부학이란 분야의 문을 연 사람이기도 합니다. 이 두 분야는 다윈 이후 근 100년간 진화론의 가장 강력한 증거가 되었습니다. 하지만 퀴비에는 이 두 분야 연구를 토대로 진화론에 맞서 변형된 창조론을 주장합니다. 그 이야기는 뷔퐁 뒤에 이어서 살펴봅시다.

시작은 뷔퐁 백작Georges-Louis Leclerc, Comte de Buffon, 1707~1788이었습니다. 18세기 프랑스의 과학자이자 철학자이며 동시에 수학자기도 했던 그는 지리상의 발견, 화석의 대규모 등장, 비교해부학을 통해 진화론을 주장했습니다. 르네상스 시기에 이슬람을 거쳐서 들어온 아리스토텔레스의 초기 저작 같은 것들이 많은 참고가 되었을 것입니다. 사실 그 이전에도 몇 명의 학자들이 진화론적 시각을 보이곤 했습니다. 생물학에서는 비교적 이른 시점인 18세기 초에 브느와르 마이예Benoît de Maillet, 1656~1738는 그의 사후에 발견된 글에서 "땅 위의 모든 종은 각기 그에 속하는 바닷속 종에서 생겨났다."라고 밝혔습니다. 18세기 중엽에 피에르 모페르튀이Pierre Louis Moreau de Maupertuis, 1698~1759는 돌연변이와 선택이 일어나는 과정을 연구했습니다. 생물은 대를 거듭하면서 우발적으로 변이가 일어나는데 이 중에서 쓸모 있는 변이는 축적되고, 쓸모없는 것은 사라진다고 주장했습니다. 그러나 이들의 주장은 고대 그리스의 주장을 2000년 뒤에 다시 한 번 말해 보는 것, 그 이상은 아니었습니다. 진화론의 근대적 시작이 뷔퐁인 이유입니다.

뷔퐁은 동물 개체 수가 식량 공급보다 더 빨리 증가하기 때문에 생존 경쟁이 일어난다고 보았습니다.[7] 그 과정에서 단일 종 사이

---

7 멜서스의 인구론과 거의 일치하는 주장이며 동시에 다윈의 주장과도 동일하다. 다윈은 분명 맬서스와 함께 뷔퐁의 주장 또한 참고했을 것이다.

뷔퐁 백작. 그는 18세기 프랑스의 과학자이자 철학자이며 동시에 수학자였다.

에 변종이 생기고, 일부 동물은 멸종하기도 하며, 일부 동물은 진화를 겪어 현재의 모습이 되었다고 주장했습니다. 화석 연구는 그의 주장을 뒷받침해 주었습니다. 그가 발견했던 매머드나 공룡 화석은 지금은 볼 수 없는 엄청난 크기였습니다. 그는 이를 지구가 과거에 더 따뜻했기 때문이라고 여겼고, 결국 열이 생명 창조에 개입한 것이라 결론 내렸습니다. 또 그는 하나님이 지구상 여러 곳에 창조 장소를 두어 장소마다 다른 종이 태어났으며 환경에 따라 종에 변이가 나타나 다양한 생물군이 형성되었다고 주장했습니다. 마지막으로 그는 개의 다리뼈와 물개의 앞발 뼈(지느러미 모양)가 모양은 다르지만 구조는 동일하다는 점에 착안해 이들이 최초에는 같은 모양이었으나 변이를 통해 각기 다르게 진화했음을 확신했습니다.

그러나 그의 진화론은 시대적·개인적 한계가 겹쳐져 있었습니다. 그는 신이 세상을 창조했다는 걸 부정할 만큼 나아가진 못했습니다. 대신 창조된 동물이 이후 변이했다는 식의 어정쩡한 주장을 합니다. 그에 따라 당연히 변이는 나쁜 결과, 즉 퇴화의 형태로 이어진다고 말합니다. 신이 완벽하지 못한 생명을 창조할 리는 없으니 진화는 신이 만든 조화로운 생물이 퇴화하는 과정이라고 볼 수밖에 없었습니다. 원숭이는 인간과 같이 태어났지만 퇴화한 후손이라는 식입니다. 이러한 한계에도 불구하고 뷔퐁은 진화론을 본격적으로 주장한 최초의 근대 과학자임에는 틀림없습니다.

18세기 말에서 19세 초에 이르는 동안 조르주 퀴비에는 프랑스뿐 아니라 유럽 전체에서 가장 권위 있는 동물학자였고, 동시에 고생물학의 태두였으며, 뛰어난 지질학자였습니다. 더구나 그는 비교해부학을 창시할 정도로 해부학에도 밝았습니다. 또 그는 고생물학과 비교해부학 지식을 통합해 이전에 누구도 해내지 못한 일을 해냈습니다. 화석으로 남은 뼈를 통해 과거의 동물을 복원해 낸 것입니다. 그가 복원한 동물의 모습은 지금 살아 있는 생물과는 완전히 달랐습니다. 중생대 공룡 화석을 통해 그가 복원한 공룡의 모습은 그야말로 두려운 존재였습니다.

퀴비에가 유명해지는 데는 격변론과 동일과정설 논쟁도 한몫했습니다. 그는 격변론과 종불변설을 주장했습니다. 그는 화석 연구를 통해 과거와 현재의 동물이 다르다는 걸 누구보다 잘 아는 사람이었습니다. 비교해부학에 정통했기에 상동기관에 대해서도 잘 알았지만 그럼에도 그는 진화론을 격렬하게 비판했습니다. 그는 성경을 글자 그대로 믿었던 사람이었으니까요. 진화가 일어나려면 변화가 축적될 '시간'이 필요합니다. 하지만 그는 지구의 역사가 그리 길지 않을 것이라고 생각했습니다. 그러니 당연히 오랜 시간이 걸릴 수밖에 없는 지질학의 수정론, 동일과정설, 진화론을 받아들일 수 없었습니다. 대신 그는 신이 생물을 여러 번 창조했다고 주장했습니다.

여기서 뷔퐁의 제자 라마르크Jean Baptiste Lamarck, 1744~1829[8]가 등장합니다. 라마르크는 실패한 이론의 대명사처럼 여겨지는 '용불용설用不用說'로 유명한 프랑스의 생물학자입니다. 근대 생물학의 아버지로도 불립니다. 무척추동물의 분류를 연구했고, 고생물학을 공부했으며 현대적 의미의 화석 용어를 고안했습니다. 무엇보다도 중요한 그의 업적은 생리, 해부학, 분류학 등 다양한 과학 분야를 모아 생명 연구를 위한 분과학문으로 체계화한 다음, 여기에 생물학Biology이라는 명칭을 부여한 것입니다. 그가 생물학이라는 분과학문을 주장하기 이전에 생명 연구는 단편적으로만 이루지고 있었습니다. 식물과 인간 관련 연구는 의학, 동물 연구는 박물학, 화석 연구는 지질학에 속해 있었습니다. 이에 라마르크는 좀 더 거시적인 관점에서 모든 생명 현상과 관련된 연구를 체계화해 생물학을 정리했습니다.

라마르크는 제대로 된 진화론을 처음으로 주장했습니다. 뷔퐁의 진화론에서 빠진 가장 중요한 점은 구체적인 진화 과정이었습니다. 뷔퐁 이전의 모든 진화론도 마찬가지였습니다. 바로 이 부분을 라마르크가 최초로 설명했습니다. 그는 자신의 저서《동물 철학Philosophie Zoologique》에서 "기후, 음식, 서식처의 환경 등이 동식물의 크기, 모양, 색깔 등에 영향을 미치고 이는 다음 세대로 대물림된다."라고 밝혔습니다.

대개 나무는 낮은 곳에 난 잎을 보호하기 위해 가지에 가시를

---

8 장바티스트 피에르 앙투안 드 모네, 슈발리에 드 라마르크 Jean-Baptiste Pierre Antoine de Monet, chevalier de Lamarck. 이름이 이렇게 긴 이유는 그가 왕족의 후예였기 때문이다.

프랑스의 생물학자이자 진화론자인 라마르크와 그의 저서 《동물 철학》

만듭니다. 동물들이 자주 먹어 버리니까 가시를 만들어 잎을 먹기 힘들게 진화한 것이죠. 동물들이 접근하기 힘든 높은 곳에는 따로 가시를 만들지 않습니다. 이때 키가 큰 기린은 다른 동물에 비해 수월하게 나뭇잎을 먹을 수 있습니다. 라마르크는 바로 이 지점을 설명합니다. 그에 따르면 기린은 원래 목이 길지 않았습니다. 기린이 높은 곳의 나뭇잎을 먹기 위해 목을 길게 늘이는 동작을 반복하다 보니 목이 길어졌고, 길어진 목이 자손에게 전해졌다고 주장합니다. 즉 자주 쓰는 기관은 그 기능이 향상되고, 향상된 기능은 유전된다는 것입니다.

여기에는 라마르크가 진화와 관련해 주장한 두 가지 법칙이 담겨 있습니다. 첫 번째는 용불용설입니다. 동물이 어떤 기관을 지속적으로 사용하면 그 기관이 점점 발달한다는 법칙입니다. 사용하는 기간에 비례해 그 능력이 증가하는 것입니다. 반면 어떤 기관을 지속적으로 사용하지 않으면 그 기관은 점점 그 능력이 줄어들다 결국에는 상실된다는 것입니다. 두 번째는 획득형질 유전입니다. 획득한 변화가 부모에게 공통으로 있거나 최소한 자손을 생산하는 개체에게 나타난다면 이 변화는 생식을 통해 태어난 개체에게도 유지된다는 법칙입니다.

이 용불용설과 획득형질 유전의 기본 모델은 사실 이래즈머스 다윈Erasmus Earwin, 1731~1802의 것이었습니다. 우리가 아는 그 다윈의 할아버지죠. 그는 대단히 전투적인 진화론자였습니다. 그는 라마르크가 《동물 철학》을 출간하기 몇 년 전에 《동물학》이란 책을 먼저 썼는데, 여기에 "모든 온혈 동물은 자신의 일부를 변형하는 힘을 가지고 있고, 이렇게 개량된 형질은 자손에게 이어진다."라고 기록했습니다. 하지만 그의 주장은 포유류에 한정되었고, 영국 현지에서도 별다른 반향을 일으키지 못했습니다. 그래서 이를 일반화해 체계를 잡은 라마르크의 업적을 결코 무시할 수 없습니다.

당시 프랑스는 대혁명과 나폴레옹 전쟁으로 힘든 시기를 보내고 있었습니다. 더구나 학계는 퀴비에가 주도하고 있던 상황이었습니다. 진화론은 발붙일 곳이 없었지요. 그나마 의지가 되었던 뷔퐁이 죽고 난 후 라마르크는 학계에서 완전히 소외당합니다. 그게 한이 되었을까요? 그는 자신의 다섯 남매에게 "언젠가 내가 이룩한 연구가 재평가될 것이다."라는 유언을 남겼고, 막내 딸 코르넬리는 그의 묘비에 "세상 사람들은 반드시 아버지를 칭송할 겁니다. 당신의 한을 풀어 줄 것입니다."라고 썼습니다. 그로부터 30년 뒤 찰스 다윈Charles Darwin, 1809~1882의 진화론이 선풍적인 인기를 끌자, 프랑스에선 영국의 다윈보다 먼저 진화론을 주장한 라마르크를 재평가했습니다. 프랑스 과학협회에선 뒤늦게 그의 딸 코르넬리에게 라마르크 대신 훈장을 수여했습니다.

후세에 재평가될 것이라는 라마르크의 말이 진짜로 실현된 셈이죠. 비록 20~30년 정도만 유효하긴 했지만 말입니다. 그가 주장했던 용불용설은 아이러니하게도 그의 후계자들이라 할 수 있는 진화론자들에게 비판받고 폐기처분되기에 이릅니다. 하지만 또한 번의 반전이 기다리고 있었습니다. 20세기 후반에 후성유전학 Epigenetics이 발전하면서 획득형질 중 일부는 유전되기도 한다고 밝혀진 것입니다. 과학계에서는 이렇게 엎어지고 다시 뒤집히는 일이 그리 드문 일은 아닙니다. 물론 용불용설이 유효하냐 아니냐를 떠나 라마르크가 현대 진화론 형성에 대단히 중요한 역할을 한 것만은 사실입니다. 그가 확립한 생물학이라는 용어도.

마침내 다윈

다윈의 주장을 간단히 말하면 몇 줄 되지 않습니다. 그 몇 줄되지 않는 내용이 세상을 바꿔 버렸습니다. 마치 뉴턴Isaac Newton, 1642~1727의 《프린키피아Principia》가 그 이전과 이후를 나눈 것처럼 다윈의 《종의 기원》은 그 이전과 이후를 나누어 버렸습니다. 다윈의 주장은 간단합니다.

생물은 같은 종이라도 각기 다양한 형질을 지니고 서로 경쟁한다. 경쟁에서 이기기 쉬운 형질을 가진 개체들은 살아남아 자신의 형질을 물려줄 수 있다. 경쟁에 불리한 형질을 가진 개체는 살아남기 힘들며 자신의 형질을 물려주기도 어렵다. 경쟁에서 이긴 개체의 형질은 집단 내에서 더 많은 개체에서 나타나게 되고, 경쟁에서 패배한 개체의 형질은 사라져 간다.

다윈은 이런 과정을 통해 환경에 더 잘 적응한 개체의 형질이 전체 종으로 퍼지게 되고 점차 이전과 다른 모습을 가진 생물들이 나타난다고 보았습니다. 현재 이처럼 다양한 생물 종이 나타나게 된 이유는 공통 조상의 자손들이 저마다 다양한 양식으로 다양한 장소에서 경쟁하며 진화했기 때문이라고도 했습니다. 인간도 예외 없이 이 공통 조상에서 시작된 진화 과정에 속한다고 보았습니다. 바로 이 부분 때문에 당시 사람들이 다윈의 진화론을 받아들이기 힘들었습니다. 다윈도 이를 알고 있었기에 《종의 기원》에서는 이 사실을 대단히 은유적으로, 그것도 아주 비중을 낮춰서 서술합니다. 그로부터 시간이 한참 지난 후에야 《인간의 유래와 성선택The Descent of Man, and Selection in Relation to Sex》에서 이를 본격적으로 다루었습니다.

다윈이 진화론을 완성하는 데는 세 가지 요소가 중요한 영향을 미쳤습니다. 첫 번째는 진화라는 개념 그 자체입니다. 다윈의 할아버지 이래즈머스 다윈은 무신론적 진화론자였습니다. 할아버지가 전투적으로 진화론을 주장했기에 다윈도 이 영향을 받았습니다. 더구나 당시에 박물학을 연구하는 학자들에게 진화라는 개념 자체가 낯선 것은 아니었습니다. 다만 이를 받아들이느냐, 아니면 거부하느냐의 문제였을 뿐입니다. 다윈에게 직접적으로 영향을 준 사람은 라마르크입니다. 다윈은 《종의 기원》에서 라마르크의 《동물 철학》

을 언급했을 뿐 아니라, 획득형
질이 유전된다는 주장에도 동의
합니다. 오늘날 우리는 다윈과
라마르크를 서로 대립되는 주장
을 한 사이로 여기지만, 사실 당
시 다윈은 유전에 대한 정확한
개념이 없었기 때문에 라마르크
가 주장한 획득형질 유전에 대
해서도 당연히 맞다고 생각했습
니다.

1871년 다윈을 원숭이에 빗대어 풍자한 신
문 만평

두 번째는 토마스 맬서스

Thomas Malthus, 1766~1834의 《인구론An Essay on the Principle of Population》입니
다. 초판은 《인구의 원리에 관한 일론, 그것이 장래의 사회개량에
미치는 영향을 G.W. 고드윈, M. 콩도르세 그리고 그 밖의 저작가
들의 사색에 언급하며 논함》라는 긴 제목에 익명으로 출간되었습
니다. 이 책은 당시 유럽에 꽤 큰 영향을 끼쳤는데, 그 영향을 받은
사람 중 한 명이 바로 다윈이었습니다. 《인구론》은 간단히 말해 '식
량은 산술급수적으로 늘어나나 인구는 통제하지 않으면 기하급수
적으로 늘어난다. 따라서 식량 부족이 올 수밖에 없고, 이는 사람들
사이에 경쟁을 불러일으켜 열등한 인간을 도태되게 한다.'는 것입
니다. 이러한 '생존경쟁'과 '적자생존'의 개념은 다윈의 진화론에서
생물이 진화할 수밖에 없는 이유이자 기본 원리로 자리 잡습니다.
흔히 표현하는 '피에 물든 이빨과 발톱Red in Tooth and Claw'은 극한 투
쟁이 담긴 맬서스식 표현이기도 합니다.

세 번째는 라이엘Charles Lyell, 1797~1875의 동일과정설입니다. 다윈은 젊은 시절 의사가 되려다 포기하고 목사가 되려고 했지만 그것도 포기합니다. 그 후 박물학자가 되었지만, 사실 제대로 된 일을 하지 못하고 있었습니다. 그때 그에게 들어온 제안이 바로 비글호의 탐사 여행이었습니다. 부유한 집에서 자랐지만 스스로 딱히 뭔가를 하지 못하고 있던 청년 다윈에게는 꽤나 매력적인 제안이었습니다. 제안을 수락하고 비글호에 승선하면서 다윈이 챙긴 유일한 책이 바로 라이엘이 쓴《지질학의 원리Principles of Geology》였습니다. 다윈은 이 책에서 동일과정설에 대해 깊은 인상을 받습니다. 제임스 허턴James Hutton, 1726~1797이 처음 주장한 동일과정설은 현재 지구에서 일어나는 일이 과거에도 일어났으며, 이런 점진적인 변화를 통해 지금과 같은 모양이 만들어졌다는 이론입니다. 라이엘의《지질학의 원리》는 이 동일과정설을 지질학의 기본 원리로 자리매김한 역사적인 책이었습니다.

다윈은 이 동일과정설로부터 화석 연구를 따로 하지 않아도 과거 생물들의 변화를 이해할 수 있음을 알게 됩니다. 현재의 생물이 보여 주는 다양한 모습과 변화를 통해서 말입니다. 어느 날 다윈은 비둘기 사육사들이 몇 세대 거치지 않고 자신이 원하는 품종의 비둘기를 만들어 내는 과정을 목격합니다. 품종 개량은 생각보다 어렵지 않았습니다. 이것을 본 다윈은 이 과정을 자연에 맡긴다면 인간이 하는 것보다 훨씬 오랜 시간이 걸리겠지만 그 자체가 불가능한 일은 아니라는 걸 깨닫습니다.

이 세 가지 원리를 기초로 만든 이론이 바로 다윈의 진화론입니다. 다윈의 진화론에 깊은 영향을 받은 마르크스가 독일의 철학,

프랑스의 공산주의, 영국의 경제학 이렇게 세 분야에 영향을 받아 자신의 이론을 발전시킨 것과 일맥상통한다고도 할 수 있습니다. 세 가지를 모아 하나를 만든다는 형식은 어찌 보면 서양 기독교의 삼위일체에서부터 비롯된 꽤나 종교적인 전통이긴 하지만 말입니다.

　다윈의 진화론에서 핵심은 진화를 일으키는 원동력이 자연선택이라는 점입니다. 생물들이 스스로 원해서 진화하는 것이 아니라, 한 종의 다양한 변이 중에서 그 당시 생태계에 적합한 변이만이 살아남는다는 것입니다. 생존과 번식에 유리한 성질을 가진 종이 생존경쟁에서 살아남아 그 성질은 후손에게 전한다는 의미지요. 이 과정은 전적으로 우연에 의존합니다. 여기서 '자연선택'이란 용어는 자연이란 주체가 선택을 한다는 뜻이 아닙니다. '자연스럽게 선택되어진 것처럼 보인다.'라는 의미입니다. 실제로 누구도 선택하지 않습니다. 바로 이 점이 자연 현상을 설명할 때 '목적'을 배제하는 과학의 전통과 맞닿아 있습니다. 라마르크의 진화론을 계승하면서도 라마르크가 보여 주지 못한 진화의 진정한 원동력을 제시했다는 점에서 다윈의 진화론은 독보적입니다. 또한 이 자연선택은 특별한 개체가 아닌 지구상의 모든 생물이 항상 진화할 수밖에 없다는 보편 원리를 제공한다는 점에서도 중요합니다. 다윈에 따르면 생태계에 있는 모든 생물은 진화의 압력을 받을 수밖에 없는 것입니다.

다윈 이후

《종의 기원》이 발표된 이후 다윈의 진화론은 선풍적인 인기를 끌었지만 동시에 격한 반대에 부딪쳤습니다. 다윈의 의도와는 무관하게 진화론은 종교와 과학 간의 격렬한 마찰을 빚었고 수많은 논쟁을 낳았습니다. 그 뜨거운 열기가 조금 식은 뒤 진화론에 대한 회의가 이번에는 과학계 쪽에서 불어왔습니다. 부분적으로는 다윈의 문제였지만 전체적으로는 당시 생물학의 수준 때문이었습니다.

자연선택과 생존경쟁에 대한 다윈의 설명은 간단하면서도 직관적이었고, 풍부한 예를 통해서 이를 입증했지만 문제는 과정이었습니다. 변이가 어떻게 일어나고, 일어난 변이는 어떤 과정을 통해 자손에게 전달되는지, 그리고 자손에서 동일한 형상이 나타나는 과정은 어떤지에 대해서는 다윈뿐 아니라 그 누구도 모르고 있었습니다. 아니, 엄밀히 말하면 변이 과정은 모르지만 변이가 어떻게 자손에게 전달되는지에 대해 아는 이는 한 명 있었습니다. 바로 그레고어 멘델Gregor Mendel, 1822~1884입니다. 하지만 멘델의 발견이 유럽에 전해지기까지는 시간이 더 필요했습니다. 그리하여 진화론에 대한 열광과 분노가 가라앉고 생물학에서 본격적인 검토가 이루어지자 여러 곳에서 회의적인 의견이 속출합니다. 진화론의 위기였습니다.

20세기 초 멘델의 유전 법칙은 네덜란드와 독일, 오스트리아에서 각기 독립적으로 재발견됩니다. 이 발견은 부모에게 없는 형질이 자손에게 있을 수 없다는 점을 명백하게 밝힙니다. 다윈도 《종의 기원》을 쓸 때 이 점을 깊이 고민하다 당시 널리 받아들여지던 혼합

유전[9]이란 개념으로 변이를 설명했습니다. 이후 멘델과 그의 후배들이 혼합유전이 잘못된 개념임을 밝혀냈습니다.

돌연변이의 발견도 진화론의 위기에 한몫합니다. 식물학자였던 휘호 더 프리스Hugo Marie de Vrie, 1848~1935는 달맞이꽃 관찰을 통해 일반적인 변이가 아닌 생식세포에서 발견되는 돌연변이는 유전됨을 확인합니다. 이를 바탕으로 진화는 돌연변이에 의해 일어난다고 주장합니다. 초파리 실험으로 유전자에 염색체가 있음을 밝힌 미국의 발생학자 토마스 모건Thomas Hunt Morgan, 1866~1945 또한 다윈의 진화론이 변이의 기원과 전달 과정을 모호하게 설명하고 있어 과학적이지 않다고 판단했습니다. 당시 고생물학자들도 자신들이 발견한 화석이 다윈의 점진설과 맞지 않다고 주장했습니다. 다윈의 주장처럼 조금씩 변이가 이어졌다면 나타났어야 할 화석들이 통 나타나질 않았기 때문이죠. 19세기 말에서 20세기 초에 다윈의 진화론은 유전학과 고생물학에 협공당하면서 위기를 맞고 있었습니다.

이 위기에서 다윈의 진화론을 구한 것은 아이러니하게도 유전학이었습니다. 먼저 돌연변이에 대한 연구입니다. 부모에게 없던 형질은 생식세포의 돌연변이를 통해서 만들어집니다. 돌연변이는 생각보다 많았습니다. 새로운 연구를 통해 생식세포의 분열 과정에서 끊임없이 돌연변이가 발생한다는 것이 밝혀졌습니다. 물론 이 돌연변이는 대부분 개체에게 불리하게 작용해 사라지고 극히 일부만 살아남습니다. 그런데 집단 규모가 충분히 작을 경우, 그리고 돌연변이가 생존과 번식에 유리한 경우에는 다릅니다. 몇 세대 만에

---

9 두 부모의 특징이 반반 섞여 자식 세대에 전달된다는 이론.

집단 내에 돌연변이 형질이 급속하게 퍼져 나가고, 결국 지배적인 형질로 자리 잡습니다. 매우 드물기는 하지만 분명히 발생하는 일입니다. 게다가 지구에 사는 생물에게 주어진 시간은 이를 기다릴 만큼 충분히 깁니다. 긴 시간을 기다리면 당연히 일어날 일들이 일어납니다. 마침내 다윈의 진화론은 모호했던 진화 과정을 구체적으로 해명하면서 다시 학계의 각광을 받게 됩니다.

또한 하디-바인베르크 평형으로 상징되는 집단유전학이 다윈의 진화론에 돌파구를 마련했습니다. 하디-바인베르크 평형은 일정한 조건을 갖춘 생물 집단(멘델 집단)에서는 대를 이어도 유전자 빈도가 변하지 않음을 단순한 이차방정식으로 증명한 것입니다. 이를 통해 왜 열성 유전자가 사라지지 않는지 의문이 풀렸습니다. 문제는 일정한 조건을 갖추지 못한 집단입니다. 하디-바인베르크 평형에 따르면 이 경우 유전자 빈도가 변합니다. 빈도의 변화는 결국 변이를 이끕니다. 집단유전학이 집단진화론을 만들어 낸 것이죠. 즉 하나의 집단이 서로 격리되어 다른 환경 조건에 처하게 되면 유전자 빈도에 변화가 생겨 두 집단이 서로 다른 종으로 발전할 수 있는 것이 밝혀진 셈입니다.

1930~1940년대에 걸쳐 테오도시우스 도브잔스키Theodosius Dobzhansky, 1900~1975, 에른스트 마이어Ernst Walter Mayr, 1904~2005, 줄리언 헉슬리Julian Huxley, 1887~1975[10], 조지 심슨George Simpson, 1902~1984 등의 학자들이 연달아 이에 대한 연구 결과를 발표했습니다. 이들이 발표한

---

10 그는 다윈의 옹호자로 유명했던 토마스 헉슬리의 손자로 유네스코의 초대 사무총장을 지냈다.

이론은 '진화의 현대적 종합'이라 불립니다. 줄리언 헉슬리의 저서 《진화, 현대적 종합Evolution, The Modern Synthesis》에서 이론명을 따온 것이죠. 현대적 종합이라는 명칭에서 알 수 있듯 이 이론에는 당시 생물학의 현대적 성과들이 집약되어 있습니다. 집단유전학 이외에도 생식세포와 체세포의 구분, 세포핵의 염색체 발견, 유성생식의 구체적 과정, 배Embryo의 발생 과정에 대한 구체적 연구 등 다양한 분야의 성과들이 담겨 있습니다. 더구나 다윈의 점진설에 항상 걸림돌이었던 지구의 나이도 진화가 가능할 만큼 충분히 많다는 것이 밝혀지자, 진화론은 다시 생물학 내에서 대세가 되었습니다.

20세기 후반에 이어 21세기에도 진화론은 계속 발전합니다. 20세기에 들어 가장 치열하게 토론이 이루어진 주제는 두 가지였습니다. 하나는 진화 과정이 과연 그렇게 점진적으로 이루어졌느냐입니다. 이에 반대하는 목소리가 고생물학계를 중심으로 나타났습니다. 고생물학은 말 그대로 지금은 사라진 시대의 생물들을 화석을 중심으로 연구하는 학문입니다. 고생물학자들은 연구를 하다 보니 과거 지구에 꽤나 중요한 사건들이 있었고 그 사건을 중심으로 생태계 자체가 크게 요동쳤다는 걸 알게 됩니다. 바로 대멸종Mass Extinct입니다. 생물 한두 종이 멸종하는 것은 생물의 역사에서 보면 흔한 일상이지만 대규모로 멸종하는 사건은 지구 역사에서도 굉장히 드문 사건입니다. 그중에서도 전체 종의 거의 90퍼센트 가까이 혹은 그 이상이 멸종하는 사건을 대멸종이라고 합니다. 고생대 이후 지구에는 다섯 번의 대멸종이 있었습니다. 고생대 오르도비스기 대멸종, 데본기 대멸종, 페름기 대멸종, 트라이아스기 대멸종, 그리고 백악기 대멸종입니다.

대규모 멸종 사건은 생태계를 이전과는 판이하게 바꿔 놓습니다. 수많은 종이 사라진 생태계에는 예전과는 달리 빈틈이 무수히 생겨나고, 생물들은 이 빈틈을 놓치지 않습니다. 살아남은 종을 중심으로 급격한 진화 방산evolutionary radiation[11]이 일어나게 됩니다. 중생대 말에 공룡이 모두 사라지고, 그 자리를 포유류가 채운 것이 그 예라고 할 수 있습니다. 이전에는 거의 쥐 정도 크기의 잡식성 생물이 대부분이었던 포유류는 중생대 말에 공룡이 멸종하자 그 빈자리를 찾아 최상위 포식자에서 1차 소비자에 이르기까지 전 지구적 규모로 진화 방산을 합니다. 중생대까지의 1억 년이 넘는 기간 동안 일어난 포유류의 진화 정도보다, 신생대 초인 3000만 년 동안 일어난 진화가 훨씬 더 폭넓고 깊습니다.

이를 알게 된 고생물학자들이 진화 과정은 항상 일정한 속도로 조금씩 변화된다는 점진론을 그대로 따를 순 없는 일이었습니다. 마치 허턴과 라이엘의 동일과정설에 맞서 퀴비에가 격변설을 주장했듯이 20세기에 고생물학자들을 중심으로 단속평형설이 나타났습니다. 그 대표 주자가 스티븐 제이 굴드Stephen Jay Gould, 1941~2002입니다. 그는 일상적인 시기에는 진화가 대단히 느린 속도로 진행되거나 정체되어 있다가, 특정한 시기에 그 속도가 급속히 빨라진다고 주장했습니다. 이 주장은 100년 가까이 유지되어 온 점진론과의 첨예한 논쟁을 불러일으킵니다.

현재 점진론에서는 '항상 일정한 속도'라는 부분이 빠져 있습

---

11 짧은 기간 안에 계통적으로 서로 연관된 수많은 혈통이 폭발적으로 분기하는 현상을 말한다.

니다. 진화는 계속 이어지지만 속도가 항상 일정하지는 않고 조금 빠르기도 하고 느리기도 하다는 식으로 수정되었습니다. 단속평형 설도 대멸종과 같은 거대한 사건도 지구 역사의 규모에서 보면 일 상적인 일일 수 있다는 정도로 정리되었습니다. 둘 사이에 뉘앙스 차이는 있지만 격하게 맞서지는 않았습니다. 사실 이러한 논쟁은 그 배경을 보면 과학 철학에서 칼 포퍼Karl Popper, 1902~1994와 토마스 쿤Thomas Khun, 1922~1999이 벌인 논쟁의 연장선상에 있는 것이기도 하고, 지층의 형성 과정에 대한 근대 과학 논쟁에서 이어져 온 부분이 기도 합니다. 언제나 급격한 변화와 지속적 변화는 서로에게 더 세밀한 입증을 요구하면서 영향을 주고받기 마련입니다.

두 번째 논쟁은 진화의 주체가 누구냐는 것입니다. 이 문제는 '이타주의'를 어떻게 볼 것이냐에 대한 문제에서 촉발되었습니다. 기러기가 하늘을 날 때를 생각해 봅시다. 맨 앞에서 무리를 이끄는 기러기는 바람을 바로 마주하기 때문에 뒤따라 오는 기러기들에 비해 체력 소모가 큽니다. 이 경우 리더가 되는 것이 개체에게는 손해입니다. 그렇다고 착륙해서 다른 기러기보다 먼저 쉬거나, 더 좋은 먹이를 먹는 것도 아닙니다. 미어캣도 그렇습니다. 미어캣이 떼를 지어 먹이를 먹을 때 그중 몇 마리는 항상 고개를 꼿꼿이 들고 천적이 접근하는지 감시합니다. 그들은 경계를 하는 만큼 먹이를 먹는 시간이 부족해집니다. 더구나 천적을 발견하는 순간 큰 소리로 경계 신호를 보냅니다. 이는 천적에게 자신의 위치를 알리는 꼴입니다. 이 또한 이타적 행위이지요. 이처럼 이타성의 예는 동물의 왕국에서 아주 흔하게 목격되는 예들입니다.

이를 어떻게 해석해야 할까요? 집단 선택설Group Selection은 모든 생물은 자신이 속한 집단이나 종의 이익을 위해 희생하도록 진화했다고 주장합니다. 동물행동학자로 유명한 콘라트 로렌츠Konrad Lorenz, 1903~1989는 물론 베로 윈-에드워즈Vero Wynne-Edwards, 1906~1997도 이런 주장을 펼칩니다. 그러나 이들의 주장은 1964년 윌리엄 해밀턴William Hamilton, 1936~2000의 논문과 그 뒤를 잇는 연구에 의해 무참히 깨집니다. 해밀턴의 논문은 왜 유전자가 진화의 주체인가를 이타적 행위에 대한 수학적 해석을 통해 낱낱이 밝혀냅니다.[12]

간단히 설명하자면 다음과 같습니다. 어떤 개체가 자신의 생존이나 번식보다 자신과 유전자를 공유하고 있는 다른 개체를 위해 희생할 때 자신의 유전자 사본을 더 많이 남길 수 있는 상황이 있다고 가정합시다. 이 경우 다른 개체를 위해 희생하는 유전자는 그렇지 않은 유전자에 비해 더 많은 자손을 남길 것이고, 그런 유전자가 종 내에서 다수를 차지하게 될 것입니다. 진화하게 된다는 말이지요. 이때 진화의 주체는 개체나 종이 아니라 유전자입니다. 해밀턴은 이 논리를 수학적으로 정확하게 증명합니다.

오늘날 진화론을 연구하는 학자 대부분은 유전자가 진화의 주체라는 점에 전혀 불만이 없습니다. 하지만 1970년 이후 집단 선택설은 다중 선택이라는 새로운 모습으로 다시 나타납니다. 집단만이 선택의 주체가 아니고 종이나 개체, 유전자 등이 다양한 층위에서 자연선택을 한다는 것입니다. 특히 해밀턴의 논문을 학계에 소개하며 유전자 선택설에 큰 영향을 끼친 세계적인 생물학자 에드워드

---

12   자세한 내용은 리차드 도킨스Richard Dawkins가 쓴 《이기적 유전자The Selfish Gene》를 참고하라.

윌슨Edward Wilson, 1929~이 2005년 유전자 선택설에서 다중 선택설로 개종하면서 이는 중요한 이슈로 떠올랐습니다. 사회성 진화에서는 특히나 집단 선택이 중요하게 작용한다는 것이 주요한 내용입니다. 생물학계 일부에서 주장하는 이 다중 선택설이 엄밀한 검증을 거쳐서 유전자 선택설에 대항하는 의미 있는 주체로 설 수 있을지는 아직 회의적입니다.

진화론의 세 가지 핵심

결국 진화론의 핵심은 다음과 같습니다. '어떠한 생물도 생태계 외부에선 존재할 수 없다. 심지어 빛을 이용해 광합성을 하는 식물조차도 수많은 다른 생물과 연결되어 있으며, 이 연결이 끊어지면 삶을 이어나갈 수 없다.'

식물의 뿌리는 균류와의 공생을 통해 더 많은 무기염류와 물을 흡수합니다. 이를 통해 광합성에 필요한 재료를 조달받습니다. 식물의 꽃가루는 곤충에 의해 다른 꽃의 암술머리로 옮겨집니다. 식물의 열매는 다른 동물의 먹이가 되고, 그 속의 씨앗은 동물의 배설물을 거름으로 삼아 싹을 틔웁니다. 높은 산꼭대기에 홀로 서 있는 나무조차 다른 생물과의 상호작용 없이는 살 수 없습니다.

생태계에서의 삶은 이렇듯 일정한 역할을 가진다는 걸 의미합니다. 다른 생물들과 천적, 공생, 경쟁 등의 관계를 맺으면서 생태계가 동적인 평형 상태를 이룰 수 있도록 자신의 역할을 해내야 합니다. 이 균형이 깨질 때 생태계는 위험해집니다. 생태계의 위험은 다시 개체 혹은 종의 위험으로 되돌아옵니다. 따라서 모든 생물 종은 생태계 내에서 자신의 역할을 충실히 수행해야 합니다. 그러나 생태계는 개별 종의 노력과는 상관없이 항상 변화합니다. 울창한 열대우림이었던 북아프리카가 사하라 사막이 된 것처럼, 서로 떨어져 있던 북아메리카와 남아메리카가 파나마 지협으로 연결되는 것처럼 외부 요인이 항상 생태계를 교란합니다. 생태계 바깥의 외래 종이 침입해 들어오기도 하고, 생태계 내의 경쟁이 생태계를 바꾸기도 합니다. 이렇게 생태계가 변화하면 그 안에서 자신의 역할을 수행하던 생물 종도 변화해야만 합니다. 진화를 통해 자신의 역할을 바꿀 수도 있고, 바뀐 생태계에서 원래의 역할을 하되 그 형태를 바꿀 수도 있습니다.

예를 들어 사자와 호랑이를 생각해 봅시다. 둘 다 큰 고양이과의 최종 포식자로 각 생태계에서의 역할이 같습니다. 환경이 다를 뿐입니다. 환경이 바뀌자 이들은 같은 역할을 수행함에도 다르게 진화했습니다. 사자는 드넓은 초원에서 무리를 이루며 사는 대형 초식동물을 사냥합니다. 이에 사자는 자신들도 무리를 이루기 시작합니다. 암사자들 위주로 이루어진 무리는 대형 초식동물을 뒤쫓다가 대열에서 처진 녀석을 사냥합니다. 이마저도 쉽지만은 않습니다. 사자들은 용이한 사냥을 위해 다양한 작전을 구사하기도 하며, 새끼들을 공동으로 기르는 방향으로 진화합니다. 이들 사자 무리를 'Pride'라고 합니다.

반대로 울창한 숲에서 사냥을 하는 호랑이는 혼자 사냥을 다닙니다. 숲속 동물들이 지나다니는 길목에 숨어 지나가는 초식동물을 잽싸게 사냥합니다. 다른 동료의 도움은 필요 없습니다. 오히려 주변에 있는 다른 호랑이는 자신의 사냥터를 헤집고 다니는 방해꾼일 뿐이죠. 이런 이유로 호랑이들은 짝짓기 철을 제외하곤 모두 홀로 다닙니다. 옛 속담에 "한 산에 두 호랑이가 있을 수 없다."라는 말처럼 말이지요.

진화의 두 번째 핵심은 방향이 없다는 것입니다. 뷔퐁이 이야기한 것처럼 퇴화하는 것도 아니고, 아리스토텔레스나 다른 이들이 말한 것처럼 점점 고등해지는 것도 아닙니다. 다만 적응할 뿐입니다. 수컷과 암컷은 자손을 만들 때 최대한 다양한 종류의 자손을 만듭니다. 유성생식이 필요한 이유입니다. 여러 돌연변이도 이를 돕습니다. 발이 조금 더 긴 녀석, 귀가 조금 더 작은 녀석, 목이 긴 녀석, 소장이 조금 더 긴 녀석 등 여러 방면에서 조금씩 다른 자손이 나옵니다. 그중에서 그때의 생태계 조건에서, 그리고 그들이 해야 할 역할에서 조금 더 유리한 녀석들이 조금 더 높은 확률로 살아남아 더 많이 번식합니다. 단지 그뿐입니다.

이것도 예를 들어 봅시다. 어느 지역에 토끼가 살고 있는데 그중 귀가 조금 작은 새끼와 보통 귀를 가진 새끼가 태어났습니다. 일반적인 조건이라면 천적들의 움직임을 조금 더 예민하게 들을 수 있는 보통 귀를 가진 새끼들이 생존에 유리합니다. 귀가 작은 녀석들이 조금 더 높은 확률로 천적에게 잡아먹힙니다. 그러면 귀가 작아지는 변이가 나타났더라도 그 토끼는 자연스레 사라집니다. 만약 이 지역의 평균 기온이 조금 내려가서 겨울이 추워졌다고 가정하면 어떻게 될까요? 체온을 덜 빼앗기는 작은 귀를 가진 토끼가 생존에 유리할 것입니다. 그 비율이 역전된다면 이번에는 작은 귀를 가진 토끼가 단 몇 년 만에 지역 전체를 장악합니다. 여기에 어떤 방향이 있을까요? 단지 변이가 일어나는 바로 그 시점에 생존과 번식이 유리한 집단이 살아남는다는 원칙이 있을 뿐입니다.

흔히 진화는 단순한 것에서 복잡한 것으로, 하등한 것에서 고등한 것으로 간다고들 말하지만 전혀 그렇지 않습니다. 멍게를 예로 들어 봅시다. 멍게는 사실 오징어나 곤충보다 인간에 훨씬 더 가까운 동물입니다. 멍게는 마치 거북손이나 홍합 또는 해삼과 같이 바다 밑바닥에 달라붙어 사는 열등한 동물로 보이지만 사실 그들은 인간과 같은 척삭동물문의 구성원입니다. 정확하게는 척삭동물문 해초강 강새해초목에 해당하는 동물입니다. 이들은 어려서는 바다를 헤엄쳐 다니다가 성체가 되면 바위나 바다 밑바닥 흙속에 파묻혀 삽니다. 이들의 어릴 때 모습을 보면 뇌도 있고 감각기관과 운동기관을 다 갖추고 있어서 마치 작은 물고기나 올챙이처럼 보입니다. 그러나 성체가 되어 어딘가 단단히 붙어살기 시작하면 멍게는 자신의 뇌를 소화시켜 없애 버립니다. 우리가 보기에 퇴화처럼 보이는 그 모습이 그들만의 진화인 것입니다.

효모도 마찬가지입니다. 효모는 눈에 보이지 않을 정도로 아주 작은 단세포 생물입니다. 그러나 효모의 조상은 다른 균류와 마찬가지로 다세포 생물이었습니다. 그들은 다세포 생물에서 단세포 생물로 진화한 것입니다. 이러한 예들은 무수히 많습니다. 뱀은 땅 속으로 들어가기 위해 네 다리와 눈을 버렸습니다. 고래는 바다에 적응하기 위해 네 다리를 버렸고, 새들은 날기 위해 턱뼈를 버리고 수컷은 생식기도 버렸습니다. 하늘을 날기 위해 그리도 많은 걸 버렸던 새들은 천적이 사라지면 바로 날개가 퇴화합니다. 펭귄을 봅시다. 펭귄의 뒤뚱거리는 걸음에 우리는 웃음을 터트리지만 그들이

틱타알릭 로제의 화석 ⓒAuthor Ghedoghedo, Wikimedia Commons

물속에서 헤엄치는 모습은 매우 우아합니다. 펭귄은 바다 속에서 헤엄치기 위해 애써 얻은 날 수 있는 능력을 포기한 것입니다. 이 모든 예들이 진화에 정해진 방향은 없다는 것을 말합니다.

진화의 세 번째 핵심은 무목적성입니다. 진화의 무방향성과도 어떤 면에서는 일맥상통합니다. 인간의 조상인 유인원은 인간이 되어야겠다는 목적을 가지고 진화하지 않았습니다. 네발 달린 동물의 조상인 틱타알릭 로제도 지느러미로 훗날 땅 위를 걷겠다는 의지를 가지고 진화하지 않았습니다. 그들에게 진화 방향을 정해주고 알려준 초월자는 없습니다. 목적이 없다는 것은 생태계 전체로 보아서도 그렇지만 종으로 보아서도 그렇습니다. 호모 사피엔스라는 종이 어떠한 목적을 가지고 현재의 사람으로 진화한 것은 아닙니다. 그저 열대우림에서 쫓겨난 상황에서, 초원이라는 새로운 조건에 맞추어 살아남은 영장류의 변이들이 모여서 현재의 인간이 되었습니다.

개체에서도 마찬가지입니다. 내 자손은 더 멋진 모습이 되어야 한다는 의지를 가지고 자손에게 변이를 물려주지 않습니다. 수 컷의 생식세포와 암컷의 생식세포가 감수분열을 하는 과정에서, 수 정하는 과정에서, 그리고 발생 과정에서 무작위로 일어나는 변이들 이 모여 자손이 됩니다. 그렇게 살아남은 자손들이 가진 변이가 새 로운 자손을 만듭니다. 모든 과정은 우연히 이루어집니다. 모든 과 학 현상이 그렇듯이, 모든 자연이 그렇듯이 진화에도 목적은 없습 니다.

생명을 자세히 보니 보이는 것들

생물을 쪼개고 쪼개면

기술의 진보는 과학의 지평을 넓히는 계기가 됩니다. 현미경과 망원경이 그 대표적인 경우입니다. 이전까지 인간은 맨눈으로 세상을 관찰했습니다. 전자기파 중에서도 가시광선의 영역만을 이용해서 사물을 관찰했지요. 아주 작은 영역, 빛의 세기가 너무 약한 것은 관찰할 수 없었다는 이야기이기도 합니다. 망원경은 아주 희미한 세기의 빛을 관찰할 수 있게 했고, 현미경은 아주 작은 세계를 관찰할 수 있게 했습니다. 그 결과 우리는 엄청난 발견을 합니다. 망원경에 대해서는 2장에서 갈릴레이Galileo Galilei, 1564~1642를 이야기할 때 자세히 하기로 하고, 여기서는 로버트 훅Robert Hooke, 1635~1703과 레벤후크Leeuwenhoek, 1632~1723의 발견에 대해 이야기해 봅시다.

네덜란드의 한 장인이 현미경과 망원경을 만든 이래로 많은 사람이 두 도구를 이용해 여러 가지 관찰을 하고 발표를 했습니다. 그중 가장 선구적인 이가 17세기 영국의 과학자 로버트 훅입니다. 훅은 당시 다른 과학자들이 그러했던 것처럼 여러 과학 분야에 조금씩 발을 걸쳐 놨습니다. 그는 각 방면에서 남다른 업적을 쌓았는데,

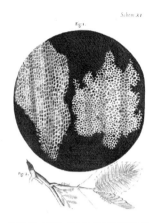

로버트 훅이 《마이크로그래피아 Micrographia》에 수록한 코르크의 조직 소묘

물리학에서는 탄성력을 정량화하며 역제곱 법칙을 밝혔습니다. 광학에서도 나름의 성과를 거두었고 건축에서도 뛰어난 역량을 보였습니다. 생물학에서는 세포를 처음 발견했지요.

현미경이 발명되기 전까지 사람들이 볼 수 있는 건 세포가 모여 이루어진 조직이 한계였습니다. 근육조직, 상피조직이 그렇습니다. 이 조직이 무엇으로 이루어져 있는지에 대해선 사실 아무도 모르고 있었습니다. 단지 추측만 가능할 뿐이었습니다. 그런 상황에서 훅이 현미경으로 코르크를 관찰하다가 세포Cell를 발견합니다. Cell은 코르크 세포가 수도사들이 사는 아주 작은 방처럼 생겼다고 해서 라틴어 Cella에서 따온 말입니다. 그 뒤 니어마이아 그루Nehemiah Grew, 1641~1712가 1682년《식물 해부학The Anatomy of Plants》이란 책에서 식물의 세포와 조직을 묘사했습니다. 그러나 두 사람 다 식물의 세포벽을 관찰했을 뿐 세포 내부를 관찰하진 못했습니다. 당시 현미경의 수준이 세포 안쪽을 관찰하기에는 미흡했기 때문입니다. 19세기가 되어서야 세포핵을 발견하고 세포의 분열 과정을 기록할 수 있었습니다. 이런 과정을 통해 식물은 모두 세포로 구성되어 있다는 사실을 확인합니다. 연이어 동물도 모두 세포로 구성되어 있음이 밝혀졌습니다.[13] 그리하여 모든 생물은 기본 단위가 세포임이 분명해졌습니다.

도대체 세포가 뭐길래

생물에게 세포는 특별한 의미를 가집니다. 생명은 세포막으로 내부와 외부를 구분 짓습니다. 자신과 자신이 아닌 것을 구분하는 것입니다. 내면성Interiority을 가진다는 의미지요.[14] 처음 세포가 발견 되었을 때는 그 내부 구조가 명확하게 밝혀지지 않았습니다. 다만 점액성 물질이 있다는 것만 알 수 있을 뿐이었습니다. 20세기가 되어 세포를 파괴한 뒤 이를 원심분리기로 돌려 분리하는 방법이 고안되자 세포 내부에 대한 연구는 급진전을 이루었습니다. 더구나 아주 미세한 세포 내 조직을 관찰할 수 있는 전자현미경이 등장함으로써 세포 연구는 커다란 전환점을 맞습니다. 화학의 발전도 이에 거들어 분자생물학이 발달합니다. 이를 통해 학자들은 생물이 두 가지로 구분됨을 알게 되었습니다. 핵이 없는 원핵생물과 핵을 가지고 있는 진핵생물이 그것입니다. 진핵생물은 다시 원생생물과 균류, 식물과 동물로 구분되는데, 그 기준은 세포와 세포막, 세포벽의 구조입니다.

---

13 1838년 독일의 슐라이덴Schleiden, 1804~1881이 여러 식물 세포를 관찰한 결과 식물체는 모두 세포로 구성되어 있다고 발표한다. 바로 그다음 해인 1839년에 슈반Schwann, 1810~1882은 동물의 몸도 세포로 구성되어 있음을 확인한다.

14 《꼭 한 번은 읽어야 할 생물학 이야기》 김웅진 지음, 행성B이오스, 2015, p.137.

모든 진핵생물의 세포 내에 핵막으로 둘러싸인 세포핵과 미토콘드리아 그리고 리보솜이 있다는 사실은 현재 많이 알려져 있습니다.[15] 대부분의 세포는 골지체와 소포체 그리고 세포골격 등을 가지고 있으며 편모와 중심소체 등을 가지고 있기도 합니다. 이들이 어떠한 역할을 하는지도 대부분 밝혀졌습니다.

세포핵에는 히스톤 단백질을 감고 있는 염색사 형태의 DNA가 들어 있습니다. 이 DNA는 단백질 생성을 위한 설계도이자 자손에게 물려줄 유전체입니다. 미토콘드리아는 원래 독립된 생명체였지만 세포 내 공생을 통해 진핵생물 세포의 가장 중요한 소기관이 되었습니다. 미토콘드리아는 하나의 포도당 분자를 가지고 34개의 ATP를 생성해내는 세포 내 발전소입니다. 그 과정에서 유리 산소를 발생시켜 세포 노화를 촉진하는 부작용을 일으키기도 합니다. 리보솜은 mRNA의 정보로 단백질을 만드는 세포 내 공장 역할을 합니다. 골지체와 소포체는 세포 내에서 물질을 저장하고 운반합니다. 분자생물학은 이들이 어떻게 이런 일을 수행하는지 화학반응 차원에서 규명해내고 있습니다.

인간의 세포만 특별하지 않다

세포학의 진전은 우리에게 또 다른 시사점을 던집니다. 생명

---

15 엄밀히 말하면 모든 진핵생물이 미토콘드리아를 가지고 있는 것은 아니다. 진화 과정에서 미토콘드리아가 사라진 경우도 있다.

은 모두 세포로 평등하다고. 어떤 생명이든 그 기본은 세포입니다. 단 하나의 예외도 없습니다. 물론 이는 대단히 귀납적인 결론입니다. 세포 외에 다른 기본 단위로 된 생명체가 지구에 있을지도 모릅니다.[16] 아직까지는 발견된 바 없기에 현재 생명은 모두 세포로 이루어져 있다고 간주합니다. 이끼도 지렁이도 사람도 마찬가지입니다. 눈에 보이지 않는 플랑크톤에서 가장 거대한 흰수염고래에 이르기까지 모두 그렇습니다. 그런 의미에서 모든 생명은 동등합니다.

세포 내부를 봐도 모든 생명은 평등합니다. 인간의 세포핵이라고 해서 특별하지 않으며 벼의 세포핵이 남다르지도 않습니다. 모든 생명의 세포핵은 동일한 메커니즘을 갖습니다. 리보솜도, 미토콘드리아도, 세포막도 같은 작용 원리를 갖지요. 사람 몸의 세포막은 인지질이 이중으로 늘어선 구조입니다. 두 쌍의 인지질이 서로 마주 보고 있는 구조인데, 마주 보는 쪽은 물과 친하지 않은 지질이고, 바깥쪽은 물과 친한 인산기가 있는 모습입니다. 여기에 소수성 단백질이나 친수성 단백질이 군데군데 박혀 있어 물질이 이동하는 통로 역할을 합니다. 이 구조는 사람도, 개도, 진달래도 마찬가지입니다. 리보솜의 작동 원리를 봐도 그렇습니다. 리보솜은 rRNA라는 것으로 구성되어 있습니다. 이 리보솜에 DNA로부터 단백질 설계도를 베껴 온 mRNA가 와서 달라붙고, 여기에 tRNA가 가지고 오는 아미노산이 달라붙어 단백질이 생성됩니다. RNA 염기서열에 약간씩 차이가 있긴 하지만 어떤 생물의 세포든 같은 구조의 리보

---

16 물론 이는 아주 낮은 확률의 가정이다. 만약 이 문제를 가지고 도박을 한다면 대부분의 과학자는 기꺼이 '발견되지 않는다.'에 걸 것이다.

솜과 동일한 메커니즘을 갖습니다.

거의 모든 다세포 생물은 다양한 종류의 세포로 이루어져 있습니다. 사람 몸도 마찬가지입니다. 신경세포, 근육세포, 지방세포, 뼈세포, 감각세포 등 각각의 역할에 맞는 세포가 있습니다. 사람의 신경세포는 근육세포와 완전히 다른 모양을 하고 있습니다. 오히려 고양이, 도마뱀, 멸치, 선충의 신경세포와 더 비슷하게 생겼습니다. 사람의 근육세포도 표피세포보다 다른 동물의 근육세포와 더 비슷합니다. 사람 몸을 구성하는 여러 종류의 세포는 서로 닮지 않고, 다른 종의 비슷한 역할을 하는 세포와 그 구조와 형태가 더 유사합니다. 언뜻 보기에 당연해 보이는 이 모습은 우리에게 또 다른 깨달음을 줍니다. 다른 생물들과 같은 신경세포, 같은 근육세포, 같은 표피세포, 같은 적혈구를 가진 개체가 바로 인간이라는 것을요. 세포 수준에서 보면 모든 생명이 평등합니다.

이를 조금 더 확장하면 어떨까요? 비슷한 세포들은 모여서 조직Tissue을 구성합니다. 근육세포들은 모여서 근육조직이 되고, 표피세포들은 모여서 표피조직이 됩니다. 뼈세포들은 모여서 뼈조직이 됩니다. 이 조직의 차원에서 보면 생물들 간의 차이가 보입니다. 하지만 그 차이는 인간과 동물을 나누는 차이가 아닙니다. 한쪽을 동물로 놓고, 다른 한쪽을 인간으로 놓을 정도로 인간의 조직이 특별하지 않다는 말입니다. 우리 인간의 뼈조직은 고릴라나 침팬지는 물론 소나 호랑이의 뼈조직과 유사합니다. 호랑이의 입장에서 보면 오히려 닭의 뼈조직이 인간의 뼈조직보다 훨씬 더 다릅니다. 근육조직도 매한가지입니다. 들쥐의 근육조직은 인간보다 뱀이나 거북의 근육조직과 훨씬 더 차이가 납니다.

이런 조직이 모여서 기관을 만듭니다. 근육조직과 혈관조직, 표피조직 등이 모여서 위를 만들고, 소장이나 대장을 만듭니다. 그리고 이런 기관들이 모여 소화기관계, 순환계, 신경계 등을 형성합니다. 이런 기관이나 기관계의 경우도 조직과 별 다를 바가 없습니다. 소나 염소처럼 풀을 먹는 동물들은 서로 비슷한 소화기관을 가지고 있습니다. 호랑이나 사자, 늑대처럼 육식을 위주로 하는 동물들도 서로 비슷합니다. 인간은 잡식을 하는 동물들과 비슷한데 그중에서도 돼지와 가장 비슷합니다. 물론 이들 모두의 소화기관계는 말미잘이나 해파리에 비하면 차이랄 것도 없어 보일 만큼 서로 비슷합니다.

그 많던 생물은 어떻게 제자리를 찾았을까

신대륙 발견으로 근대 분류학이 꽃피다

앞서 우리는 아리스토텔레스가 동물을 어떻게 분류했는지 살펴 보았습니다. 아리스토텔레스는 동물학을 그의 평생 동료였던 테오프라스토스는 식물학을 연구했다고도 했습니다. 이 두 사람의 활약으로 서양의 분류학이 시작되었다고 해도 과언이 아닙니다. 이후 17세기가 될 때까지 생물 분류는 더 나아가지 못했습니다. 몇몇 생물만 추가되었습니다. 사실 별 필요가 없었다고 보는 게 맞을 것입니다. 알고 있던 생물 대부분은 이미 분류가 끝났고 가끔 먼 외국에서 들여오는 진귀한 생물들만 추가하면 됐으니까요.

그러나 신대륙이 발견되자 사정이 달라졌습니다. 아메리카의 식물, 특히 그곳 원주민들이 이용하고 재배하는 작물들은 유럽인들에게도 유용했으며, 이윤의 토대가 되고 권력의 원천이 되는 것들이었습니다. 포르투갈과 스페인의 대항해가 시작된 이유도 인도에서 나는 후추를 어떻게든 직접 손에 넣으려고 했던 것이니 당연한 일이었습니다.

고추, 토마토, 옥수수, 감자, 커피, 코코아, 담배…… 아메리카는 금과 은 말고도 돈이 되는 것들이 많았습니다. 아메리카뿐만 아니었습니다. 아프리카의 열대우림 지역과 남아프리카 그리고 동남아와 인도, 오스트레일리아 등 가는 곳마다 새로운 작물들이 있었습니다. 먹을 수 있는 작물 말고도 공업용으로 사용할 수 있는 고무 등 다양한 식물의 신세계가 유럽인들에게 열린 것입니다. 그들은 앞다투어 이들 나라를 식민지화하고, 그 광활한 땅에 대규모 경작을 일구기 시작했습니다. 그러다 보니 다시 다양한 식물들을 조사할 필요가 생겼습니다. 식물들 간의 유연관계에 대해서도 정리해야 했습니다. 이에 생물분류학, 그중에서도 식물분류학이 다시 중요해집니다. 근대 분류학이 식물을 중심으로 발달해 온 이유입니다.

근대 분류학을 빛낸 위인들

1687년 영국의 의사 겸 식물학자 한스 슬론Hans Sloane, 1660~1753 은 자메이카 총독의 주치의로 자메이카를 방문했습니다. 15개월 후 영국으로 돌아온 그는 자메이카에서 조사하고 수집했던 동식물 800가지를 기록하여 발표합니다.[17] 그는 영국에 돌아와서도 다양한 대상을 그야말로 엄청나게 수집했습니다. 265권의 압축 식물, 1만 2,500여 가지의 채소, 6,000종의 조개껍질, 9,000가지의 무척추동

---

17 그는 자메이카에서 카카오를 이용해 음료를 만드는 원주민들을 보았다. 이후 런던으로 돌아와 카카오 분말에 우유를 섞어 마시는 일명 '초콜릿 우유'를 만들어 특허를 냈다. 이 음료로 그는 꽤나 많은 재산을 모을 수 있었다.

물, 1,500가지의 어류, 1,200가지의 조류, 골격과 박제 샘플, 23,000 개의 동전과 메달, 50,000권의 책과 원고 등의 수집품이 있었습니다. 이 모두를 그가 모았다기보다는 다른 이들의 수집품을 사들인 것입니다. 그가 죽은 후 영국 정부가 그의 수집품을 소장하기 위해 영국박물관(대영박물관)을 세웠을 정도입니다. 이 영국박물관은 이후 자연사박물관, 영국도서관으로 확장됩니다. 슬론만이 아니라 수많은 유럽인들이 전 세계에서 수집한 진기하고 신기한 물건을 유럽으로 보냈고, 유럽에는 이를 수집하는 돈 많은 수집가들이 있었습니다.

근대 분류학은 이러한 상황을 토대로 존 레이John Ray, 1627~1705에서 시작되었습니다. 17세기에 활동했던 그는 10여 년 동안 프랜시스 윌러비Francis Willughby, 1635~1672와 함께 유럽을 돌며 각종 동식물을 관찰하고 시료들을 수집했습니다. 그는 슬론의 분류 체계에 따라 18,000종의 동물과 식물을 서식지, 분포, 형태, 생리를 바탕으로 나누었습니다. 근대적 의미의 첫 분류였습니다. 존 레이는 쌍떡잎식물과 외떡잎식물을 최초로 분류한 사람이며 종Species의 개념을 명확히 한 사람이기도 합니다. 그는 같은 종의 씨앗에서는 같은 형태의 식물이 나타나며, 동물 또한 마찬가지라고 주장했습니다. 생식을 중심으로 한 현대적 의미의 종 개념이 탄생한 것입니다.

존 레이와 비슷한 시기에 여러 가지 분류 기준을 주장하는 이들이 나타났습니다. 이탈리아의 의학자이자 식물학자 안드레아 체살피노Andrea Cesalpino, 1519~1603는 식물을 분류하는 기준으로 꽃과 열매 등의 수정기관을 중요시했습니다. 조제프 피통 드 투른포르Joseph Pitton de Tournefort, 1656~1708는 《식물학의 요소들Eléments de botanique》이란 책에서 속Genus의 분류에 1차 강조점을 두었습니다.

이런 가운데 칼 폰 린네Carl von Linné, 1707~1778가 나타났습니다. 그는 이전 학자들의 성과를 모아 생물 분류 체계를 확립했습니다. 뉴턴이 훅과 데카르트, 갈릴레이 등이 이룬 성과 위에 자신의 고전 역학 개념을 세웠듯이, 린네 또한 마찬가지였습니다. 린네의 분류 체계는 현대 분류학의 기초가 되었습니다.

그는 먼저 존 레이의 종 개념과 투른포르의 속 개념을 가져와 분류의 기준으로 삼았습니다. 식물의 경우 체살피노의 주장처럼 암술과 수술 같은 생식기관을 중심으로 분류했습니다. 특히 그는 식물이 성적으로 번식한다는, 즉 유성생식을 한다는 개념을 확고히 했습니다. 당시 그는 식물의 암술은 동물 암컷의 생식기에 해당하고, 수술은 수컷의 생식기에 해당한다는 주장으로 엄청난 파문을 일으키기도 했습니다.

린네의 업적 중 가장 유명한 것이 바로 이명법입니다. 그는 생물의 학명을 나타내는 방법으로 두 단어로 된 라틴어 이명법을 고안했습니다. 이를 통해 모든 생물은 자신의 의지와는 무관하게 인간에 의해 체계적인 이름을 가지게 되었습니다. 마치 김춘수의 시 〈꽃〉처럼 그 이름을 불러 주기 전에는 한낱 잡초에 불과했지만, 린네가 이명법을 지어 주는 순간 그 식물은 하나의 종이 된 것입니다. 현재도 많은 생물학자가 린네의 방식에 따라 새로운 종에 이름을 붙입니다. 린네가 만든 학명으로 생물의 이름이 영원하듯, 린네 또한 이명법을 만듦으로서 생물학 역사에 자신의 이름을 영원히 남겼습니다.

그 과정에서 린네는 유사한 종을 모아 속을 만들고, 속을 모아

과를 만들며, 과를 모아 목을, 목을 모아 강을, 강을 모아 문을, 문을 모아 계를 만듭니다. 그렇게 거대한 생물 분류 체계를 완성합니다. 린네로 인해 그동안 이어져 오던 생물 체계는 완전히 바뀌게 되었습니다.

각자에게 마땅한 자리를 주다

생물 분류는 아리스토텔레스가 '생명의 사다리' 안에 각 생명을 위치시킨 것에서 시작되었습니다. 이후 성 아우구스투스st. Augustus, BC 50~AC 14에 의해 신과 천사까지 포함하는 '거대한 존재의 사슬Great Chain of Being'로 변화되어 이어졌습니다. 생명의 사다리나 거대한 존재의 사슬은 세계를 하나의 위계질서 속에 자리하게 합니다. 이에 따라 모든 생물은 자신의 자리를 가졌지만 각자의 위치는 동등하지 않았습니다. 아리스토텔레스에겐 인간이, 아우구스투스에겐 신이 정점이었고 그 아래로 만물이 각자 '마땅한' 자리를 차지하고 있었습니다.

분류 체계의 맨 아래에는 무생물이, 그 바로 위에는 이끼와 같이 꽃이 피지 않는 식물이 차지합니다. 그들 위에는 꽃이 피는 식물이 자리 잡고 있습니다. 모든 식물은 동물 아래에 위치합니다. 동물 중에서는 해파리나 지렁이처럼 피도 없고 사지도 없는 녀석들이 맨 아래에 있고, 점차 고등한 생물이 한 계단씩 높은 위치에 자리합니다. 이러한 논리는 신앙에서 신자들이 신부와 주교, 교황을 섬겨야 하는 이유를 주었습니다. 사회에서도 노예와 농노, 평민과 귀족, 왕

과 황제로 이어지는 위계질서에
정당성을 부여했습니다. 인간이
불평등한 이유를 보여 주었던 것
입니다.

린네가 제시한 분류에서는
그의 의도와는 달리 모든 생명이
동등했습니다. 린네는 생물 전체
를 동물과 식물로 분류하고 이들
을 다시 그 특징에 따라 분류했
습니다. 거기에는 위아래가 없었

거대한 존재의 사슬을 표현한 그림

습니다. 어떤 생물도 존재 자체
로 다른 생물보다 위에 배치되지 않는 것입니다. 식물과 동물은 서
로 다른 분류일 뿐이었습니다. 포유동물도 다른 동물보다 위가 아
니었습니다. 포유동물과 양서류, 파충류는 서로 다른 척추동물일
뿐이었습니다. 그 분류표 안에 린네는 인간을 넣었습니다. 인간은
이제 린네에 의해 공식적으로 동물이 되었습니다. 린네가 인간에게
부여한 위치는 '동물계 척추동물문 포유강 영장목 사람과 사람속
사람종'입니다. 여기서 좀 더 보충을 하자면 사람과에는 사람만 있
지 않습니다. 오랑우탄, 고릴라, 침팬지, 보노보가 인간과 함께 모
두 사람과입니다.

이런 분류가 다윈의 진화론처럼 공격받지 않은 것은 린네 자체
가 진화론을 옹호하지 않은 까닭이 큽니다. 그는 모든 생물이 평등
하게 신에 의해 창조되었다고 믿었습니다.

현대 분류학의 아주 소소한 자부심

현대 생물학에서의 생물 분류 체계는 린네가 살던 시대와는 다릅니다. 하지만 그 기본 정신과 방법은 같습니다. 더 정확해지고, 더 세분화되었을뿐더러 린네의 생각과는 달리 진화론과 밀접한 관계를 맺으며 발달했습니다. 현대 분류학은 생명을 크게 원핵생물과 진핵생물, 두 부류로 나눕니다.

원핵생물은 지구상에 처음 나타난 최초 생명의 직접 후손입니다. 이들은 핵막이 없어서 DNA 사슬이 세포 내에 풀려 있습니다. 미토콘드리아 같은 세포 내 소기관은 없으며, 세포막의 바깥은 세포벽으로 둘러싸여 있습니다. 모두 단세포 생물입니다. 우리가 흔히 세균Bacteria이라 지칭하는 생물이 이들입니다. 이 원핵생물은 크게 진정세균류와 고세균류 두 종류로 나눕니다. 진정세균은 우리가 세균이라 부르는 이들이고 고세균Archaea은 전문가들이 아니면 잘 모르는 부분입니다.

이들을 제외한 나머지 모든 생명은 진핵생물입니다. 진핵생물은 핵막을 가지고 있습니다. 핵막 안에는 히스톤 단백질에 감긴 DNA가 염색사의 형태로 존재합니다. 세포막의 구조도 원핵생물과 다르고, 세포 내 소기관들을 풍부하게 가지고 있습니다. 특히나 미토콘드리아는 진핵생물의 중요한 특징 중 하나입니다. 미토콘드리아가 없을 때 세포는 1개의 포도당 분자에서 4개의 ATP밖에 얻지 못하지만, 미토콘드리아가 존재하면 34개의 ATP를 확보할 수 있습니다. 엄청난 고효율의 에너지를 생산하게 되는 것이지요. 덕분에 다양한 세포 내 소기관을 보유할 여유가 생깁니다. 세포 하나의 크기도 비약적으로 키울 수 있게 됩니다. 실제로 세포의 평균 크기를 보면 진핵생물이 원핵생물에 비해 거의 1000배 이상 큽니다.

미토콘드리아를 가짐으로써 생긴 또 하나의 변화는 세포막과 세포벽입니다. 원핵생물은 세포막을 사이에 둔 양성자(수소이온)의 농도 차를 이용해서 ATP라는 에너지 함유물질을 만들어 냅니다. 이를 위해 세포막 바깥을 항상 일정한 상태로 유지해야 하므로 세포벽이 반드시 있어야 합니다. 세포막을 다른 용도로 사용하는 것이 극히 제한됩니다. 그러나 진핵생물의 경우 미토콘드리아가 에너지 생산을 담당합니다. 거추장스러운 세포벽이 더는 필요하지 않고 세포막도 다양한 용도로 사용할 수 있게 됩니다.

진핵생물은 다시 원생생물·균류·동물·식물, 이렇게 네 가지 종류로 나닙니다. 원생생물은 대부분 단세포나 간혹 다세포 생물도 있습니다. 사실 균류와 동물, 그리고 식물에 넣기 애매한 모든 생물을 여기에 대충 모아 놓았다고 봐도 크게 틀린 것은 아닙니다. 린네가 생물 분류를 처음 시도했을 때는 식물과 동물 두 가지 분류뿐이었으나, 19세기 에른스트 헤켈Ernst Haeckel, 1834~1919에 의해 원생생물이라는 분류군이 새로 생깁니다. 20세기 들어 원핵생물과 진핵생물이 서로 전혀 다른 종류임이 밝혀지자 원생생물은 분류군에서 잠시 사라졌다가 재정비됩니다. 이후 균류가 원생생물에서 빠져나가 독자적인 계를 형성함에 따라 현재와 같은 원생생물계가 되었습니다.[18] 홍조류나 갈조류 같이 바다에 사는 해조류나 식물성 플랑크톤, 동물성 플랑크톤이 대부분 여기에 속해 있습니다.

18 어떤 과학자들은 원생생물을 원생동물과 크로미스타라는 분류로 나누기도 한다.

균류는 버섯과 곰팡이, 효모 등을 지칭합니다. 세포벽이 식물과 달리 키틴으로 이루어져 있고 엽록소가 없어 스스로 광합성을 하지 못합니다. 대부분 다른 생물에 붙어서 기생 혹은 부생을 하며 삽니다.

식물과 동물은 이미 익숙하겠지만 그래도 잠깐 정리를 합시다. 식물은 크게 씨로 번식하는 종자식물과 포자로 번식하는 포자식물로 나뉩니다. 포자식물은 다시 선태류와 양치류로 나뉩니다. 종자식물은 씨가 되는 밑씨가 겉으로 드러나 있는 겉씨식물과 밑씨가 씨방 안에 들어 있는 속씨식물로 나뉘고, 속씨식물은 다시 떡잎이 두 장인 쌍떡잎식물과 떡잎이 하나인 외떡잎식물로 나뉩니다.

동물 분류는 좀 더 복잡합니다. 동물은 멸종한 문을 합쳐서 거의 40개에 이르는 동물문으로 나뉩니다. 연체동물·절지동물·척삭동물 등 꽤 익숙한 분류들도 있지만 완족동물·의충동물·태형동물·윤형동물 등 거의 들어 본 적 없는 분류들이 더 많습니다. 인간이 속한 척삭동물문을 살펴봅시다. 척삭동물문은 모두 21개의 강으로 나뉩니다. 흔히 생각하듯 어류·양서류·파충류·포유류·조류의 5종류만 있는 것이 아닙니다. 우리가 잘 모르는 해초강·탈리아강·육기어강 등 생각보다 다양한 종류의 강이 있습니다. 그중 하나가 포유강입니다. 포유강은 다시 29개의 목으로 나뉘고 영장목이 여기에 속합니다. 영장목은 다시 16개의 과로 나뉘며 그중에 사람과가 있습니다. 사람과에는 오랑우탄속·고릴라속·침팬지속·사람속이 있습니다.

얼마 전까지만 해도 현존하는 인간인 호모 사피엔스 사피엔스를 독자적인 종으로 사람속에 속해 있다고 보았습니다. 하지만 지금은 현생 인류를 네안데르탈인과 데니소바인 등과 같은 종이라고 여깁니다. 현생 인류는 그중 한 아종에 불과합니다. 개와 늑대를 예로 들어볼까요? 둘은 교배가 가능하고 그렇게 태어난 새끼는 생식이 가능합니다. 이 경우 개와 늑대를 같은 종으로 봅니다. 하지만 사자와 호랑이는 다릅니다. 둘은 교배가 가능하고 새끼도 낳지만 그 새끼는 불임입니다. 종이 다른 것입니다. 이전까지 호모 사피엔스와 네안데르탈인의 관계를 사자와 호랑이의 관계처럼 생각했습니다. 서로 다른 종이라 여겼던 것이지요. 그런데 현재 인간의 유전자에 네안데르탈인이나 데니소바인의 유전자가 섞여 있음이 밝혀졌습니다. 멸종한 또 다른 사람 아종의 유전자도 들어 있을 확률이 꽤 높습니다. 다시 말해 현존하는 인간 호모 사피엔스 사피엔스는 혼혈이며, 호모 사피엔스의 자손이지만 동시에 데니소바인의 자손이며, 역시 마찬가지로 네안데르탈인의 자손이기도 합니다. 물론 호모 사피엔스의 유전자가 압도적으로 많기는 합니다.

이러한 분류 체계에서 인간이 차지하는 영역은 아주 일부에 불과합니다. 현재 구분되어 있는 생물 종은 300만~1,000만 종에 이릅니다. 인간은 그중 하나일 뿐입니다. 물론 작은 자부심은 가져도 좋습니다. 이 수많은 종류의 생물을 분류해 낸 건 지구상에서 오직 인간뿐이니까요.

유전학이 인간에게 말해 주는 것

유전하는 작은 인간, 호문쿨루스

자녀가 부모를 닮는 것은 어찌 보면 아주 당연합니다. 우리는 이를 유전이라고 합니다. 유전학은 바로 이 유전이 어떻게 이루어지는지를 연구하는 학문입니다. 유전 자체를 워낙 당연하게 생각하다 보니 연구가 본격적으로 이루어진 것도 사실 150년 정도밖에 안 되었습니다. 그레고어 멘델이 그 시작입니다. 물론 그 이전에도 유전에 대한 생각과 의견을 밝힌 이들이 있었습니다.

그 첫 번째는 아낙사고라스Anaxagoras, BC 500~BC 428입니다. 그는 모든 만물에는 그것을 이루는 종자가 있다고 생각했습니다. 바위에는 바위의 종자가 있고 사람에게는 사람의 종자가 있다는 식이었습니다. 게다가 이 종자에는 물체를 이루는 모든 요소가 담겨 있다고 주장했습니다. 물의 종자에는 물뿐만 아니라 불·흙·공기와 같은 요소들이 모두 들어 있다는 것입니다. 다만 물의 성질을 띠는 요소가 가장 많기 때문에 물이 되었다고 설명합니다.

이런 생각을 생물의 유전으로 도입한 사람은 서양 의학의 시조 히포크라테스Hippocrates, BC 460~BC 370입니다. 그는 신체를 형성하는 모든 부분(팔·다리·폐·심장·간장·소장·장기·혈관·뇌·신경 등)에 특수한 입자가 있다고 보았습니다. 임신 중에 이러한 입자들이 자손에게 전달되어 다음 세대로 유전된다는 것입니다. 이러한 가설을 범생설Pangenesis이라고 합니다. 이것이 후세에 전해지면서 범생설은 유전에 대한 주요 가설이 됩니다.

진화론을 주장한 다윈마저도 자신의 이론을 설명하기 위해 범생설을 주장합니다. 다윈은 히포크라테스와 마찬가지로 생물의 각 기관과 팔다리는 제뮬Gemmules이라는 아주 작은 싹을 만들어 낸다고 생각했습니다. 이 제뮬은 이전 세대로부터 전해진 형질과 살아가면서 획득한 형질에 대한 정보를 담고 몸속을 돌아다닙니다. 그러다 짝짓기를 할 때 생식기를 통해서 빠져나온 수컷의 제뮬이 암컷의 제뮬과 합쳐져서 유전정보를 전달한다고 여긴 것입니다.

이에 반해 아리스토텔레스는 생물의 형상 이론을 제시합니다. 그는 '자손은 부모 신체 전부에서 비롯된다.'는 범생설을 부정합니다. 대신 자신의 저서 《자연학Physics》에서 사물 생성의 원인으로 네 가지를 제시한 바 있지요. 질료인·형상인·목적인·작용인이 그것입니다. 만약 나무로 만들어진 의자가 있다면 질료인은 나무이고 작용인은 목수입니다. 목적인은 의자를 만든 이유가 되고, 형상인은 애초에 만들고자 했던 의자에 대한 개념인 거죠.

아리스토텔레스는 이를 고등 동물 유전에도 마찬가지로 투사합니다. 인간과 동물의 수컷은 자신의 형상을 이미 가지고 있다는 것입니다. 수컷의 정액이 이를 암컷의 혈액에 새기면 되는 것입니다. 암컷의 혈액은 이 새겨진 형상에 질료를 제공해서 자손을 형성합니다. 유전은 수컷이 그 형상을 제공하고 암컷이 질료를 제공하는 것으로 정리되는 거죠. 하지만 아리스토텔레스의 주장은 헬레니즘 이후 중세 시대에는 완전히 잊힙니다. 히포크라테스의 범생론이 줄곧 권위를 이어 가지요. 르네상스가 시작되면서 아리스토텔레스 사상은 먼 이슬람을 돌아 다시 유럽에서 복권되지만, 발생학에서는 범생설의 대안이 되지 못합니다.

중세 의학에서 범생설은 호문쿨루스Homunculus로 상징됩니다. 라틴어로 작은 사람을 뜻하는 이 말은 정액 속에 들어 있는 완전한 형태의 아주 작은 사람을 뜻합니다. 당시에 임신은 바로 이 정액 속의 작은 사람을 여성의 태내에서 성장시키는 것이라 여겼습니다. 실제로 저명한 연금술사였던 파라켈수스Paracelsus, 1493~1541는 호문쿨루스를 여성의 자궁을 빌리지 않고 인공적으로 완성하고자 했습니다.

여전히 범생설이 위력을 떨치고 있었지만, 17세기에 이르면 점차 변화의 조짐이 보입니다. 유전학과 발생학의 연구를 도울 새로운 도구가 소개되기 시작했거든요. 현미경의 활약으로 정액 속의 정자를 확인할 수 있게 되었고, 난자도 좀 더 자세히 볼 수 있게 되었습니다. 그러나 누구도 정액 안에 들어 있다던 호문쿨루스를 찾을 순 없었습니다. 사람들은 호문쿨루스가 너무 작아서 현미경으로 볼 수 없을 뿐이라고 생각했습니다. 이즈음 범생설을 지지하는 사람들은 호문쿨루스가 정자에 들어 있다는 이들과 난자에 있다고 주장하는 이들로 나뉘게 됩니다. 양쪽에 호문쿨루스를 합쳐서 자손을 만든다는 것은 말이 되지 않기 때문입니다. 호문쿨루스는 이미 완전한 인간 형태를 갖추고 있는데, 양쪽의 호문쿨루스를 합치면 팔다리가 각각 4개가 될 테니까요. 정자론자Spermist로는 레벤후크와 부르하페Hermann Boerhaave, 1668~1738가 있었고, 난자론자Ovist로는 말피기 Marcello Malpighi, 1628~1694와 르네 레오뮈르Rene Antoine Ferchault de Reaumur, 1683~1757, 샤를 보네Charles Bonnet, 1720~1793 등이 있었습니다.

호문쿨루스를 만드는 연금술사의 모습

사실 우리는 자손이 어미의 형질도 아비의 형질도 가지고 있음을 알고 있습니다. 쌍꺼풀은 어머니를 닮고, 곱슬머리는 아버지 같은 자손이 어디 한둘인가요? 그럼에도 불구하고 범생론자들은 정자 혹은 난자, 즉 남자와 여자 둘 중 하나가 호문쿨루스를 지니고 있으며, 이를 통해 자손에게 모든 것이 유전된다고 주장했습니다.

호문쿨루스 주장에는 또 다른 약점이 있었습니다. 바로 러시아 인형 마트료시카 패러독스입니다. 가령 인간의 정자 안에 호문쿨루스가 있다면, 그 호문쿨루스 안에 그의 자손이 될 또 다른 호문쿨루스가 있어야 합니다. 그 호문쿨루스 안에는 또 다른 호문쿨루스가, 그 안에도 또 다른 호문쿨루스가 있어야 하는 거죠. 즉 무수히 많은 호문쿨루스가 그 안에 있어야 한다는 뜻입니다. 또 호문쿨루스 이론이 맞다면 부모와 완전히 똑같은 자손만 나타나야 합니다. 하지만 부모와 다른 형질을 가진 자손이 수도 없이 많았습니다.

이런 이유로 범생설과 전성설에 반대하는 후성설이 새롭게 등장합니다. 결정적으로 어미의 자궁 속에서 생물이 발생하는 과정에 대한 연구가 진행되면서 전성설과 범생설은 큰 타격을 받습니다. 배의 발생 과정에서 각 기관이 순차적으로 만들어지는 것이 확인된 것입니다. 그리하여 독일의 발생학자 볼프Caspar Friedrich Wolff, 1733~1794 에 의해 후성설이 주장되고 이후 19세기에는 전반적으로 후성설이 인정받게 됩니다.

멘델의 유전 법칙

후성설 이후 멘델 이전의 유전에 대한 보편적 상식 중 하나는 혼합유전이었습니다. 혼합유전은 일종의 카페라테 같은 것입니다. 진한 커피에 하얀 우유를 타면 중간색이 나오듯 자식은 부모의 중간 형질을 가지리란 것이었습니다. 예를 들어 키가 큰 남성과 키가 작은 여성 사이에서 아이가 태어나면 그 아이는 중간 키가 될 것이라고 생각했습니다. 이를 혼합유전설이라고 합니다. 그러나 이러한 혼합유전설은 일상적인 사례나 동식물을 이용한 교배 결과에는 잘 맞지 않았습니다.

이에 대한 반론으로 입자설이 있습니다. 즉 부모는 불연속적이고 유전이 가능한 단위, 즉 유전자를 자손에게 전달하고, 그 유전자는 각각의 본질을 유지한다는 개념입니다. 멘델은 바로 이러한 입자설을 근거로 연구를 진행했습니다.

멘델은 생전에 그의 연구 성과를 전혀 인정받지 못했습니다. 멘델이 오스트리아의 외진 시골에서 연구하고 있었고, 그와 교류하던 생물학자도 별로 없었다는 것이 첫 이유고, 그가 발표한 논문이 권위 있고 많은 사람이 접할 수 있는 영어나 불어로 된 학술지에 실리지 않았다는 것이 두 번째 이유입니다. 하지만 그의 사후에 동일한 실험 결과를 다시 발견한 후학들은 그가 이 사실을 먼저 발견했다는 것을 확인한 후 멘델의 연구를 인정하는 데 머뭇거림이 없었습니다. 학문사에 있어 보기 드문 흐뭇한 장면이 아닐 수 없습니다. (DNA의 이중나선 구조를 밝힌 성과로 노벨 생물학상을 받은 왓슨과 크릭이 동료 교수였던 프랭클린의 성과를 깔아뭉갠 것과 비교해보면 특히 그렇습니다.)

멘델의 유전 법칙을 한 번 살펴봅시다. 첫 번째는 분리의 법칙입니다. 가령 머리카락 색깔 유전을 생각해 볼까요? 먼저 머리카락 색깔은 부모로부터 물려받은 유전자로 결정된다고 가정합시다. 어머니와 아버지가 각각 유전자 1개를 물려주면 자손은 2개의 머리카락 색깔 유전자를 가집니다. 그런데 자손은 2개의 유전자를 가지는데 어머니와 아버지는 1개씩 가지고 있다고 생각하면 뭔가 이상합니다. 그럼 그 자손의 자식은 또 아버지에게서 2개, 어머니에게서 2개의 유전자를 물려받을까요? 그리되면 얼마 못가 인간은 무한한 개수의 머리카락 유전자를 가지게 됩니다. 따라서 모든 사람은 머리카락 유전자를 2개 가지고 있다가 자손에게는 그중 1개를 물려준다고 생각하는 편이 합리적입니다. 분리의 법칙은 모든 생물은 하나의 형질에 해당하는 2개의 유전형질을 가지고 있으며, 이 중 1개를 자손에게 물려준다는 것입니다.

두 번째는 우열의 법칙입니다. 아버지는 흑발이고 어머니는 금발인 경우를 예로 들겠습니다. 아버지는 검은색을 어머니는 금색 유전자를 자녀에게 물려줍니다. 그렇게 태어난 아이들은 모두 흑빌입니다. 하지만 이 아이들은 검은색 유전자와 금색 유전자를 모두 가지고 있습니다. 따라서 우리는 검은색 유전저와 금색의 유전자가 만나면 흑발만 나타난다는 걸 추측할 수 있습니다. 이렇게 서로 다른 대립 유전자가 만났을 때 겉으로 드러나는 것을 우성이라고 합니다. 반대로 겉으로 드러나지 않는 것은 열성이라고 합니다.

여기서 생각을 더 진전시킬 수 있습니다. 훗날 이 아이 중에서 남자아이가 어른이 된 후에 검은색 머리카락을 가진 여성을 만나 아이를 낳는다고 가정해 봅시다. 아들의 배우자도 마찬가지로 검은색 유전자와 금색 유전자를 다 가지고 있는 검은색 머리 여자입니다. 이제 이들의 아이는 네 가지 경우가 될 수 있습니다. 아빠와 엄마에게서 각각 검은색 유전자를 물려받을 수도 있고, 엄마에게서 금색을 아빠에게선 검은색 유전자를 물려받을 수도 있습니다. 반대로 아빠에게선 금색, 엄마에게선 검은색 유전자를 물려받을 수도 있겠지요. 이 세 가지 경우엔 모두 검은색으로 나타날 것입니다. 하지만 아빠와 엄마에게서 모두 금색 유전자를 물려받으면 아이는 금발이 될 것입니다. 이렇게 손자 대에선 흑발과 금발의 비율이 3대1로 나타납니다.

세 번째는 독립의 법칙입니다. 앞에서 말했던 아버지가 검은색 곱슬머리였다고 가정해 봅시다. 엄마는 금발에 생머리입니다. 아들은 아버지에게서 검은색 유전자와 곱슬머리 유전자를 물려받고 엄마에게서 금색 유전자와 생머리 유전자를 물려받습니다. 곱슬머리가 생머리에 대해 우성이기 때문에 아들의 머리카락은 검고 곱슬머리입니다. 아들과 결혼한 여자도 아들과 마찬가지의 유전자를 가지고 있다고 가정합시다. 이들이 낳는 아이들은 이전보다 복잡하게 유전자를 물려받습니다.

표로 정리하면 다음과 같습니다. 윗줄의 가로는 엄마가 물려주는 유전자고 첫 행의 세로는 아빠가 물려주는 유전자입니다. 그 안의 16칸이 자식이 가지는 표현형입니다. 네 가지가 나옵니다. 검고 곱슬머리가 9번, 검고 생머리인 경우와 금색의 곱슬머리가 3번, 금색의 생머리가 1번 나옵니다. 이렇게 될 수 있는 것은 머리카락 색깔 유전자와 머리카락 형태의 유전자가 전해질 때, 서로 아무런 관련 없이 전달되기 때문입니다. 이렇게 각각의 유전형질을 결정하는 유전자들이 서로 간에 아무런 관련 없이 전달되는 것을 독립의 법칙이라고 합니다.

멘델은 완두콩을 가지고 이런 현상이 나타나는지를 꼼꼼히 실험했고 위의 세 가지 법칙을 발표합니다. 이러한 멘델의 유전법칙

표 2. 독립의 법칙

	검고 곱슬머리 (♀)	검고 생머리 (♀)	금색 곱슬머리 (♀)	금색 생머리 (♀)
검고 곱슬머리 (♂)	검고 곱슬머리	검고 곱슬머리	검고 곱슬머리	검고 곱슬머리
검고 생머리 (♂)	검고 곱슬머리	검고 생머리	검고 곱슬머리	검고 생머리
금색 곱슬머리 (♂)	검고 곱슬머리	검고 곱슬머리	금색 곱슬머리	금색 곱슬머리
금색 생머리 (♂)	검고 곱슬머리	검고 생머리	금색 곱슬머리	금색 생머리

은 쌍꺼풀의 어머니와 외꺼풀의 아버지가 아이를 낳을 때 왜 아이들 중 많은 수가 쌍꺼풀이 되는지도 명확히 설명해 줍니다. (쌍꺼풀이 외꺼풀에 대해 우성입니다.)

이후 유전학의 발달은 더 다양한 유전의 형태들을 발견합니다. 중간유전이라든가 복대립유전, 그리고 더 복잡한 형태들이 나타납니다. 예를 들어 사람의 ABO 혈액형은 A형, B형, AB형, O형 네 가지인데, 이 경우 혈액형을 결정하는 유전형질이 세 가지 종류가 있고 그중 A와 B는 O형에 대해 우성이지만 서로에 대해서는 우열을 판가름할 수 없습니다. 또한 사람의 피부색을 결정하는 유전형질은 더 복잡해서, 총 64종의 피부색 표현이 가능합니다. 또 어떤 형질은 단순히 유전의 영향만 받는 것이 아니라 성장하는 과정의 여러 가지 환경 요인의 영향도 받습니다. 키의 경우가 그렇습니다. 키 큰 부모에게서 태어나는 아이들이 키가 클 확률은 꽤 높은 편인데 이는 유전의 영향을 받는다는 걸 보여 줍니다. 하지만 우리나라의 20세기 평균 키를 보면, 소득 수준이 올라감에 따라 평균 키가 점차 커지는 것을 확인할 수 있습니다. 이는 키가 유전적이기도 하지만 환경의 영향도 받는다는 것을 보여 줍니다.

유전자는 어떤 역할을 할까?

20세기 초 멘델의 유전 법칙이 재조명되었지만, 사람들은 아직도 유전자가 구체적으로 무슨 역할을 하는지, 어디에 어떻게 존재하는지는 모르고 있었습니다. 그러다 돌연변이가 존재한다는 것이 밝혀졌습니다. 그리고 엑스레이X-ray를 쪼이면 인공적으로 돌연변이를 만들 수 있다는 사실이 발견되자 이를 통한 실험으로 유전자 역할의 일부를 밝혔습니다.

1941년 조지 웰스 비들George Wells Beadle, 1903~1989과 에드워드 테이텀Edward Tatum, 1909~1975은 붉은빵곰팡이의 돌연변이를 이용한 실험으로 유전자가 효소의 생성이 관여한다는 것을 밝혀냅니다. 붉은빵곰팡이에게 필요한 영양소가 몇 가지 있는데, 야생의 붉은빵곰팡이는 그중 일부만 있으면 자랄 수 있습니다. 하지만 여러 가지 돌연변이를 만들어 보니 이들 중 일부는 다른 영양분을 더 주지 않으면 성장하지 못하는 것을 발견합니다. 이들을 이용한 실험을 통해 유전자 1개가 1개의 효소를 만드는 역할을 한다는 것을 확인하고 이를 '1유전자 1효소설'로 발표합니다. 유전자는 효소를 만드는 설계도인 것이지요. 하지만 이후 연구를 통해 유전자 1개는 효소 전체의 설계도가 아니라 효소의 바탕이 되는 단백질 합성의 설계도임이 밝혀집니다. 그래서 '1유전자 1단백질설'로 발전하게 됩니다. 뒤이어 유전자 1개는 단백질 전체의 합성이 아닌 폴리펩티드[19]의 설계도임이 밝혀지고, '1유전자 1폴리펩티드설'로 발전하게 됩니다.

또 다른 연구는 이 유전자가 세포핵 안의 염색체에 존재하며, 더 구체적으로는 DNA임을 확인합니다. 그리고 이 DNA가 단백질 합성의 설계도이며, 이 설계도에 따라 합성된 단백질에 의해 구체

---

19 단백질의 기본 단위는 아미노산인데 이 아미노산이 펩티드 결합을 통해 사슬 모양으로 늘어선 것을 폴리펩티드라고 한다. 대개의 단백질은 이 폴리펩티드가 수소결합 등을 통해 보다 복잡한 삼차원 구조를 가진 형태로 만들어진다.

적인 형질이 발현된다는 것을 밝혀냅니다. 이 발견은 20세기 유전학의 큰 성과입니다.

19세기에는 현미경과 염색기술이 발달하면서 세포의 분열 과정에서 핵이 가장 중요한 역할을 담당한다는 사실이 밝혀집니다. 그러면서 자연스럽게 유전자는 바로 이 핵에 있다고 여겼습니다. 하지만 당신의 현미경은 핵 속의 물질을 연구하기에는 역부족이었습니다. 그 대신 원심분리법을 이용해 핵 속에 있는 물질을 파악할 수는 있었습니다. 여러 연구 끝에 핵 속에는 히스톤이라는 단백질과 약산이 있다는 것을 확인했습니다. 이 약산은 이후에 DNA로 밝혀집니다. 그리고 이 DNA가 아데닌, 티민, 시토신, 구아닌이라는 염기에 의해 네 종류로 나뉜다는 것도 밝혀집니다.

이제 과학자들은 유전물질이 단백질이나 DNA 둘 중 하나라고 생각하게 되는데, 대부분은 단백질이라고 여겼습니다. 이유는 DNA가 너무 단순했기 때문입니다. 네 종류의 DNA로 어떻게 수백만 가지가 넘는 인간의 유전형질을 저장할 수 있겠냐는 생각이었지요. 대신 단백질은 더 많은 종류의 아미노산으로 구성되어 있으므로 이를 통해서 정보를 저장하는 것이 더 합리적이라고 여겼던 것입니다.

그러나 1953년 제임스 왓슨James Waston, 1928~과 프랜시스 크릭Francis Crick, 1916~2004이 DNA의 이중나선 구조를 밝히면서 게임은 끝났습니다. DNA가 어떤 방식으로 유전정보를 저장하고 복제하며, 자손에게 물려주는 것이 가능한지를 아주 깔끔하게 설명해버린 것입니다.

DNA는 한 분자의 디옥시리보오스당과 아래쪽 분자의 인산기

사이의 수소결합을 통해 길게 이어지는 사슬 구조를 하고 있습니다. 그리고 이런 사슬 2개가 티민과 아데닌 간의, 그리고 시토신과 구아닌 간의 수소결합으로 연결되는 이중나선 구조를 이룹니다. 이 이중나선이 양쪽으로 나뉘면서 열려진 곳에 다시 상보적인 DNA 분자들이 붙어 DNA복제가 일어나게됩니다. 세포가 분열할 때마다

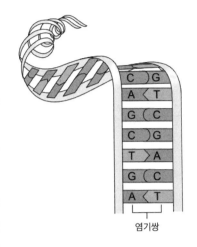

염기쌍

DNA의 이중나선 구조

이렇게 DNA가 먼저 복제됨으로써 유전정보가 전달되는 것이지요.

하지만 아직 문제는 남아 있습니다. 그렇다면 유전정보는 무엇일까요? 바로 염기서열입니다. 아데닌(A), 구아닌(G), 시토신(C), 티민(T)이라는 네 가지 염기의 서열이 바로 유전정보이자, 단백질을 구성하는 아미노산의 정보입니다. 3개의 염기서열은 하나의 아미노산을 나타내고, 이러한 세 쌍의 염기서열은 단백질을 합성하는 아미노산의 종류와 순서를 나타냅니다. 핵 안에 고이 보존되고 있는 DNA에 있는 이 정보는 RNA로 복사됩니다. 이 과정을 전사Transcriotion라고 합니다. 이 RNA를 messenger-RNA, 줄여서 m-RNA라고 부릅니다. 이 m-RNA가 핵 밖으로 나와서 리보솜에 결합하면 m-RNA의 코돈에 맞는 아미노산을 t-RNA가 가져와서 붙입니다. 이렇게 코돈에 맞는 아미노산들이 늘어서면 아미노산들끼리 연결이 되어 폴리펩티드가 형성되는 것입니다. 드디어 DNA

의 유전정보의 비밀이 풀렸습니다. 그것은 바로 단백질의 설계도였던 것입니다.

크릭은 이 과정을 센트럴 도그마Central Dogma라고 합니다. 센트럴 도그마란 원래 절대적 권위를 뜻하는 말인데 DNA의 이중나선 구조도 파헤치고, 이제 그 정보가 어떻게 실제로 구현되는지도 밝힌 크릭으로선 자신이야말로 생명의 중심 원리를 밝혔다고 외치고 싶었던 것일지도 모릅니다. 하지만 모든 문제가 해결된 것은 아니었습니다. 아니 아직 풀어야 할 문제들이 산적해 있었습니다. 그 중 하나가 집단 내의 유전 문제였습니다. 예를 들어 외꺼풀은 쌍꺼풀에 비해 열성입니다. 그렇다면 시간이 지나면서 열성인 유전자는 점차 사라져야 하는 게 아닐까라는 생각을 할 수도 있겠지요. 또한 진화론이 생물학의 정설이 되면서 하나의 집단이 진화를 하는 과정에서 유전자 문제는 어떻게 해석해야 되는지도 연구 과제가 되었습니다. 이를 연구하는 것을 집단유전학이라고 합니다.

집단유전학의 시작

하디-바인베르크 법칙은 집단유전학이라는 새로운 분야를 열었습니다. 이 법칙은 하디G. H. Hardy, 1877~1937와 바인베르크Wilhelm Weinberg, 1862~1937가 독자적으로 발견한 것으로 내용은 간단합니다. '개체군이 가지는 유전자 풀 안에서 여러 유전자의 비율은 세대를 거듭해도 그대로 유지된다.'는 것입니다. 이 원리는 왜 열성 유전자가 사라지지 않고 계속 존재하는지 설명해줍니다. 이 법칙에 따르면 부모세대가 곱슬머리 유전자를 70퍼센트, 생머리 유전자를 30퍼센트 가지고 있다면 자식세대도 머리카락 형질에 대한 유전자를 동일하게 7대3의 비율로 가지게 됩니다. 하지만 이 법칙이 유지되려면 전제조건이 있습니다.

- 집단의 크기가 충분히 커야 한다.
- 다른 집단과의 교류가 없어야 한다.
- 집단 내 개체 간 교배가 자유로워야 한다.
- 돌연변이가 없어야 한다.
- 특정 대립 유전자에 대한 자연선택이 일어나지 않아야 하고, 집단 내 구성원의 생존력이 동일해야 한다.

이러한 전제조건을 가지는 가상적 집단을 '멘델 집단'이라고 합니다. 그런데 이 전제조건을 간단히 말하면 진화가 일어나지 않아야 한다는 말과 같습니다. 현실에서는 불가능한 조건이지만, 집단의 크기가 어느 정도 크면 통계적으로 유의미한 결과를 낼 수 있습니다. 그리고 역으로 이 전제조건이 깨지면 유전자풀에 변화가 일어난다는 것이고, 따라서 진화가 일어난다는 것입니다. 앞서 든 전제조건을 다시 확인해보자면 집단의 크기가 작으면 유전적 부동에 따라 진화가 일어나고, 다른 집단과 교류가 일어나면 이주에 따른 진화가 발생합니다. 그리고 교배가 자유롭게 되지 않는 격리가 일어나도, 돌연변이가 일어나도, 자연선택이 있어도 진화가 일어난다는 것입니다. 따라서 집단의 규모가 일정 정도 이상으로 커지면 오히려 진화가 잘 일어나지 않는다는 점도 확인할 수 있습니다.

유전학의 새로운 물결

20세기 후반에 접어들면서 유전학에는 새로운 물결이 몰아쳤습니다. 바로 후성유전학Epigenetics이 나타난 것입니다. 1944년 네덜란드에는 대기근이 있었습니다. 이때 태어난 신생아는 체중이 줄고 당뇨병에 걸리는 확률이 높았는데, 이는 임신 중의 엄마의 상태가 태아의 DNA 메틸화[20]에 영향을 끼쳤다는 것을 반증하는 사례로 많이 인용되고 있습니다. DNA 메틸화가 이루어졌다는 것은 후천적으로도 유전자 정보가 바뀔 수 있음을 시사하기 때문에 후성유전학에서는 매우 중요한 개념입니다. 네덜란드의 대기근 사례가 DNA 메틸화를 설명할 때 거론되는 이유는 대기근 시절에 태어난 신생아의 체중이 감소한 것은 먹고 살기 힘들 때 임신했으니 당연하다고 할 수도 있지만 당뇨병은 그렇지 않습니다. 당뇨병은 유전에 의한 영향이 꽤 큽니다. 따라서 동일한 조건이라면 당뇨병은 가계도에 따라 어느 정도 예상 가능합니다.

그런데 1944년 대기근 시기에 태어난 사람들은 다른 세대에 비해 당뇨병 발병 비율이 꽤 높았습니다. 더구나 성장과정에서 비만이 되었든 아니면 저체중이 되었든, 또는 생활 환경이 어떻게 바뀌었는지 상관없이 어떤 그룹에서나 당뇨병 발병률이 증가했습니다. 더 주목할 점은 이들 세대가 낳은 자손들에게도 당뇨병이 다른 세대에 비해 높은 비율로 나타난다는 것입니다. 임신 중에 주변 환경이 태아에게 영향을 미칠 수 있다는 것을 감안하더라도 기존의 유

---

20 DNA에 메틸기라는 분자가 붙은 것으로, DNA가 메틸화되면 그 DNA의 기능이 변화한다.

전에 대한 인식으로는 이 문제를 이해하기 어려웠습니다. 대기근이라는 환경 요소가 만든 현상이 당대뿐만 아니라 그 후손에게도 유전되고 있다는 것이지요.

이러한 사례와 함께 후성유전학은 새롭게 조명을 받게 됩니다. 후성유전학이 처음 시작되었을 때의 화두는 '발생 과정에서 어떻게 유전형이 표현형을 만들어 내는가'였습니다. 그러나 연구가 거듭되면서 후성유전학의 주요 주제는 DNA의 염기서열 이외에도 '대를 이어 유전되는 무엇인가가 있다'는 것으로 바뀌었습니다. 현재는 DNA에 결합하는 메틸기의 패턴[21]이 부모에서 자식으로 유전된다는 것을 발견했고, 히스톤 단백질에 의한 결합[22] 정도도 유전된다는 것을 알게 되었습니다.

그런데 이런 메틸기의 변화나 히스톤 단백질에 의한 결합 정도는 유전이 되기도 하지만 생명체들이 성장하는 과정에서 나타나기도 합니다. 즉 유전자에 의한 전달이 아닌 태어나서 살아가는 과정에서 얻은 형질도 유전될 수 있다는 것을 보여 줍니다. 비교적 구조가 간단한 예쁜꼬마선충이나 균류에 대한 연구에서 먼저 확인되었고, 인간에 대한 연구에서도 이런 사실들이 드러나고 있습니다.

간단히 예를 들면 이렇습니다. 히스톤 단백질은 DNA사슬이

---

21 DNA 분자의 중심은 디옥시리보오스당이다. 이 당은 5개의 탄소원자가 고리 모양을 구성하고 있고, 각 탄소 원자마다 2개의 수소원자가 붙어있는 모양이다. 그런데 그중 하나의 수소가 탄소 1개와 그 탄소와 결합한 수소원자 3개로 이루어진 메틸기로 교체되는 현상을 말한다.

22 히스톤은 8개가 모여서 히스톤 팔합체를 구성한다. 4개가 사각형 모양으로 모인 것이 두 층을 이루어 마치 공 모양을 형성한다. 그런데 히스톤 단백질 각각에는 아미노산 분자 하나가 꼬리처럼 달려 있어 여기에서 다른 물질과 결합이 일어나면서 여러 가지 변형이 이루어진다.

그 주위를 몇 번 꼬는 실패와 비슷합니다. 그런데 이 히스톤 단백질이 조금 달라지면 DNA와의 결합 정도가 달라집니다. 그리고 이 결합 정도가 달라지면 DNA의 유전정보를 RNA로 복사하는 성공률이 달라집니다. 또 DNA 중 시토신이란 염기를 가진 것이 있습니다. 그런데 이 시토신의 일부가 메틸화되면 DNA 이중나선 구조가 잘 해체되지 않습니다. 이중나선이 풀리지 않으면 유전정보를 RNA로 복사할 수가 없습니다.

따라서 이런 차이는 유전정보가 RNA로 전사될 확률을 다르게 합니다. 유전정보가 RNA로 잘 전사되어야 이를 가지고 단백질을 만들 수 있는데, 그 확률이 달라지면 결국 단백질이 생성되는 정도가 달라질 수 있습니다. 이런 차이는 수정란이 엄마의 태내에서 발생하는 과정에 일어날 수 있습니다. 그래서 동일한 유전자를 가진 경우에도 서로 다른 발현이 나타나는 것입니다.

만약 이 히스톤 단백질 변형이나 시토신 메틸화가 일어난 부분이 특정한 효소를 만들기 위한 부분이라면 문제가 심각해집니다. 가령 소화 효소를 만드는 유전자 영역에서 이런 일이 일어나 소화 효소를 다른 개체보다 만들기 어려워지면 이는 소화 능력의 문제가 될 것입니다. 마찬가지로 특정 호르몬 형성에 관여하는 부분에 이런 현상이 발생하면 호르몬을 통한 항상성 유지에 문제가 생깁니다.

유전자는 인간만 특별하다고 말하지 않는다

진화발생생물학 혹은 이보디보Evo-devo[23] 또한 20세기 생물학의 눈부신 성과입니다. 진화발생생물학은 다양한 동식물의 발생 과정을 비교해 공통 조상에서부터 진화한 생물의 공통 요소와 변이를 연구하는 생물학의 새로운 분야입니다. 진화학과 유전학은 현대적 종합을 통해 서로 간에 통섭이 일어나고 하나의 체계 안에 자리 잡게 되었습니다. 하지만 발생생물학과는 큰 교류가 없었습니다. 사실 20세기 초중반까지 발생학은 생물학 내에서도 소외받는 분야였습니다. 그러다가 분자생물학의 발전에 힘입어 발생학이 눈부신 성장을 이루자 다시 진화학, 유전학과 통섭을 이루며 1980년대에 새롭게 성립된 학문입니다. 그런 의미에서 이보디보는 후성유전학과도 아주 긴밀한 관계에 있습니다. 이보디보가 밝혀낸 사실들은 우리에게 여러 가지 시사점을 던집니다.

어류와 양서류, 파충류, 포유류, 조류는 모두 척추동물입니다. 그래서 당연히 비슷한 발생 과정을 거칠 것이라고 여겼습니다. 하지만 실제로 그렇다는 걸 확인한 것은 얼마 되지 않습니다. 이들이 공통적으로 가지고 있는 척추는 쉽게 말해서 같은 모양의 부품 여러 개가 앞뒤로 연결된 구조입니다. 마치 열차와 같은 모습이죠. 그리고 각 부품, 즉 뼈마디는 동일한 유전자에 의해 발현됩니다. 다만 그 발현의 범위와 조건은 조금씩 다릅니다. 그래서 육상 척추동

---

23 진화발생생물학은 보통 이보디보로 불린다. Evolutionary Developmental Biology의 약어다.

물은 어류와 달리 척추의 일부가 목을 구성하는 경추로 바뀌었습니다. 뱀의 경우 척추 마디가 수십 개에서 수백 개로 늘어나기도 했습니다. 척추의 발생이라는 기본 형태는 바뀌지 않고, 그 디테일만 변화한 것이지요.

그런데 이보디보의 발전은 이 기본 틀거리가 척추동물에 한정되지 않는다는 걸 확인해 주었습니다. 학자들은 같은 척추동물끼리는 비슷해도 외골격동물인 절지동물과는 발생 과정이 사뭇 다를 것이라고 예상했습니다. 절지동물은 몸이 마디로 되어 있는 동물로 겉으로 드러난 외골격으로 몸을 버티는 녀석들입니다. 곤충, 다지류, 거미류, 갑각류 등으로 구성되는데 그중 곤충은 몸의 구조가 머리와 가슴, 배로 이루어져 있습니다. 좀 더 살펴보자면 이 곤충들의 어린 시절, 즉 애벌레 시기는 다지류와 그 모양이 비슷합니다. 즉 몸이 여러 개의 마디로 이루어져 있고, 각 마디마다 두 쌍의 부속지가 달린 형태입니다. 성충이 될 때 이 마디들이 합쳐지며 머리가 되고 가슴이 되고 몸이 됩니다. 아무리 봐도 척추동물과 절지동물은 완전히 다른 시스템으로 구성되어 있습니다. 발생 과정도 변태를 거치는 등 같을 이유가 없을 것이라 생각한 것입니다.

그런데 이 마디를 발현시키는 유전자가 척추동물의 마디를 발현시키는 유전자와 같다는 것이 발견되었습니다. 다른 절지동물들도 마찬가지입니다. 심지어 환형동물인 지렁이도 그렇습니다. 지렁이 또한 다지류나 곤충의 애벌레와는 다르지만 여러 개의 체절로 이루어진 몸을 가지고 있는데 이 체절 또한 동일한 유전자에 의해 발현됩니다. 좌우 대칭형 동물의 경우 모두 이 유전자에 의해 체절, 마디, 척추가 형성됩니다.

이 유전자의 이름은 호메오 유전자입니다. 1970년대 후반 독일의 생물학자인 에드워드 루이스Edward Lewis, 1918~2004 등이 초파리에서 180개의 염기서열로 구성된 호메오박스를 발견했습니다. 1980년대에는 동일한 염기서열의 호메오박스가 포유류에게서 발견되고, 이들은 각각의 종에서 같은 역할을 한다는 것이 밝혀졌습니다. 초파리의 호메오박스를 생쥐의 배아에 이식했더니, 원래의 생쥐 호메오박스가 했던 역할을 완전히 동일하게 수행하는 것을 발견한 것입니다.

이후 눈의 발생에 관여하는 팍스6Pax6라는 유전자가 발견되었습니다. 그리고 이 유전자 또한 초파리와 쥐 모두에게서 동일한 역할을 한다는 것이 밝혀집니다.[24] 그리고 이후 모든 동물의 눈 발생에 이 유전자가 관여하고 있다는 것을 확인했습니다. 인간의 팍스6 유전자를 눈이 없는 초파리에 이식하면 눈이 생깁니다. 그뿐만이 아닙니다. 이 팍스6 유전자를 배에 넣어 주면 배에 눈이 생긴다. 이런 유전자들은 계속 발견되었습니다. 초파리의 다리 발생에 필수적인 유전자인 디스탈리스 유전자는 모든 생물의 부속지를 만드는 데 사용되고 있으며, 초파리의 심장 형성에 필수적인 탄먼 유전자는 척추동물의 심장 형성에도 매우 중요합니다.

이보디보의 이러한 눈부신 발견과 진전은 사실 여러 측면에서 더 상세하게 그 의미를 살펴보아야겠지만 이 책에서는 '척추동물'이 특별하다는 기존의 관념을 깬 부분에 주목합니다. 우리가 동물

---

24 팍스6 유전자는 초파리에서 발견된 아이리스 유전자, 사람에게서 발견된 아니리디아, 그리고 쥐에서 발견된 스몰아이 유전자를 묶어서 칭하는 것이다.

이라고 칭할 때 생물학을 전공하지 않은 대다수의 사람은 사실 '척추동물'을 의미하며 말하는 경우가 많습니다. '어 지네도 동물이야?'라든가 '산호도 동물이었어?'라는 질문이 심심찮게 나오는 건 그 때문이지요. 작고 발이 많이 달렸거나 혹은 없는 생물들은 보통 벌레로 통칭되며, 벌레는 동물과 다른 범주라고 생각하는 경우가 대부분입니다.

이는 우리의 관념 속에 척추를 가진 동물은 다른 생물들과 다른 존재, 다른 생물들보다 우월한 존재라는 생각이 은연중에 자리하고 있으니까요. 그리고 그 이유는 가장 친숙한 동물이기도 하고, 또 인간이 척추동물의 하나이기 때문이기도 합니다. 생물학자들도 20세기 초까지만 해도, 진화론적으로 생물은 모두 평등하고, 진화에 목적은 없다는 걸 다들 알고 있지만 척추동물만은 특별하다고 생각했습니다. 그래서 초파리의 발생 과정을 이해한다고 척추동물의 발생 과정을 이해할 순 없을 것이란 생각이 지배적이었습니다. 외골격을 가지고 있고, 호흡기관과 눈의 구조도 다른 절지동물과 내골격을 가진 크기가 절지동물의 몇 백배에 달하는 척추동물은 발생 과정도 완전히 다를 것이라고 생각했던 것입니다. 그러나 이보디보는 이들 둘을 포함한 거의 모든 동물이 동일한 조상이 만든 툴킷을 가지고 각자 자신의 처지에 맞춰 진화해 왔음을 보여주었습니다. 척추동물이라고 다른 동물과 하나 다를 게 없다는 '머릿속에만 존재하던 관념'이 증명된 것입니다.

과연 인간만이 특별할까

이제까지 살펴봤던 생물학의 내용들은 인간이 다른 생명과 최소한 생물학의 영역에서 전혀 다르지 않다는 것을 보여 줍니다. 그래도 '에이 뭔가 다른 게 있겠지.'라고 생각하는 사람들이 많이 있습니다. 그래서 현대 생물학의 최전선에서 인간과 다른 생물과의 비교 지점 몇 가지를 살펴보려고 합니다.

데카르트주의자

데카르트가 쓴 방법서설은 유럽 대륙을 강타했습니다. 아리스토텔레스로 상징되는 헬레니즘을 부활시킨 르네상스를 살던 유럽인들 중에는 이 거인을 뛰어넘으려는 이들이 하나둘 나타나기 시작합니다. 대표적으로 물리학과 천문학에선 갈릴레오 갈릴레이가 발군의 활약을 하며 아리스토텔레스적 세계관을 뛰어넘으려고 했습니다. 하지만 여타 학문에서는 여전히 아리스토텔레스와 플라톤이 그림자를 드리우고 있었습니다. 그러던 와중에 드디어 영국에선 프랜시스 베이컨Francis Bacon, 1561~1626이 나왔고, 프랑스에선 데카르트가 나왔습니다. 그들은 거의 한 세대 만에 철학과 과학의 방법론을 바꾸어버렸습니다.

데카르트는 이 세상이 모두 기계적으로 움직인다고 생각했습니다. 그래서 동물도 구성하는 부품이 일반적인 기계와 차이가 있지만 분명히 기계라고 생각했습니다. 그의 심신 이원론에 따르면 만물은 공간을 차지하고 있는 실체이며, 서로 겹치지 않는 존재입니다. 그리고 이러한 존재들의 여러 가지 변화는 기계적 작동에 의해서 발현된다고 여겼습니다. 여기에는 한 물체가 시간에 따라 한 장소에서 다른 장소로 이동하는 물리적 운동, 철이 녹슬거나 나무가 불에 타서 재가 되는 것과 같은 화학적 변화, 꽃이 피거나 열매를 맺는 등의 생물학적 변화가 모두 포함됩니다. 따라서 동물이 새끼를 낳거나, 먹이를 먹는 것, 달리고 헤엄을 치는 것도 기계적 운동에 불과하다고 생각했습니다.

오로지 사람만이 영혼을 가지고 있기 때문에 여기에서 벗어납니다. 하지만 사람도 그 신체는 동물과 같이 기계적 운동을 할 뿐입니다. 다만 사람은 영혼을 가지고 있어서 사유하고, 고통을 느끼고, 감정을 가진다고 여겼습니다. 이러한 데카르트의 주장에 동의하는 데카르트주의자들은 실제로 개를 때리고 죽이면서 개가 실제로 고통을 느끼지 못하지만, 우리 눈에 사람이 고통을 느끼는 것과 비슷하게 보이는 것뿐임을 증명하려고 했습니다.

오늘날 우리는 데카르트의 최초 전제가 틀렸다는 것을 압니다. 물리적 변화와 화학적 변화, 그리고 생물학적 변화는 다릅니다. 물론 아직도 환원론적 사고를 하는 사람들이 없는 것은 아니지만 창발Emergence이라는 개념은 그렇게 형성되었습니다. 같은 생물학이라도 분자생물학과 집단유전학, 진화론의 관점은 서로 다릅니다. 왜냐하면 세포가 모여서 만들어진 개체의 유지는 세포 내의 화학적 과정과 다른 층위의 인과관계를 가지고, 개체가 모여 이루어진 집단과 생태계는 개체와 다른 층위의 인과관계를 가지기 때문입니다. 하지만 여전히 문제는 남습니다. 인간은 다른 동물과 다른가? 다르다면 과연 무엇이 다르고 얼마나 다른가? 과연 인간만이 영혼을 가지고 있는가? 아니 영혼이란 존재하는 것인가? 이런 문제들이 아직도 우리 앞에 놓여 있습니다.

비인간 인격체

19세기 유럽의 동물원에는 인간이 있었습니다. 그런데 관람객이 아니라 우리 안에 있었습니다. 독일 슈텔링겐의 하겐베크 동물원에는 그린란드와 멜라네시아 원주민이 우리 안에 있었고, 스리랑카 원주민과 호주의 원주민 에보리진도 있었습니다. 1894년 시카고 박람회선 이누이트족이 전시되었습니다. 또 1906년 뉴욕 부롱크스 동물원에서는 콩고 피그미족 남자 오타 벵가Ota Benga, 1883~1916가 전시되었습니다.

남아프리카 공화국 호텐토트족의 사르지에 사라 바트만Sarah Baartman, 1789~1815은 큰 엉덩이와 큰 가슴 때문에 유럽 전역을 돌며 사람들에게 전시됩니다. 당시 유럽인들은 사라 바트만을 사람이 아니라 동물로 여겼던 것입니다. 그녀가 사망한 이후에도 유해는 반환되지 않고 프랑스에 귀속됩니다. 바트만은 죽어서도 뼈와 성기, 뇌

등이 적출되어 연구 대상이 되었고, 뇌와 생식기가 분리된 나머지 유해는 박제되어 박물관에 전시되었습니다.

이런 일은 꽤나 역사가 깊습니다. 16세기 이탈리아 피렌체의 메디치 가문은 바티칸에 동물원을 만들면서 전 세계의 각종 인종을 모아 전시했습니다. 18세기 영국의 왕립 빌헬름 병원에서는 정신병 환자를 볼거리로 제공하기도 했습니다. 멕시코 동물원에서는 소인증, 알비노, 척추측만증 환자들을 전시하기도 했습니다. 1825년 미국에서는 흑인 노예 여성과 태국 샴쌍둥이를 보여주는 서커스가 흥행하기도 했습니다.

당시의 사람들에게 이들은 '같은' 인간이 아니었습니다. 인간과 원숭이의 중간 어디쯤 해당되는 다른 종족이었습니다. 그리고 100년이 흐른 2014년에 아르헨티나 법원은 부에노스아이레스 동물원의 오랑우탄 산드라에 대해 '불법적으로 구금되지 않을 법적 권리가 있다'는 판결을 내립니다. 오랑우탄이 생물학적으로 인간과 같다고 할 수 없으나 인간과 유사한 감정을 가지고 있다는 것이 그 이유였습니다. 2013년 인도의 환경산림부는 돌고래도 비인간 인격체Non-Human Person라는 이유로 돌고래 수족관 설치를 금지시켰습니다. 물론 이런 경향과 반대로 가는 곳들도 있습니다. 우리나라도 자유롭지는 않습니다. 2017년 2월 울산 남구청은 환경단체의 반대에도 불구하고, 이미 다섯 마리의 돌고래가 폐사한 장생포고래체험관에 전시목적으로 일본에서 돌고래를 수입했습니다.

1970년 고든 갤럽Gordon Gallup, 1941~은 침팬지를 대상으로 거울 실험을 합니다. 침팬지에게 거울을 보여주고, 거울속의 이미지가 자신인지를 알아차리는지 확인하는 실험이었습니다. 그는 동물원에 사는 침팬지 네 마리에게 거울 한 장을 가져다주었습니다. 침팬지들이 처음 거울을 접했을 때는 거울 속의 동물이 자기와 다른 동물인 줄 알고 경계하며 위협했습니다. 그러나 곧 거울에 비친 실체가 자신임을 알아차렸습니다. 거울을 보고 이빨에 낀 찌꺼기를 살펴보고 머리를 다듬었습니다. 고든 갤럽은 침팬지 몰래 얼굴 한쪽 구석에 빨간색 표시를 하고 다시 거울을 보여주었습니다. 침팬지는 손으로 빨간 점을 만지더니 그 손가락을 코에 갖다 대고 냄새를 맡았습니다. 이후 수십 마리의 침팬지에서 이런 실험은 동일하게 재현되었고, 오랑우탄, 보노보, 고릴라 등에서도 비슷한 결과가 나왔습니다. 이후 다른 동물학자들의 실험에서 돌고래, 코끼리 심지어 까치까지도 자기의 몸에 다른 색깔로 칠해진 부분을 찾아낸다는 사실이 밝혀졌습니다[25].

이 거울 테스트는 자기 자신을 인식할 수 있는가에 대한 중요한 지표로 작용하고 있습니다. 물론 이 거울 테스트가 진정한 자의식 보유 여부를 완전하게 확인해주는지에 대해선 아직 학자들 간에도 의견이 분분합니다. 어찌되었거나 이렇게 거울테스트를 통과한 (혹은 했다고 믿어지는) 동물들을 보통 비인간 인격체라고 합니다. 생물학적으로 사람과 다르지만 사람만이 가진 것으로 여겨지던 특성, 즉 인격Personhood을 공유하는 동물이란 뜻입니다. 1990년대 이후 환경철학자 토머스 화이트, 해양포유류학자 로리 마리노, 인지심리학자 다이애나 리스 등이 비인간 인격체라는 개념을 학계에 제기한 후 동물원의 동물에 대한 인도적 대우, 돌고래 쇼 공연 금지, 그리

---

25 유인원 이외의 동물에 대한 실험 결과에 대해선 논란이 있다.

고 야생 방사 운동 등 다양한 사회운동으로 확산되고 있습니다.

이러한 비인간 인격체에 대한 고민은 인간이 동물과 다르지 않다는 관점에서 시작되었습니다. 그러나 도덕적 관점이 아니라 생물학적 관점에서 보았을 때 이 문제는 결코 쉽지만은 않습니다.

우리는 이제 통증의 작동 원리를 알고 있습니다. 우리 피부의 감각세포로부터 감각신경을 통해 그리고 대뇌에 의해 판단되는 과정은 완전히는 아니지만 꽤 자세하게 밝혀졌습니다. 물론 감정으로부터 시작되는 통증이나 환상통 등 아직 풀리지 않는 문제도 있지만 외부 자극에 의해서 생기는 통증의 작동 원리는 거의 파악이 되었습니다. 그리고 인간의 작동 원리가 다른 포유류와 별 반 다를 바 없다는 것 또한 알고 있습니다. 때문에 우리가 식용으로 사용하는 동물이더라도 최대한 고통 없이 도축해야 한다는 주장이 점점 설득력을 얻고 있는 것입니다.

우리는 영장류나 코끼리, 돌고래 같은 비인간 인격체들의 경우 자신의 친구나 가족에 대한 이타적 행위를 확인했습니다. 또한 같은 집단 내의 다른 개체들에 대한 호불호, 기쁨, 슬픔, 분노, 환희 등의 감정을 가지고 있다는 것도 많은 관측과 실험을 통해서 발견했습니다. 제인 구달의 선구적인 업적 이래, 많은 영장류 학자들과 해양 포유류 과학자들의 끈질긴 관측과 실험은 이들이 다른 개체에 대해 감정을 가지고 소통을 한다는 것을 확인시켜 주었습니다.

어떤 이들은 이들 동물이 감정이나 소통을 하는 것처럼 보이는 것이지, 인간과 같은 종류의 감정이나 소통을 하는 것은 아니라고 주장합니다. 그러나 그렇다면 그걸 증명해야 할 것입니다. 과학은 그렇습니다. 동일한 현상이 양쪽에서 일어날 때, 그리고 양쪽의 현상이 동일한 원인에 대한 결과임이 충분한 개연성을 가질 때, 그리고 그 구체적 과정이 동일할 때, 그렇지 않다는 걸 증명하는 것은 다르다고 주장하는 이의 몫입니다. 그것을 증명하지 못하는 동안은 둘은 같은 것입니다.

침팬지가 자식을 잃고 슬픔에 가득찬 표정을 짓는 것과 인간의 어머니가 자식을 잃고 슬픔에 빠진 모습을 비교해 봅시다. 두 상황에서 슬픔에 빠진 두 개체는 유사한 현상에 대한 비슷한 반응을 보이고 있습니다. 이 두 상황이 다르다는 걸 증명하지 못하면 그 전에는 둘은 같은 것입니다. 그러나 사람들은 증명하려 들지 않습니다. 다만 선언할 뿐입니다. '우린 인간인데 어떻게 동물하고 같을 수 있어!' 그렇다면 증명해야 합니다. 그 전까지는 그들과 우리는 슬픔과 기쁨, 사랑과 증오, 반가움과 낯설음이란 감정을 같이 공유하는 존재입니다.

우리의 피에는 네안데르탈인의 유전자가 흐른다

DNA는 화석으로 남기 쉽지 않은 물질입니다. 그래서 화석으로만 남은 생물의 구체적 염기서열은 '호박에 갇힌 모기의 혈액에서 발견된 공룡의 DNA'라는 설정의 영화 〈쥐라기 공원〉처럼 아주 드문 경우를 빼고는 알 수 없었습니다. 그러나 기술의 발달은 이를 가능하게 했습니다. 20세기 말 DNA증폭기술이 새로 개발되었습니다. 유전자가위기술을 응용하면 아주 작은 양의 DNA도 수백 배로 증폭해서 그 내용을 파악할 수 있습니다. 더구나 화석화된 지 얼마 되지 않은 초기 인류 화석에서는 이를 이용하는 것이 더 수월합니다. 그래서 21세기 들어 고인류학에서는 화석인류의 DNA 검사를 통해 획기적 사실들이 여러 번 발견되었습니다.

그중에서 가장 사람들은 놀라게 한 것은 2014년의 발견이었습니다. 2014년 미국 워싱턴대학의 베르놋 박사와 조슈아 아케이 박사는 '호모 사피엔스와 네안데르탈인의 게놈을 비교 분석한 결과 1~3퍼센트의 유전자를 공유하고 있는 것으로 확인됐다'고 발표했습니다. 같은 시기 미국 하버드 의대 스리람 산카라라만 교수도 '머리카락과 피부를 생성하는 유전자, 크론병이나 낭창을 일으키는 유전자가 호모 사피엔스와 네안데르탈인에게서 공통으로 발견되었다'는 발표를 했습니다.

사실 네안데르탈인과 호모사피엔스는 약 20만 년 전부터 5만년 전까지 약 15만년 정도의 오랜 기간을 유럽과 소아시아 그리고 현재의 아프가니스탄에 이르는 지역에서 같이 살았습니다. 기존에는 이 기간에 서로 교류는 있었지만 서로 다른 종이어서 교배는 불가능했을 것이라고 추측했습니다. 20세기 말 이후에는 이 둘은 서로 다른 종이라기보다는 같은 종의 아종 정도로 이해해야 한다는 주장이 점점 힘을 얻고 있는 추세입니다. 즉 여우와 늑대처럼 아예 교배가 불가능한 것이라 여겼는데, 알고 보니 불독과 치와와처럼 사뭇 달라 보이지만 교배가 가능한 같은 종이라는 것입니다. 실제로 두 인간종이 교배를 했다는 증거는 꽤 많은 유적에서 확인됩니다. 그리고 이제 DNA의 결과가 확실한 증거로 등장한 것입니다.

또 데니소바인에 대한 연구도 시사점이 많습니다. 데니소바인은 시베리아 고산지대에서 발견된 인간종 중 하나인데 이들의 유전자 일부가 티베트인과 이누이트족에게서 발견된 것입니다. 데니소바인의 추위를 견디는 특유의 유전자가 추운 지방에 사는 현생 인류에게도 전해진 것입니다. 또 파퓨아 뉴기니와 솔로몬 제도 등 멜라네시아인들도 이들의 유전자를 가지고 있다는 것이 밝혀졌습니다. 이들은 전체 DNA의 약 4퍼센트가 데니소바인의 것이었습니다. 또한 네안데르탈인의 DNA도 4퍼센트를 가지고 있었으니 이들은 고인류의 DNA가 무려 8퍼센트인 것입니다. 고작 8퍼센트라고 생각하는 사람도 있겠지만 이는 절대로 작은 비율이 아닙니다. 우리는 아버지와 어머니의 유전자를 50퍼센트씩 물려받습니다. 그러면 친할머니의 유전자는? 25퍼센트입니다. 그럼 외증조할아버지는 12.5퍼센트입니다. 그럼 고조할아버지는? 6.25퍼센트입니다. 3대만 거슬러 올라가도 이렇습니다. 그런데 8퍼센트라는 것은 이들과 호모사피엔스가 아주 가끔 가뭄에 콩 나듯 교배를 한 것이 아니라 꽤 오랜 기간 동안 광범위하게 교배를 했다는 의미가 됩니다.

이 분야의 연구는 현재 활발히 진행 중입니다. 어떤 새로운 구인류가 현생 인류에 대해 자신의 지분을 주장할지 모릅니다. 우리는 이미 네안데르탈인, 데니소바인 등 구 인류의 자손이기도 하지만 얼마나 더 많은 구 인류의 DNA가 우리의 세포핵 안에서 자신의 원 조상을 찾게 될지는 모르는 일입니다.

정리하는 글

생물학에 인간의 가치를 묻다

우리는 늘 인간이 특별한 존재라고 생각해 왔습니다. 창세기에
선 인간이 제일 마지막 날에 창조되었고, 아리스토텔레스는 인간만
이 인간의 영혼을 가지고 있다고 주장했습니다. 데카르트도 동물은
단순한 기계일 뿐이며, 인간 또한 기계지만 홀로 영혼을 가지고 있
다고 생각했습니다. 지금도 많은 이들이 인간만이 영혼을 가진 특
수한 존재라고 생각합니다. 인간의 영혼에 대해선 따로 말하지 않
겠습니다. 언젠가 영혼도 과학의 한 부분이 될지 모르지만 아직 영
혼은 과학의 영역이 아닙니다.

진화론과 유전학은 이제 인간은 생물학적으로 다른 동물과 하
등 차이가 없다고 말하고 있습니다. 그리고 생명의 기원을 쫓아가
다 보니 결국 최초의 생명으로부터 인간을 포함한 모든 생명이 비
롯되었음을 알게 되었습니다. 그럼에도 많은 이들이 인간은 다르다
고 생각합니다. 우리의 관점을 조금만 바꿔서 생각해 봅시다.

침팬지의 입장에서 지렁이와 인간 중 누가 더 자신과 닮았다고
생각할까요? 당연히 인간이 자신과 더 비슷하다고 생각할 것입니

다. 그럼 새와 인간 중에는? 역시 인간입니다. 호랑이와 인간, 곰과 인간, 노루와 인간 중에는? 역시 침팬지의 입장에선 인간이 자신과 가장 유사한 동물입니다. 그런데 우리는 침팬지와 오랑우탄, 사자와 곰, 새와 개구리, 해파리와 지렁이를 한데 묶어 인간과 다른 부류로 생각합니다.

인간은 언어를 가지고 있습니다. 물론 고래도, 새들도 자신만의 언어를 갖습니다. 하지만 인간의 언어는 훨씬 정교하고, 추상화되어 있지요. 인간은 도구를 사용합니다. 물론 침팬지도, 일본 원숭이도, 하다못해 앵무새도 도구를 사용합니다. 그러나 인간은 도구를 만들기 위한 도구도 가지고 있습니다. 그리고 누구보다도 더 많이 도구를 이용하며 도구 없이는 생존할 수 없습니다. 인간은 다양한 문화를 가지고 있습니다. 물론 다른 동물도 문화를 가지고 있습니다. 일본 원숭이들은 집단에 따라 털 고르는 방법이 다르고, 사투리도 가지고 있습니다. 그런데 인간의 문화는 그들의 문화보다 더 다양하고 깊습니다.

인간은 대화를 하지만 고래처럼 초음파의 영역으로 커뮤니케이션을 하지 못합니다. 인간은 사물을 바라보지만 꿀벌처럼 자외선의 영역에서 시각을 활용하지 못합니다. 인간은 행글라이더를 타더라도 새들만큼 우아하게 날지 못하고, 헤엄을 치지만 물고기만큼 유연하지는 못합니다. 뱀처럼 독을 갖거나 멋지게 미끄러지지 못합니다. 치타만큼 빠르지도 않고, 침팬지처럼 능숙하게 나무를 타지 못합니다. 두더지처럼 땅을 파지 못하고, 카멜레온처럼 피부색을 주변 환경과 비슷하게 변화시키지도 못합니다.

인간은 인간이 잘하는 것을 가지고 있는데, 이는 전혀 특별한 것이 아닙니다. 모든 생물은 각자 자기가 잘하는 것을 가지고 있습니다. 마치 김연아는 피겨를 잘 타고, 우샤인 볼트는 단거리 달리기를 잘 뛰며, 이창호는 바둑을 잘 두는 것이나 마찬가지입니다. 그러나 김연아는 이창호만큼 바둑을 잘 두지 못하고, 이창호는 우샤인 볼트만큼 빠르지 않으며, 우샤인 볼트는 빙판 위에서 김연아만큼 우아하지 않습니다. 마찬가지로 모든 생물은 다른 이들이 가지지 못한 것을 가지고, 더 잘합니다. 또한 다른 이들이 가진 것을 가지지 못하고, 더 못합니다. 그런 의미에서 인간은 침팬지보다 뛰어나고 뱀보다 뛰어나고 개구리보다 뛰어나지만, 침팬지만도 못하고 뱀보다 못하며 개구리만도 못합니다.

만약 인간이 다른 동물 모두와 다르다면, 그것은 생물학 이외의 영역이 될 것입니다. 그리고 그것을 밝히는 것은 생물학의 영역이 아니라 인문학의 영역일 것입니다. 언젠가 강연 중에 기독교의 창조론과 진화론의 관계에 대해서 묻기에 이렇게 대답했습니다.

"성서에 나옵니다. 카이사르의 것은 카이사르에게, 하느님의 것은 하느님에게. 질문도 마찬가지입니다. 과학에 물어야할 것은 생물이 어떻게 현재처럼 다양한 종으로 구성되었는가에 관한 것입니다. 그리고 그에 대한 현재까지의 가장 정확한 대답은 진화론입니다. 물론 생명이 지구상에 어떻게 나타났는가에 대해선 최초의 생명형성에 관한 이론이 있습니다. 이것 또한 과학이 대답할 질문입니다. 창조론은 과학적으로는 옳지 않다고 판명되었습니다. 다만 이렇게 생명이 만들어지고 진화한 것에 대해, 이를 누군가의 의지에 의해 이루어진 일이라고 믿고 싶다면 그것은 각자의 자유이고, 그에 대해 다양한 이유를 붙일 수 있습니다. 그에 대해선 제가, 혹은 과학이 뭐라 할 것이 없습니다."

인간은 다양한 지구 생물 중 하나일 뿐입니다. 따라서 다른 모든 생물이 그런 것만큼만 인간도 특별합니다. 우리가 인간이기 때문에 다른 동물에 비해 인간을 더 특별하게 느낍니다. 그러나 다른 생물종 모두와 비교해서 인간을 특별하게 만드는 것은 생물학적으로는 없습니다. 따라서 이 질문은 과학에게 해야 할 것이 아니라 다른 층위에서 다른 학문이나 대상에게 행해져야 합니다. 그곳에서 인간이 특별하다는 답을 들을 수 있을지는 알 수 없겠지만요.

2장

지구는
우주의 변방

모래야 나는 얼마큼 작으냐
바람아 먼지야 풀아 나는 얼마큼 작으냐
정말 얼마큼 작으냐……

김수영, 〈어느 날 고궁을 나오면서〉에서

천문학이 시작된 두 갈래 길

고대인들이 하늘을 관찰했던 까닭

천문학의 역사는 두 가지 갈래에서 시작됩니다. 하나는 천문에 대한 관측입니다. 모든 문명은 신석기 시대부터 혹은 늦어도 청동기 시대부터 나름대로 천문 관측을 행하였고 시간이 흐를수록 그 결과가 쌓이고 기술이 발달합니다. 하늘을 나누고, 별자리를 만들고, 별과 행성을 구분합니다. 어느 계절에 어떤 별이 나타나는지, 달의 차고 이지러지는 것에 따라 썰물과 밀물에 어떤 영향을 주는지를 관측합니다. 다른 하나는 우주관입니다. 보통 천지창조에 관한 신화로 시작되지만 이는 각 문명마다 독특한 우주관으로 발전합니다. 메소포타미아, 인도, 중국, 마야 등 다양한 문명이 고유의 우주관을 보여 줍니다. 그러나 종교 혹은 초월적 존재를 배제한 진정한 의미의 우주관은 고대 그리스에서 시작됩니다. 그 후 천문에 대한 관측과 우주관은 서로 영향을 주고받으며 천문학이라는 하나의 학문을 이루게 됩니다.

먼 고대인들이 하늘을 자세히 관찰한 이유는 여러 가지일 것입니다. 많은 학자들이 그 이유를 다양하게 설명하고 있는데, 사실 핵심은 하늘이 보여주는 주기성 때문입니다. 매일 비슷한 시각에 해가 뜨고 집니다. 달도 별도 마찬가지로 해가 뜨는 방향에서 떠서 해가 지는 방향으로 저뭅니다. 이를 자세히 관찰하면서 고대인들은 마냥 물 흐르듯 흐르는 시간에 눈금을 새기고 매듭을 묶을 수 있다는 걸 깨닫습니다.

또한 고대인들은 하늘에 떠있는 천체의 위치를 통해 지상의 방위를 정할 수 있었습니다. 사막의 유목민도, 지중해를 건너는 뱃사람도 하늘을 관찰했습니다. 나그네에게 별은 자신이 가는 방향과 고향의 방위를 보여주는 일종의 지도였습니다. 즉 하늘을 보면서 방향을 가늠하고, 시간을 매듭지을 수 있었습니다.

또한 하늘은 종교였습니다. 해도 달도 별도 모두 숭배의 대상이었습니다. 물론 지상에도 숭배의 대상은 있었습니다. 그러나 지상의 것들은 변하는 것. 계절에 따라 변하고, 홍수와 가뭄, 지진이나 해일에 따라 변하는 지상의 것과 달리 언제나 그 자리에 존재하는 하늘의 천체는 격이 다른 존재였습니다. 그 숭배의 대상을 더 잘 알고픈 욕망은 하늘을 바라보게 했습니다.

이러한 이유들 중 으뜸은 시간을 매듭짓는 것이었습니다. 고대인들은 하루의 시작도, 한 달의 시작도, 1년의 시작도 모두 하늘을 보고서야 알 수 있었습니다. 하늘만이 명확한 주기를 가지고 있었기 때문입니다. 낮과 밤의 길이 차이, 달의 차고 이지러지는 것, 계절마다 바뀌는 별자리는 모두 시간을 재는 필수 요소였습니다. 낮에는 장대를 세워 그 그림자의 위치와 길이를 보고 시간의 흐름을 파악했습니다. 언제 씨를 뿌려야 할 지, 긴 장마는 언제 시작되는지, 연어 떼가 돌아오는 시기도 시간의 흐름으로 알 수 있었습니다.

동물이 동면에 들기 전에 사냥을 하고, 겨울이 오기 전에 풀을 거둬 말려서 겨우내 가축에게 먹일 건초를 마련하기도 했습니다. 태풍이 부는 계절을 대비하고, 건조한 모래 바람이 부는 시기와 비가 대지를 흠뻑 적시는 시기를 구분했습니다. 신석기 시기부터 내려온 여러 문명의 유물들은 바로 이런 일들의 증거입니다. 영국의 스톤헨지, 미국 와이오밍주의 빅 혼 메디신 휠, 아일랜드의 뉴그레인지, 마야의 카라콜과 우크라이나에서 발굴된 매머드 엄니에 기록된 달이 차고 기운 기록들 등 세계 여러 문명들은 몇 천 년 전부터 하늘을 살폈습니다.

고대인들의 우주

고대인들에게 하늘과 우주는 동일한 것이었습니다. 그리고 지금보다 작았습니다. 현재 우리가 알고 있는 우주 크기의 몇백 억 광년의 1000분의 1, 1만 분의 1도 되지 않는 규모입니다. 천문학의 역사는 어찌 보면 팽창의 역사이기도 합니다. 연구를 하면 할수록 새로운 도구가 발명되면 될수록 우주는 더욱 깊어지고 넓어졌습니다. 고대의 우주 혹은 하늘은 높은 산에 올라가면 닿을 수 있는 정도였습니다. 바벨탑의 전설은 고대인들이 생각했던 하늘의 높이를 간접적으로 보여 줍니다.

고대인들이 하늘에서 살펴볼 수 있는 천체는 대략 우리가 하늘을 보았을 때 구분할 수 있는 정도였을 것입니다. 물론 지상에 빛이 거의 존재하지 않던 과거에는 지금과는 비교도 안될 만큼 많은 별들이 보였을 것입니다. 그들이나 우리나 맨 눈으로 하늘을 보면 해와 달 그리고 기타 천체 정도로 구분이 될 것입니다. 결국 하늘에는 세 종류의 천체가 떠있는 것이지요. 그 외에 별똥별이나 구름, 오로라 등도 하늘에서 볼 수 있었습니다. 그러나 이것들은 항상 나타나는 것도 아니고, 매번 같은 모양도 아닙니다. 이런 것들을 제외하고 항상 밤이면 우리 눈에 보이는 것들만을 천체라 불렸습니다.

하지만 관찰하다보니 별들은 두 종류가 있다는 걸 알게 되었다. 매일 비슷한 시기에 비슷한 장소에서 떠서는 전날과 크게 다를 바 없는 코스로 하늘을 가로지르다 역시 비슷한 곳으로 지는 별들과 매일 뜨는 곳도, 하늘을 가로지르는 궤도도 다른 별들이 있었습니다. 고대인들은 이들을 붙박이별(항성)과 떠돌이별(행성)로 나누어 명칭을 붙였습니다.

붙박이별이라고 해서 밤새 한 곳에 있는 건 아닙니다. 모든 하늘의 별은 1시간에 15도씩 이동합니다. 이는 지구가 자전하기 때문입니다. 물론 고대 사람들도 이를 알고 있었습니다. 다만 지구가 자전하는 것인지 아니면 하늘이 자전하는 것인지는 논쟁의 대상이었습니다. 또한 붙박이별은 북극성을 제외하곤 1년에 한 바퀴씩 하늘을 가로지르는 궤도를 돌았습니다. 즉 어제와 오늘을 비교하면 별이 뜨는 곳이 약 1도 정도 변경된 것을 알 수 있었던 것입니다.

하지만 행성은 이런 붙박이별과는 사뭇 달랐습니다. 이동 속도도 제각각에다가 방향도 바뀝니다. 제멋대로 움직이는 것으로 보였습니다. 하지만 몇십 년 몇백 년의 관찰 결과 이들도 정말 이상한 궤도로 돌지만 나름대로의 궤도가 있다는 것이 밝혀집니다.

혜성과 별똥별은 또 다른 문제였습니다. 느닷없이 나타나서 하늘을 가로지르는 혜성은 괴이한 존재였습니다. 안정된 궤도를 도는 별들과 달리 이들은 불안함을 주는 존재였습니다. 그래서 고대의 천문관측자들과 위정자들에게 혜성은 변화를 암시하는 불길한 징조였습니다.

과거에는 시간을 어떻게 나누었을까

왜 정오가 하루의 시작이 되었을까

하루의 시작은 언제일까요? 유대인들은 하루의 시작을 해가 질 때라고 생각했습니다. 하루의 시작을 힘든 일을 마치고 쉴 때부터로 잡았던 것이지요. 또 어떤 이들은 하루의 시작을 해가 뜰 때라고 생각했습니다. 해가 뜨는 것과 인간이 잠에서 깨는 것은 둘 다 짧은 부활이라고 여긴 것입니다. 하지만 이렇게 하루를 시작하면 그 시점이 정확하지 않다는 문제가 있습니다. 해가 뜨는 시점과 해가 지는 시점은 계절에 따라 다르기 때문입니다. 특히 위도가 높은 지역으로 가면 그 차이가 훨씬 심해집니다.

그래서 하루를 좀 더 정확하게 나누고 싶었던 이들은 태양이 가장 높이 떴을 때를 하루의 시작으로 정합니다. 오래 관찰한 결과 전날에 태양이 남중한 시각과 다음날 태양이 남중한 시각의 사이가 항상 일정했기 때문입니다. 그래서 동양의 경우 정오를 중심으로 하루를 오전과 오후로 나눕니다. 영어에도 그 흔적이 있어 정오는 Noon이 되고 오후는 Afternoon이 되는 것입니다. 그러나 일을 하고 있는 사람들에게 일하는 도중에 날이 바뀌는 건 별로 바람직하지 않은 일이었습니다. 그래서 하루의 정오와 다음날의 정오 사이를 정확히 반으로 나눈 지점을 하루를 시작하는 기준으로 잡았습니다. 동아시아에서는 그 시간을 자정이라고 했습니다. 그 결과, 인간의 하루는 인간이 잠든 사이에 몰래 시작됩니다.

달Month은 단어 그대로 달Moon의 주기를 기준으로 잡습니다. 영어 Month도 그 기원은 달입니다. 달을 뜻하는 옛 영어 Maenon에서 유래한 단어가 Month입니다. 달이 차고 이지러지는 것은 규칙적이어서 예부터 시간을 매듭짓기에 가장 좋았습니다. 그래서 달이 완전히 사라지는 그믐이 한 달의 끝이 되고, 다시 시작이 되었습니다. 이를 대략 계산해보면 29.5일입니다. 그러나 소수점을 기준으로 삼을 수 없으니 30일을 한 달로 삼은 것이 달의 유래가 됩니다.

바닷가에 사는 사람에겐 달이 특히 더 중요했습니다. 밀물과 썰물이 달의 모양과 관계가 깊었기 때문입니다. 그믐과 보름이 되면 밀물과 썰물의 차가 가장 커졌고, 상현과 하현에선 그 차이가 가장 작았습니다. 바다의 생물들도 이와 관련된 주기를 보이며 움직이니 물고기를 잡고 조개를 채취하던 이들에겐 한 달의 주기가 무엇보다 중요했습니다.

일주일Week의 기원 또한 달입니다. 달이 보름에서 하현이 되고 하현에서 그믐이 되고, 그믐에서 상현이, 상현에서 보름이 될 때까지를 대략 하나의 매듭으로 잡은 것입니다. 메소포타미아에서 유래했고, 이를 바빌론으로 끌려갔던 유대인들이 받아들이고, 기독교인들이 퍼트린 것입니다. 유대인들은 일주일의 마지막을 토요일로 봤지만, 이들과 다른 점을 강조하고 싶었던 기독교인들은 예수가 부활한 요일인 일요일을 주일로 정합니다. 그래서 일요일이 한 주의 시작이 됩니다.[1] 하지만 토요일과 일요일 둘을 쉬게 된 현대인들은 이를 주말로 묶어버리고, 따라서 월요일을 일주일의 시작으로 여기기도 합니다. 그래서 지금은 일요일부터 한 주를 시작한다고 여기는 사람들과 월요일을 기준으로 한 주가 시작된다는 사람들이 섞여 있습니다.

태양 중심의 태양력과 달 중심의 태음력

한 해를 나누는 기준은 문명에 따라 두 가지로 나뉩니다. 태양의 주기를 가지고 나누는 태양력과 달을 가지고 나누는 태음력이 있었던 것입니다. 대부분의 서양 문명에서는 태양력을 사용했습니다. 아니 서양뿐만 아니라 대부분의 문명이 태양력을 사용했습니다. 사실 한 해를 나누는 이유가 계절의 변화 때문이니 태양의 움직임을 기준으로 하는 것이 대략 맞았을 것입니다. 그런데 태양력을 쓴다고 하더라도 한 해의 시작은 문명마다 혹은 역사마다 달랐습니다. 그렇지만 결국 낮과 밤의 길이로 한 해의 시작을 정한 것은 같습니다. 낮과 밤이 같아지는 춘분과 추분, 밤이 가장 긴 동지와 낮이 가장 긴 하지 중 하나를 선택한 것입니다. 그래서 이 시기에는 여러 가지 축제나 행사가 열렸고, 이를 한 해를 시작하는 기준으로

---

1 주Week는 사실 모든 문명에 해당하는 일은 아니다. 우리나라의 경우도 순이라 해서 열흘을 기준으로 삼는 경우가 더 많았다. 그래서 최초의 신문 한성순보도 열흘을 기준으로 나왔던 것이다. 그리고 시골의 장도 5일을 기준으로 서는 5일장이 3일장보다 많았다. 다른 문명에서도 마찬가지였는데 로마의 경우는 9일, 아프리카의 경우 4일을 기준으로 장이 서기도 했다.

삼았습니다.

그중 추분과 동지를 한 해의 시작으로 잡는 경우가 가장 흔했습니다. 미국이나 유럽의 학기는 가을에 시작하는데 바로 그 흔적이라고 볼 수 있습니다. 추수감사절이나 추석도 비슷한 흔적입니다. 추분을 한 해의 시작으로 삼는 것은 추수를 끝낸 풍성함을 가지고, 행복하게 한 해를 시작하겠다는 의미이기도 합니다. 또는 한 해의 농사를 끝내고 푹 쉬는 것으로 한 해를 시작하겠다는 의미도 있습니다.

동지를 한 해의 시작으로 삼는 문명도 많았습니다. 해가 떠있는 시간이 점점 줄어드는 정도가 심해지는 북쪽 지방이 그렇습니다. 마침내 해가 가장 짧은 시기를 지나면 다시 해가 부활하듯 새로운 시작이 된다는 의미를 담았던 것이지요. 그믐을 한 달의 시작으로 삼은 것과 같은 의미입니다.

춘분은 농사를 시작한다는 의미이니 그런 의미에서 추분이나 동지보다는 훨씬 안정된 분위기의 행사가 열렸습니다. 하지도 마찬가지입니다. 춘분은 한 해의 시작으로 삼을만한 충분한 이유가 있지만 추분이나 동지만큼 맹렬히 축하해야할 시기는 아니었습니다. 힘든 노동의 시작이었기 때문이지요. 로마에서처럼 한 해의 시작이 된 적도 있지만 오래가지 못했습니다. 하지를 시작으로 잡은 문명은 없었습니다. 이집트의 경우에는 사계절이 뚜렷하지 않은 열대건조 기후라서 이런 구분이 의미가 없었습니다. 그래서 건기, 우기, 홍수기로 한 해를 구분했고, 시리우스가 태양과 동시에 뜨는 날을 한 해의 기준으로 삼았습니다.

이러한 시간 측정은 개인의 생활이나 집단과 국가의 여러 행사에서도 대단히 중요했습니다. 하지만 시간 측정은 생각만큼 그리 쉽지가 않았습니다. 달은 지구 주위를 29.5일 동안 돌며 위상변화의 주기를 보이고 태양은 365.25일을 주기로 도는데, 이런 소수점 이하를 반영하지 않으면 몇 년 지나면 하루가, 몇십 년이 지나면 며칠의 차이가 나타납니다. 보름달이 뜰 날이 되었는데 보름달이 뜨지 않고, 춘분이 지나고 며칠 뒤에 실제 춘분이 오게 됩니다. 이런 문제를 해소하기 위해 사람들은 좀 더 열심히 하늘을 관측했습니다. 그리고 그 관측 결과를 바탕으로 윤일이나 윤달을 넣는 등의 여러 조치를 취합니다. 이러한 관측은 메소포타미아 지역의 바빌로니아에서 가장 충실하게 오랫동안 이루어졌고, 이집트와 그리스도 이들의 관측 결과를 기초로 자신들의 천문학과 천체 관측을 시작했습니다.

인간중심주의에 바탕을 둔 그리스 천문학

신화 속 신의 계보

서양 문명은 세계를 하늘과 땅, 바다로 나눕니다. 동양 문명은 천지인으로 나눕니다. 동양은 사람이 자연과 더불어 이 세상을 조화롭게 만든다고 생각했다면 서양은 하늘과 땅과 바다가 인간을 위해 존재한다고 생각했습니다. 신화 자체에서 그리스의 인간중심주의의 싹이 보입니다. 물론 그리스만의 이야기만은 아니지만요.

그리스 신화를 다룬 《헤시오도스의 신통기》 혹은 《신의 계보》를 따라가 봅시다. 제우스 이전의 신들은 주로 사물이나 현상을 신격화한 모습이 특징입니다. 최초의 신은 카오스, 즉 혼돈입니다. 코스모스(질서)가 생기고 카오스는 자연에 의해 사라집니다. 그러나 카오스에게서 어둠의 신 에레보스와 밤의 여신 닉스가 태어납니다. 그리고 이 남매가 혼인하여 낮의 신 헤메라와 대기의 여신 아이테르[2]를 낳습니다. 즉 아무것도 없는 혼돈 상태에서 어둠과 밤이 그리

---

2 아이테르에서 제 5 원소인 에테르의 이름이 유래했다.

고 낮과 하늘이 만들어졌습니다. 물론 이 자체가 어떠한 구분이기도 하지만 이는 시간적 구분일 뿐입니다. 진정한 질서는 이러한 시간의 구분을 배경으로 카오스를 물리친 코스모스에서 나오는 것입니다.

　자연은 하늘에서 땅을 떼어 놓았고, 땅에서는 물을 떼어 놓았습니다. 자연은 떼어 놓을 수 있는 모든 걸 떼어 놓고 이들에게 각기 다른 자리를 주고 평화와 조화를 누리게 했습니다. 이제 공간적 구분이 가능해진 것입니다. 먼저 시간적 구분해 놓고, 나중에 공간을 나눈 것이지요. 이제 그 공간 안에 사물을 배치할 때입니다. 그러자 무게라고는 조금도 없는 하늘의 불과 사물을 태우는 기운은 하늘로 올라가 거기에 자리를 잡았습니다. 그리고 그다음으로 가벼운 공기는 그 밑에 자리 잡습니다. 땅은 무겁고 단단한 물질을 끌어당겼고 그리하여 무거워지자 아래로 내려왔습니다. 사방으로 퍼져 있던 물은 맨 나중에 땅을 감싸 안고 자리 잡았습니다. 땅은 스스로 가이아라는 신이 되었고, 가이아는 홀로 우라노스라는 하늘의 신을 낳습니다.[3] 가이아와 우라노스는 거대한 신 타이탄을 낳습니다. 바다의 신 오케아노스, 하늘을 덮는 신 코이오스, 높은 곳을 달리는 신 히페리온을 낳고, 시간의 신 크로노스를 낳았습니다. 크로노스는 어머니 가이아에게서 받은 낫으로 우라노스의 생식기를 잘라 버립니다. 이후 우라노스는 가이아를 떠나 하늘에만 머무르게 됩니다. 이 일은 하늘과 땅이 어떻게 나뉘어졌는지에 대한 신화적 설명입니다. 크로노스는 시간이란 의미입니다. 즉 시간이 흐르면서 가

3　책에 따라서는 하늘 스스로 하늘의 신 우라노스를 낳았다고도 한다.

·인 세계관에 맞게 바다에 둘러싸여 있다고 주장했습니다.

그의 세계관─우주관─이 신화와 큰 차별성을 갖지는 않았습니다. 하지만 중요한 사실은 그의 세계관에서는 신들이 사라졌습니다. 가볍고 무거운 양적 차이가 우주를 구성하는 기본 원리라고 생각했습니다. 오늘날 그가 쓴 글은 하나도 남은 것이 없습니다. 우리는 다른 그리스 철학자들의 입을 통해서만 그가 남긴 생각의 단편을 엿볼 수 있을 뿐입니다. 따라서 탈레스가 세계를 구성한 원리를 어떻게 더 가다듬었는지는 알 수가 없습니다.

아낙시만드로스는 우주의 모양과 크기를 상상하고 설명하는 데 건축학적, 기하학적 방법론을 차용했습니다. 그는 우주가 원통형으로 생겼다고 생각했는데 사실 설명을 들어보면 원통이라기 보단 두껍고 동그란 케이크 모양입니다. 이 케이크의 두께는 케이크 지름의 3분의 1입니다. 그리고 케이크를 불의 바퀴 3개가 둘러싸고 있는데, 이 3개의 불의 바퀴가 바깥에서부터 태양, 달, 별을 의미합니다. 바퀴의 둘레는 각각 지구의 27배, 18배, 9배에 해당합니다. 위에서 보았을 때는 여러 개의 크기가 다른 동심원들이 중첩되어 있는 형태를 띱니다. 이 바퀴에 대해 아낙시만드로스는 다음과 같이 설명합니다.

우주가 탄생하던 시점에 뜨거움과 차가움의 기원Germ이 영원한 물질Apeiron로부터 분리되었는데, 이것에서 나온 구형의 불꽃이, 마치 나무껍질이 나무를 둘러싸듯이 지구를 둘러싸는 증기가 된다. 그리고 이 불꽃이 부서진 조각들이 하나의 바퀴의 모양을 하게 되는데, 이것이 곧 태양, 달, 별이다. 태양과 달, 별의 바퀴에 있는 날숨을 위한 관 모양의 통로를 통해 우리가 태양, 달, 별을 관측할 수 있는데, 이 통로가 차단될 때 식蝕들이 생긴다.

그런데 왜 하필이면 불의 바퀴일까요? 여기에는 당시 그리스 물리학의 기본이 되던 원리가 개입되어 있습니다. 바로 '가벼운 것은 위로, 무거운 것은 아래로'라는 원리입니다. 아낙시만드로스도 4개의 기본 요소인 물, 불, 흙, 공기 중에서 흙이 가장 무겁고, 불이 가장 가볍다고 생각했습니다. 그래서 가장 무거운 흙이 우주의 중심이 되는 땅을 이루고, 가장 가벼운 불이 천체를 이룬다고 본 것입니다.

당시 물리학의 범주를 벗어나지 않고 나름 합리적인 방식으로 우주의 모습을 설명했다는 점, 그리고 태양을 거대한 크기의 물질로 보고 이것과 지구 사이의 거리를 따져본 최초의 천문학자였다는 점에서 그는 천문학적으로 매우 높이 평가받습니다. 영국의 철학자이자 역사가인 조너선 반스Jonathan Barnes, 1942~는 당시 밀레토스의 상황을 "한편에 대부분의 천문가 그룹이 있고, 다른 한편에 홀로 아낙시만드로스가 있었다."고 하며 아낙시만드로스의 위상을 크게 묘사하기도 했습니다. 그러나 이런 아낙시만드로스의 설명은 아직 그가 행성들을 제대로 이해하고 있지 못하다는 것도 보여 줍니다. 그의 설명에는 수성, 금성, 화성, 목성, 토성에 대한 언급은 없습니다.

아낙시만드로스의 뒤를 이은 아낙시메네스는 공기가 실체로 변하는 원리를 설명하는 데 있어 '희박'과 '농후'의 개념을 사용합니다. 이를 통해 그는 질적인 차이는 양적인 차이가 결정한다는 획기적인 주장을 펼쳤습니다. 그의 주장에 따르면 공기는 팽창하면서 희박해지는데, 희박은 온기를 불러들여 불이 됩니다. 반면에 공기는 수축하면 농후해지는데, 이것은 바람을 만들고 더 지속되면 물, 그다음엔 땅이 되며 마지막으로 암석이 된다는 것입니다. 이처럼 아낙시메네스는 탈레스와 아낙시만드로스보다 훨씬 구체적으로 운동 원리를 설명합니다. 그는 이러한 논리의 연장선에서 태양이나 별, 달과 같은 천체는 가장 높은 곳에서 희박해진 불로써 지구 주위를 맴돈다고 보았습니다.

지구가 둥글다는 사실을 발견한 그리스인

천문에 대한 지식이 늘어나자 그리스인들은 지구가 구형이라 사실을 발견합니다. 그런데 이는 순수한 그리스인들의 관측 결과라고는 볼 수 없습니다. 메소포타미아와 이집트의 천문 관측 자료가 그리스로 흘러들어 왔고, 이를 바탕으로 자신들의 관측을 더 보탠 것이라고 봐야 정확할 것입니다. 그 당시 그리스의 지식인들은 젊은 시절 소아시아와 메소포타미아, 그리고 이집트를 돌며 그들의 선진 문물을 배워오는 것을 필수 과정처럼 여겼습니다.

그렇게 동방의 선진 문물을 배워온 피타고라스Pythagoras, BC 580~BC 500와 그의 제자 필로라우스Philolaos는 월식에 비친 지구 그림자를 보고 지구가 둥글다는 사실을 발견했습니다. 그리고 우주의 중심에는 불타는 구가 있고, 9개의 천체가 이를 중심으로 공전하고 있다고 생각했습니다. 지구, 수성, 금성, 화성, 목성, 토성, 태양, 달, 안티크톤이 그 9개의 천체입니다. 안티크톤은 당시 관측되지도 않았고, 실제로도 없습니다. 하지만 안티그톤이 없다면 천체가 8개 밖에 되지 않습니다. 그래서 불타는 구를 중심으로 지구의 반대쪽에 안티크톤이라는 가상의 천체가 있지만 불타는 구에 가려 보이지 않는다고 생각했습니다. 그리하여 불타는 구를 포함한 완전수 10에 해당하는 10개의 천체가 완성되었습니다. 왜냐하면 피타고라스에게 우주는 기하학적으로 완벽한 구조를 가지고 있어야 했기 때문입니다. 바깥에는 고정된 천구에 별들이 있다고 생각했습니다. 이런 그의 생각은 헤라클레이토스에게 이어집니다.

고대 그리스의 자연철학자인 헤라클레이토스Heraclitus, BC 540?~BC 480?도 하늘이 고정되어 있다고 생각한 사람이었습니다. 그 또한 불타는 구를 중심으로 천체들이 움직인다고 생각했고 지구도 그중 하나라고 생각했습니다. 하지만 피타고라스나 헤라클레이토스처럼 지구가 움직인다고 생각했던 이들은 고대 그리스에서도 소수에 불과했습니다. 지동설과 천동설이 논리적 바탕 아래 서로 논쟁할 수 있는 정도까지 발전한 것 자체가 대단한 일이라고 볼 수 있습니다.

그리스의 별 아리스타르코스

지동설이라고 모두 태양중심설Heliocentrism은 아닙니다. 헤라클레이토스와 피타고라스는 불타는 구라는 임의의 우주 중심을 택했을 뿐이었고, 태양도 지구와 마찬가지로 그 중심을 돈다고 생각했습니다. 진정한 의미의 태양중심설을 주장한 것은 아리스타르코스Aristarchos, BC 310?~BC 230?였습니다. 아리스타르코스는 먼저 지구와 달

사이의 거리와, 지구와 태양까지의 거리의 비를 측정했습니다. 물론 정확하진 않았지만 대략 달보다 훨씬 먼 곳에 태양이 있다는 것을 확인했습니다. 그리고 이를 바탕으로 지구와 달 그리고 태양의 크기의 비를 삼각법을 이용해서 측정했습니다. 그 결과 태양이 지구보다 훨씬 더 크다는 결론에 도달합니다. 그는 지구와 달의 관계에서 달이 지구보다 훨씬 작기 때문에 달이 지구 주위를 공전한다고 생각했습니다. 따라서 당연히 지구와 태양의 관계에서도 지구가 크기가 훨씬 더 큰 태양 주위를 도는 것이 옳다고 생각한 것입니다.

그의 생각이 태양중심설(지동설)로 굳어진 데는 고대의 천문 관측 결과도 큰 영향을 미쳤을 것입니다. 이때쯤 메소포타미아와 이집트의 천문 관측 자료 거의 대부분이 그리스에 전달되었습니다. 그중 가장 특이한 것은 다섯 행성(수성, 금성, 화성, 목성, 토성)의 움직임이었습니다. 다른 별들은 모두 매일 동쪽에서 떠서 서쪽으로 지는데, 그 변화가 일정했습니다. 항상 전 날보다 대략 1도 정도 움직인 곳에서 떠서 1도 정도 움직인 곳에서 지는 것입니다. 그래서 1년이 지나면, 별들은 1년 전에 떴던 바로 그곳에서 다시 떠오르게 됩니다. 별은 그 움직임을 수백 년 간 일정하게 유지하는 믿음직한 존재였습니다.

그러나 별과 달리 행성은 제멋대로 움직였습니다. 매일 뜨는 곳이 조금씩 달라지는데, 그 달라지는 정도가 매번 달랐습니다. 즉 매일의 변화율이 일정하지 않았습니다. 게다가 뜨는 방향이 평소에는 서에서 동으로 이동하다가 어느 날부터는 반대로 동에서 서로 가기도 했습니다. 또 모양도 매일 달라졌습니다. 가장 관찰하기 쉬웠던 화성과 금성은 그 크기도 조금씩 변하고, 모양도 달처럼 변했습니다. 왜 이런 일들이 일어나는지 아무도 설명하지 못했습니다.

아리스타르코스는 태양이 중심에 있다면 행성들의 움직임도 아주 쉽게 원 궤도로 설명이 된다는 사실을 발견합니다. 혹시 누군가 먼저 발견했을지는 모르겠지만 알려진 바로는 그가 최초입니다. 따라서 아리스타르코스에게 태양이 우주의 중심인 것은 매우 당연했습니다. 대부분의 자연철학자들이 그의 생각을 비판하거나 외면했지만 그는 자신의 주장을 굽히지 않았습니다.

만약 저에게 고대 그리스의 천문학자 중 단 한 명만 고르라면 주저 없이 아리스타르코스를 고를 것입니다. 당시의 사회에서 지구중심설Geocentrism이 아닌 태양중심설을 주장하라면 대단한 용기가 필요했을 것입니다. 더구나 자신의 관측으로부터 도출해낸 결론이니까요. 그로부터 그리스의 천문학은 그 면모가 달라집니다. 아리스타르코스의 뒤를 잇는 천문학자들에게 그는 하나의 귀감이었습니다. 그러나 불행하게도 니콜라스 코페르니쿠스Nicolaus Copernicus, 1473~1543가 나타나기 전까지 그의 태양중심설은 모두에게 외면당했습니다.

지동설이 힘을 얻을 수 없었던 까닭

별들의 세차운동을 관찰할 수 없다는 것은 지동설의 가장 큰 약점이었습니다. 만약 지구가 공전을 한다고 가정한다면, 지구는 태양을 중심으로 대단히 큰 원을 그리게 됩니다. 그렇다면 반대쪽 끝에서 하늘을 봤을 때 별들의 위치가 달라보여야 합니다. 예를 들어 야구장에 있다고 생각하면 이해하기 쉽습니다. 야구장의 1루석에서 중견수를 보면 중견수가 백보드의 왼쪽 부근에 있는 것처럼 보이고, 3루석에서 중견수를 보면 백보드의 오른쪽 부근에 있는 것처럼 보입니다. 이처럼 지구가 공전 궤도의 한쪽 끝에서 특정한 별을 볼 때와 다른 쪽 끝에서 별을 볼 때 상대적 위치가 달라보여야 하는 것입니다. 이를 별들의 세차운동이라고 합니다. 하지만 당시 그리스에서는 누구도 이를 관측할 수 없었습니다. 지동설을 나름대로 관심 있게 살펴보았던 천문학자들도 모두 이 문제에 대해서는 답을 내릴 수 없었습니다. 아리스타르코스는 이를 별들이 너무 멀리 있기 때문이라고 답했습니다. 그러나 그 당시에는 누구도 우주가 그렇게 크다고는 생각하지 않았습니다.

신이 별 필요도 없는 빈 공간을 크게 만들 이유가 무엇일까요? 신은 그런 낭비를 하지 않는다고 생각했습니다. 물론 여기에는 신의 은총을 독차지하고 있는 인간과 인간이 사는 세계만을 중심으로 생각하는 인간중심주의가 밑바닥에 깔려 있었습니다. 지구의 배경 정도인 우주가 쓸 데 없이 클 이유가 없다는 것이었습니다.

또한 지동설은 지구위의 물체가 지구와 함께 태양 주위를 돈다면 그 영향을 왜 느낄 수 없는지에 대해서도 답하기 힘들었습니다. 지구와 태양간의 거리를 대략 따져 보고, 1년에 한 번씩 지구가 태양 주위를 도는 시간을 계산하면 지구의 공전 속도를 계산할 수 있습니다. 물론 당시에는 태양과 지구의 거리를 실제보다 워낙 짧게 계산한 터라 지금 우리가 알고 있는 속도보다 훨씬 느렸습니다. 그래도 그 속도는 어마어마했습니다. 당시 가장 빨리 달리는 말이나, 사자, 하늘을 나는 새들의 속도보다도 훨씬 빨랐습니다. 즉 지구 위의 어떠한 존재보다도, 지구가 더 빠른 것입니다. 과연 지상의 존재들이 이 속도를 견딜 수 있을 것인가, 아니 그보다도 지구의 공전 속도가 이렇게 빠르다면 어마어마한 돌풍이 지속적으로 불어야 하는데 지구는 너무 평온하지 않는가라는 것이 당시 비판론자들의 주장이었습니다.

아리스타르코스는 이런 반론에 지구에 있는 우리 모두가 지구와 같은 속도로 움직이고 있기 때문에 느끼지 못하는 것이라고 응답했습니다. 지금 생각해보면 당연히 맞는 말인데 당시의 사람들에게는 그렇지 않았습니다. '그렇게 무시무시한 속도를 느끼지 못한다고? 당신 제정신이 아니네.'라는 것이 그에게 돌아온 반응이었습니다.

사실 지동설을 반대하는 가장 중요한 요인은 마음 속 깊은 곳의 인간중심주의였습니다. 세상이 인간을 위해 존재한다는 오래된 암묵적인 믿음에 배치되는 이론은 그 자체로 사람들에게 불쾌하게 다가왔고, 이치를 따지기 전에 배척당했습니다.

원으로 현상을 구제하라

행성들의 운동이 이상하다는 것은 이제 그리스의 천문학자와 자연철학자(사실 이 둘은 하나인 경우가 대부분이다.)모두가 익히 알고 있는 사실이었습니다. 이 문제를 해결하기 위해 나선 지구중심설의 첫 주자는 에우독소스Eudoxus of Cnidus, BC 406~BC 355였습니다. 그는 우주가 여러 개의 천구로 이루어져 있다고 주장했습니다. 제일 바깥에는 별들이 박혀 있는 천구가 있는데, 이 천구가 하루에 한 번 움직여서 별의 일주운동이 나타난다고 설명했습니다. 그리고 태양이 속한 천구는 별의 천구와 반대 방향으로 움직이기 때문에 태양의 연주운동이 나타난다고 주장했습니다.

여기까지는 뭐 누구나 그렇게 생각할 수도 있습니다. 그런데 행성의 운동이 문제입니다. 에우독소스의 주장은 매우 복잡하고 교묘합니다. 그는 하나의 행성에 여러 개의 구를 대입합니다. 수박을 떠올려 봅시다. 수박의 꼭지에서 밑으로 쇠꼬챙이를 꽂습니다. 그리고 꼭지에서 밑으로 수박의 표면을 따라 선을 그어서 양쪽에서 같은 거리에 점을 하나 찍습니다. 이제 이 점이 행성입니다. 수박을 쇠꼬챙이를 중심으로 돌리면 이 점이 움직입니다. 이것이 행성의 운동입니다. 하지만 이렇게 되면 앞서 말했던 행성의 역행운동이 설명이 되지 않습니다.

자 여기서 에우독소스는 새로운 생각을 합니다. 이 수박에 다시 옆으로 비스듬이 중심을 통과하는 쇠꼬챙이를 하나 꽂는 것입니다. 그리고 이 두 번째 쇠꼬챙이를 중심으로 회전하면서 동시에 첫 쇠꼬챙이를 중심으로 한 회전도 동시에 한다고 생각해 봅시다. 그럼 아까 우리가 찍은 점의 움직임이 달라집니다. 하지만 현실적으로 수박을 축 두 개를 중심으로 동시에 회전시킬 수는 없습니다. 단지 그렇게 머릿속으로 그려볼 뿐이지요. 그런데 에우독소스는 여기에 축을 하나 더 추가합니다. 이제 점의 움직임은 더욱 기기묘묘해집니다. 이런 방식으로 그는 행성의 운동 문제를 해결하려고 했습니다.

에우독소스의 이런 우주관은 아리스토텔레스의 영향으로 그대로 받아들여집니다. 플라톤과 함께 고대 그리스 자연철학의 주류를 이루었던 아리스토텔레스의 지지는 동심천구론에 큰 힘이 되었습니다. 더불어 고대 그리스 자연철학의 거두 플라톤의 지상명령도 있었습니다. '원으로 현상을 구제하라.' 플라톤은 피타고라스의 영향을 꽤나 많이 받은 사람이었습니다. 그에게 세상은 감각으로 인지하는 불완전하고 비본질적인 것이었습니다. 이 세상이 모두 이데아의 모사라고 생각했지요. 그중에서도 우주는, 즉 달보다 위에 있는 세상은 그 아래 월하계보다 이데아에 근접한 곳이었습니다. 그리하여 태초에 데미우르고스가 천지를 창조할 때, 우주는 이데아의 모습을 보다 완전하게 모사하였습니다. 플라톤에게 이데아는 기하학적인 모습이었고, 원은 가장 완전하고 완벽한 형태였습니다.

따라서 만약 하늘의 천체들이 운동을 한다면 당연히 원운동을 해야 했습니다. 그러나 여기에도 문제가 있으니 완전하다는 것은 운동 자체를 허락하지 않는다는 점입니다. 운동은 무엇인가의 이동을 뜻하고, 무언가가 원래 있던 자리가 비워짐을 뜻합니다. 그렇다면 그 자리를 다른 무엇이 채워야 하고, 이는 연속적인 변화가 일어나는 것입니다. 플라톤의 입장에선 완전한 곳에서는 이런 일이 일어나면 안 되는 것이었지요.

왜냐하면 플라톤은 피타고라스를 사숙하기도 했지만 또한 파르메니데스도 깊게 사숙했기 때문입니다. 파르메니데스는 "존재하는 것은 존재하는 것이고, 존재하지 않는 것은 존재하지 않는 것이다. 진정한 의미의 변화란 본질적으로는 없습니다. 우리가 변화를 느끼는 것은 우리의 불완전한 감각 때문이다."라는 주장으로 유명한 그리스의 자연철학자입니다. 파르메니데스와 같이 플라톤에게도 존재하는 것은 일자—子이며, 일자는 무한하고, 또한 변화가 없는 것입니다. 따라서 원운동이라고 해도 우주의 천체가 움직인다는 사실은 용납하기는 어려웠습니다. 그래서 천체가 움직이는 대신에 천체를 둘러싼 천구 전체가 움직인다고 생각했습니다. 우주 전체가 움직이니 서로의 상대적 위치가 변하지 않고, 항상 동일할 것이니까요.

그리하여 고대 그리스 천문학의 기본 원칙들이 만들어집니다.

첫째, 지구를 중심으로 온 우주가 움직인다. 지구는 우주의 중심이다.

둘째, 모든 천체의 운동은 원운동이다.

셋째, 천체가 직접 움직이는 것이 아니라 천체가 포함된 천구 자체가 움직이는 것이다.

하지만 불행하게도 에우독소스가 여러 가지 장치를 고안했지만 행성의 운동을 제대로 설명하지 못하는 부분이 계속 발견되었습니다. 그러나 다시 지동설로 돌아가는 것은 감히 누구도 상상하지 못했습니다. 플라톤의 지상명령 '원으로 현상을 구제하라'와 아리스토텔레스의 세계관에 따라 확고히 자리 잡은 세 가지 원칙 아래 어떻게든 하늘의 운동을 설명해야 했습니다.

그다음 타자는 페르가의 아폴로니우스Apollonius of Perga, BC 262?~BC 200?였습니다. 그는 행성들이 그냥 원운동을 하는 것이 아니라 공전 궤도의 각 지점을 중심으로 하는 작은 원(주전원)을 그리며 운동을 한다고 생각했습니다. 그러면 각 행성들은 지구에서 볼 때 앞에서 뒤로, 또 뒤에서 앞으로 움직이며 도는 모습이 되니 역행운동도 설명이 가능했습니다. 이렇게 도입된 주전원은 이후 코페르니쿠스가 나타날 때까지 서구 유럽의 천문학에서 그 위력을 발휘했습니다.

세차운동을 발견한 히파르코스

기원전 2세기의 히파르코스Hipparkhos of Nicaea, BC190~BC 120는 그리스 본토가 아닌 터키 아나톨리아 지방 사람입니다. 그는 고대 천문학을 집대성한 프톨레마이오스Claudius Ptolemaeus, 100?~170?에게 가장 큰 영향 미쳤습니다. 프톨레마이오스의 저서 《알마게스트》는 히파르코스와 공저라고 봐도 과언이 아닐 정도입니다. 《알마게스트》의 내용 중 약 3분의 1은 히파르코스의 연구와 주장을 소개하고 설명합니다. 프톨레마이오스는 《알마게스트》에서 아리스타르코스에 대해선 거의 언급을 하지 않지만 히파르코스에 대해서는 엄청난 찬사를 보냅니다.

실제로 히파르코스는 태양과 달의 공전 궤도에 대해 연구했고, 이를 통해 황도와 백도를 정확하게 그렸습니다. 그래서 일식과 월식이 일어날 시기를 예측할 수 있게 되었습니다. 일식이나 월식은 황도와 백도가 서로 겹칠 때 일어나는데, 이를 계산할 수 있게 된 것입니다. 그리고 달과 태양의 크기까지도 계산해냅니다. 또한 히파르코스는 가장 밝은 별인 시리우스를 기준으로 1등급부터 6등급까지 별의 밝기를 등급으로 매겼습니다. 이 밝기 체계는 지금까지 쓰이고 있지요. 물론 지금은 보다 정확하게 별의 밝기를 측정해서 소수점까지 구분합니다. 히파르코스의 또 다른 업적은 세차운동을 발견한 것입니다. 지구는 북극과 남극을 잇는 선을 축으로 자전합니다. 이 자전축의 방향은 조금씩 변해서 약 2만 5,800년에 한 바퀴를 돌게 되는데, 이를 세차운동이라고 합니다. 그런데 히파르코스가 이를 2만 6,000년이라는 놀라운 근삿값으로 계산해낸 것입니다.

현재 지구의 북극 바로 위에 떠 있는 별은 북극성입니다. 따라서 지구의 자전 때문에 다른 별들이 천구의 북극을 중심으로 하루에 한 바퀴 도는 것처럼 보이지만 그 축 위에 있는 북극성은 변함없이 늘 그 자리를 유지합니다. 그런데 히파르코스는 고대 메소포타미아의 관측 기록과 당시 알렉산드리아의 관측 기록의 차이를 통해 이 자전축 자체가 움직인다는 사실을 발견했습니다. 또한, 태양과 지구의 거리, 지구와 달까지의 거리도 아리스타르코스보다 훨씬 더 정확하게 계산했습니다. 고대 그리스 관측 천문학의 상징과도 같은 인물입니다.

히파르코스는 고대 그리스의 누구보다도 관측한 결과를 정밀하게 계산했습니다. 따라서 당연히 에우독소스와 아폴로니우스의 동심천구론으로는 행성의 운동이 제대로 설명되지 않는다는 점을 알았을 것입니다. 실제로 그는 천구의 수를 다시 7개로 줄이고, 거기에 주전원을 덧붙였습니다. 그리고 이 행성들의 공전 중심도 지구가 아니라 지구의 약간 옆으로 옮겼습니다. 이를 이심원이라고 합니다. 공전 중심을 지구에서 약간 옆으로 옮긴 것은 행성 운동을 설명하기 위해 불가피한 것이었습니다. 그럼에도 불구하고 행성의 운동은 제대로 설명되지 않았습니다. 히파르코스도 분명히 알았을 것입니다. 또한 세차운동을 설명하려면 천구가 2만 5,000년에 한 번씩 미묘한 움직임을 보인다고 주장하는 대신 지구가 팽이처럼 자전하면서 그 축이 움직인다고 설명하는 것이 훨씬 타당하다는 것도 알았을 것입니다.

당대 최고의 천문학자이자 수학자였던 히파르코스는 돌연 자신이 활약하던 지중해 지성의 중심이던 알렉산드리아 대도서관을 떠나 자신의 고향인 로도스섬로 향합니다. 그곳에서 천문대를 짓고 수제자 포시도니오스와 함께 은둔 생활에 들어갑니다. 왜 그는 당시 문화의 중심 알렉산드리아를 떠나 로도스에서 은둔을 한 것일까요? 왜 천문대를 따로 지었을까요? 제자를 들인 이유는 무엇일까요? 누구도 정확한 이유는 모릅니다. 하지만 혹시 그가 천동설의 문제를 인지하고 있었던 것은 아닐까라는 상상을 해봅니다. 속으로는 지동설을 생각했지만 당시 알렉산드리아와 주변 환경을 보았을 때, 정말 정확한 증거가 아니라면 도저히 지동설을 발표할 용기가 나지 않은 것은 아닐까요? 그래서 더 정확한 증거를 얻기 위해 천문대를 세워 남몰래 연구를 계속한 것은 아니었을까요? 상상은 상상에만 맡겨 두겠습니다.

고대 그리스 천문학의 대미는 프톨레마이오스가 차지합니다. 그는 선배 천문학자들이 천동설을 중심으로 체계화한 우주의 개념, 특히 히파르코스의 천구론을 더욱 정교하게 다듬어 실제 행성 운동과 거의 차이가 없어보이게 했습니다. 그가 집필한 《수학 대계》는 이후 이슬람 세계로 넘어가서 위대한 책(알마게스트Almagest)으로[4] 불

---

4 알마게스트 almagest는 아랍어 정관사 al과 magest로 구성되는데 magest는 현재 영어에서의 majesty와 동일한 어원을 가진다.

릴 정도로 권위가 있습니다. 그리고 아랍을 넘어 다시 유럽으로 와서도 그 권위를 자랑합니다. 코페르니쿠스가 《천체의 회전에 대하여》란 책을 출판할 때까지 모든 천문학은 《알마게스트》에서 시작해서 《알마게스트》로 끝납니다.

지동설, 우아한 우주의 탄생

네스토리우스파

예수의 사후 기독교는 소아시아를 중심으로 당시 로마제국에 속해 있던 모든 곳으로 전파되었습니다. 사도 바울을 중심으로 전도는 이루어졌지만 기독교 전체의 특별한 구심점은 없었습니다. 당시 기독교는 여러 유력 도시를 중심으로 분권화되어 있었습니다. 그래서 지중해 곳곳에서 다양한 신학적 해석이 있었습니다. 하지만 로마의 국교가 되는 과정에서 로마 교회가 절대적 지위를 획득하고, 이에 반발하는 동로마 지역의 교회들은 각각의 주교를 중심으로 분화됩니다. 그중에는 예수의 인성과 신성이 분리되어 있다고 믿었던 네스토리우스파도 있었습니다. 그러나 이들은 에페소스공의회에서 이단으로 파문당하고 쫓겨나고 맙니다. 처음에는 시리아로 나중에는 페르시아까지 가게 됩니다.

이들은 동로마제국의 힘이 미치지 않는 페르시아를 중심으로 기독교세가 약했던 이집트 시리아 중국까지 진출합니다. 이들이 바그다드에서 자리를 잡을 수 있었던 것은 페르시아가 당시의 동로마제국과 맞서고 있었던 탓이 큽니다. 물론 초기 이슬람교가 타 종교에 대해 관용적이었던 것도 주요한 요인이었습니다. 그러나 네스토리우스파가 이슬람교를 중심으로 한 기존 정치 체계 안으로 편입되긴 어려웠습니다. 이들이 내세울 수 있는 것은 당연히 동로마제국에서 가져온 앞선 문물밖에 없었습니다.

네스토리우스파는 처음에는 실용적 목적으로 천문학과 의학 서적 위주로 알렉산드리아 도서관에서 유래한 헬레니즘 서적을 번역했습니다. 하지만 곧 과학 분야의 사상적 밑받침이 되는 아리스토텔레스의 저작물도 번역하게 됩니다. 갈레노스Claudios Galenos, 129?~199?의 의학이나 프톨레마이오스의 천문학은 당연히 그 뿌리가 그리스의 4원소설과 아리스토텔레스의 우주관에 있었기 때문입니다. 이로부터 이슬람의 과학은 멀게는 그리스 자연철학에 바탕을 두고, 가까이는 헬레니즘시대 알렉산드리아 도서관을 중심으로 한 연구를 밑바탕으로 발달하게 됩니다.

그러나 이슬람에서 과학의 발달은 기술적이고 단편적이었습니다. 왜냐하면 그들에게 과학은 실용적인 것 그 이상을 의미하지 않았기 때문입니다. 당시 이슬람의 과학자들 개개인을 폄하하려는 것은 아닙니다. 오히려 그들이 없었다면 현대 과학, 유럽 중심의 과학은 없었을 것입니다. 그러나 개개인의 노력과는 무관하게 실용적인 기술만을 추구했기 때문에 진정한 의미의 과학은 발달하지 못했습니다.

또 하나 과학의 발달을 막고 있는 것은 논쟁의 부재였습니다. 과학은 고대 그리스처럼 철학자들 간의 논쟁, 그리고 과학자들 간의 논쟁이 자유로울 때 발달할 수 있습니다. 다른 학문도 마찬가지입니다. 아리스타르코스도 당시 자연철학계에서 배척을 받긴 했지만 학자들 사이의 논쟁이었지 국가권력으로부터 탄압을 받지는 않았습니다. 그러나 이슬람은 칼리프를 중심으로 하는 제정일치의 사회였고, 정치 체제는 전제 정치였습니다. 과학에 대한 논의가 체제에 대한 논쟁으로 이어질 분위기가 아니었던 것이죠. 더구나 그 당시 과학은 철저하게 종교에 대한 봉사를 목적으로 행해지고 있을 뿐이었습니다. 그래도 그들의 기술적 발달은 유럽으로 전파되면서 유럽 중심의 과학이 발달하는 데 크게 기여했습니다. 천문학에서도 마찬가지였습니다. 각종 계산 기법도, 천체 관측 도구도 천문 관측 자료도 정교해졌습니다.

다시 아리스토텔레스

11세기 이후 유럽은 긴 잠에서 깨어나기 시작했습니다. 어떤 이들은 잠들어 있던 것이 아니라 여러 가지 모색을 하고 있었다고 말하기도 합니다. 맞는 말입니다. 유럽이 긴 잠에서 깨어나는 과정은 한편으로는 부를 축적하고, 인구를 늘리는 과정이었습니다. 특히 농업 기술이 발달하면서 유럽 대륙은 전보다 훨씬 더 많은 농작물을 생산할 수 있게 됩니다. 그리고 이는 교역의 원천이 되었습니다. 곧 유럽인들은 지중해를 통해 교역 가능한 단 하나의 상대, 이슬람과 교류를 시작합니다. 마침 이슬람은 유럽이 거의 1,000년 가까이 잊은 고대 그리스와 헬레니즘의 유산을 가지고 있었습니다. 그리하여 스페인과 시칠리아, 그리고 이탈리아의 도시 국가를 중심으로 이전까지 몰랐던 새로운 사상과 과학기술이 소개되기 시작했

까웠던 하늘과 땅이 서로 멀어지게 되었다는 뜻입니다.

그리스 신화의 이런 해석은 이후의 자연철학자들에게도 영향을 미쳤습니다. 그리스 신화에는 진정한 의미의 신(창조주)가 없습니다. 카오스도 코스모스도 모두 제 할 일을 하고는 사라집니다. 그 뒤를 있는 신들도 모두 자연이 의인화되어 등장하고 있을 뿐입니다. 어쩌면 고대 그리스의 무신론적 자연철학은 이러한 신화의 연장선에서 시작되었다고도 볼 수 있습니다.

그리스 천문학의 시작

그리스 자연철학의 시조인 탈레스Thalēs, BC 624?~BC 545?나 그의 뒤를 잇는 아낙시메네스Anaximenes, BC 585?~BC 525?, 아낙시만드로스의 경우 세계관이 정교하게 치밀하지 않았습니다. 이들은 메소포타미아와 이집트의 자료를 통해 일식을 예언하기도 하고, 별을 관측하기도 했지만 이를 통해 우주관을 형성하기보다는 자신들의 철학적 사고에 입각한 우주관을 주장했습니다.

그리스 자연철학의 시작인 밀레투스의 탈레스는 자신의 세계에서 최초로 신을 배제한 인물입니다. 그는 모든 것들은 세계 안에서 해결하고 설명합니다. 그리고 바로 그때 철학이 신화에서 분리됩니다. 그래서 우리는 탈레스를 철학의 시조이자 과학의 시조라고 여기는 것입니다. 하지만 탈레스에게 여전히 우주는 하늘과 동격이었습니다. 그는 가벼운 것은 올라가 하늘을 이루고 무거운 것은 내려와 땅을 이룬다고 생각했습니다. 그리고 육지는 그리스의 전통적습니다. 마치 고대 그리스가 선진 문물을 배우기 위해 메소포타미아와 이집트를 방문했던 것처럼, 유럽인들은 아랍어로 된 아리스토텔레스와 고대 그리스의 저작들을 라틴어로 번역하기 시작합니다.

이때 유럽에서는 도시가 늘어나고 그 세력도 커졌습니다. 또지식에 대한 욕구 증대는 대학이 들어서는 것으로 이어집니다. 당시에 유럽의 교육기관은 수도원이 전부였습니다. 그러나 이제 유럽의 중요한 경제적 거점, 그리고 정치적 중심지마다 대학이 들어섭니다. 이탈리아의 볼로냐, 프랑스의 파리, 영국의 옥스퍼드에 처음으로 대학이 세워졌고 새로운 학문이 등장합니다. 바로 아리스토텔레스였습니다.

대학에서 아리스토텔레스를 배우기 시작한 것은 또 다른 의미가 있습니다. 플라톤의 사상을 기독교 내화한 아우구스티누스 Aurelius Augustinus, 354~430 이래로 아리스토텔레스의 사상과 저작은 논리학을 제외하곤 유럽에서 거의 사라졌습니다. 르네상스 시대가 열렸다지만 그것을 수도원에서 가르칠 순 없었습니다. 그리고 대학은 수도원의 고루한 교육에 반발한 이들의 집합소와도 같았습니다. 바로 이곳에서 유럽의 르네상스가 시작되었습니다. 당시 대학은 7과로 구성되었습니다. 교과는 기하학, 지리학, 천문학, 음악학의 4과와 논리학, 문법학, 수사학의 3과로 구성됩니다. 기하학은 《유클리드의 원론》이었고, 천문학은 프톨레마이오스의 《알마게스트》였습니다. 음악도 응용 수학의 한 분야로 배우는 것이었습니다. 문법학은 라틴어의 문법을 배우는 것이었고, 논리학은 아리스토텔레스의 《오르가논》을 배웠습니다. 이 위에 석사와 박사 학위 과정으로 법학, 의학, 신학이 있었습니다. 이 모든 학문의 사상적 뿌리는 사실상 아리스토텔레스였습니다.

그러나 3~4세기 후에는 아리스토텔레스 사상의 고루함에 못이긴 과학자들이 대학 밖에서 다시 과학 협회를 설립합니다. 어찌되었든 이 시기에 아리스토텔레스는 진보적이었습니다. 그리고 항상 그렇듯이 진보적 사상은 기성 체계와 충돌하고, 탄압받습니다. 당시 가톨릭의 교부철학과 아리스토텔레스는 끊임없이 부딪치는데, 핵심은 '기적'이었습니다. 아리스토텔레스 사상이 신의 개입, 즉 기적을 허용하지 않는다는 사실이 알려지면서 초기 르네상스 시기에는 곳곳에서 충돌이 일어났습니다. 대학에서 아리스토텔레스의 사상을 강의하는 것이 금지되기도 했습니다. 또 그의 사상을 가르치는 사람은 이단으로 취급되고, 파문을 당하기도 했습니다.

그러나 물밀 듯 밀어닥치는 르네상스의 파도를 신학만을 가지고 버틸 수는 없었고, 가톨릭에서도 플라톤을 내재화하듯이 아리스토텔레스를 신학에 내재화하려는 움직임이 나타납니다. 대표적인 인물이 바로 토마스 아퀴나스Thomas Aquinas, 1225?~1274입니다. 그의 스콜라 철학은 이성과 신학, 철학과 신학을 엄밀히 구별하고, 이 둘이 신으로부터 오는 다른 양식의 메시지라는 식으로 통합했습니다. '이성은 신앙의 전 단계로 신앙에 봉사하는 것'이란 전제는 있었지만, 그로부터 아리스토텔레스는 유럽의 대세가 됩니다.

하늘에서 답을 찾으려고 했던 사람들

우리 인간은 스스로 자유로워지려고 하지만 운명이라는 테두리에 스스로를 가두려는 경향도 있습니다. 앞날에 대한 두려움은 자유의지보다는 이미 정해진 길을 걸어가는 편안함을 선택하게 합니다. 또 그 길에 있을 위험을 피할 수 있기를 바랍니다. 그래서 우리는 신을 창조하기도 하고, 점을 치기도 합니다. 그러한 행위의 하나인 점성술Astrology은 어원에서 읽히듯이 천문학Astronomy과 하나였습니다.

하늘에 처녀자리와 목동자리가 나타나면 세상에 봄이 찾아 왔습니다. 처녀와 목동의 로맨스는 봄을 바라는 사람들의 설렘과도 같은 것이었나 봅니다. 오리온이 큰개와 작은개를 데리고 나타나면 겨울이 시작되었습니다. 사람들도 농사를 끝내고 겨울 산으로 사냥을 떠났습니다. 별자리와 계절은 인간이 알 수 없는 필연적인 인과관계를 가진 듯 보였습니다. 사람들은 하늘에서 뜻을 찾았고, 거기에서 개인의 운명에 대한 예언도 듣고자 했습니다. 점성술은 그렇게 탄생했습니다. 최소한 갈릴레이 이전까지는 거의 대부분의 천문학자와 점성술사는 한 사람의 몸에 나타난 두 얼굴이었습니다. 하늘을 보며 천체를 관측하는 천문학자이면서 한편으로는 점성술사였던 것입니다. 물론 모두 그런 것은 아닙니다. 앞에서 살펴봤던 고대 그리스의 천문학자 혹은 자연철학자들은 모두 이성의 힘을 믿었고, 별이나 달을 보고 점을 쳤다는 기록이 전혀 없습니다.

그러나 그들이 받아들였던 메소포타미아의 천문학에는 이미 그런 내용이 있었습니다. 그리고 헬레니즘 시대가 되자 이집트의 알렉산드리아에서는 천문학과 함께 점성술도 다시 태어났습니다. 이미 전제군주의 품안에 존재하는 조건과 이집트의 종교적 영향, 메소포타미아의 천문 자료, 그리고 그리스의 4원소설이 기이하게 조합이 되면서 천궁도에 기초한 점성술이 만들어졌습니다. 프톨레마이오스는 천문학 책 《알마게스트》로도 유명하지만 《테트라비블로스》라는 책으로 점성술 또한 완성시켰습니다. 그리고 알렉산드리아의 다른 학문과 함께 점성술도 이슬람으로 넘어가고, 다시 르네상스 시기를 거치면서 유럽으로 들어옵니다.

13세기 유럽의 의사들은 갈레노스의 의술과 항성의 연구를 결합시킵니다. 16세기 말에는 법에 의해 복잡한 의료절차를 수행할 때는 달의 위치를 계산하는 것이 요구되기도 했습니다. 갈릴레이 이전의 천문학자들은 대부분 점성술사이기도 했으며 이를 통해 천문학 관측을 위한 자금을 확보했습니다. 튀코 브라헤Tycho Brahe, 1546~1601, 케플러Johannes Kepler, 1571~1630도 모두 점성술사였습니다. 점성술이 단순히 돈벌이만이 아니었습니다. 점성술과 연금술, 백마법은 고대 알렉산드리아에서 르네상스 유럽으로 이어지는 신플라톤주의와 헤르메티시즘과 깊은 관련을 맺고 있었습니다. 그리고 이들은 르네상스 후기 아리스토텔레스를 넘어서고자 하는 이들에게 많은 영향력을 미쳤습니다.

코페르니쿠스적 전환

흔히 사고의 어떤 혁명적 전환을 우리는 '코페르니쿠스적 전환'이라고 말합니다. 다들 알다시피 니콜라스 코페르니쿠스는 10세기 이후 유럽에서 최초로 지동설을 주장한 사람입니다. 그리하여 1,000년을 이어져 온 천동설을 뒤집었다고 해서 이를 혁명적 전환이라고 말합니다. 하지만 이 말의 뜻은 유럽인들이 아닌 경우에게는 잘 와 닿지 않습니다. 태양 대신 지구가 돈다는 것이 그렇게 중요할까요? 이를 이해하려면 코페르니쿠스까지의 1,000년에 대한 대략적인 지식이 필요합니다. 고대 그리스 이래의 헬레니즘 전통과 로마 이후의 기독교 전통은 중세 유럽인의 머리와 가슴을 지배해 왔습니다.

이 중심사상에 거대한 파열구를 낸 것이 바로 지동설로 대표되는 근대 과학혁명이라 할 수 있습니다. 물론 과학혁명은 코페르니쿠스보다 100년 이상 더 뒤에 나오는 갈릴레이부터라고 보는 사람이 더 많습니다. 하지만 중세 유럽의 사상적 전환은 코페르니쿠스부터입니다. 이는 좁게는 유럽의 과학에 한정된 이야기이며, 조금 넓게 보았을 때도 유럽에 한정된 이야기입니다. 그러나 이러한 변화 직후에 유럽이 사실상 세계를 지배하게 되었으니, 이를 전 세계적 변화의 시발점이라고 보아도 무방할 것입니다. 어떤 분들은 중세 유럽에 대한 파열구가 비단 과학 분야뿐이겠는가라고 반문할 수도 있을 것입니다. 맞는 말입니다. 하지만 우주의 중심, 사상의 중심에 신이 있었던 중세와의 이별에서 코페르니쿠스의 지동설은 하나의 중요한 상징입니다.

니콜라스 코페르니쿠스는 당시 변방에 불과한 폴란드에서 태어났지만 유럽의 중심이던 이탈리아로 유학을 가는 행운이 따릅니다. 이탈리아로 유학을 가기 전 폴란드의 대학에서 수학과 천문학을 공부했던 그는 집안의 뜻대로 이탈리아 볼로냐 대학 신학과에 입학합니다. 그러나 그에게 이탈리아는 신학뿐만이 아니라 플라톤주의와 고대 그리스의 천문학 문헌을 선물했습니다. 코페르니쿠스는 플라톤을 접하면서 우주의 기하학적 우아함에 대해 다시 생각하게 됩니다. 그는 거기에서 프톨레마이오스의 《알마게스트》에 존재하는 번잡함(이심과 주전원 등)과 그런 번잡함에도 끝내 행성의 운동을 완전한 원운동으로 만들어 내지 못하는 한계에 대해 고민합니다. 그런 그에게 고대 그리스 현인의 복음이 전해집니다. 아마 아리스타르코스의 지동설이 먼 길을 돌아 그에게 닿았을 것이라고 추측해봅니다. 물론 직접 전해진 것은 아니고 그보다 한 세대 정도 먼저 태어난 레기오몬타누스Regiomontanus, 1436~1476라는 독일의 수학자이자 천문학자이며 번역가였던 이에 의해 전해졌습니다. '태양 대신 지구를 돌게 하라. 지구 대신 태양을 우주의 중심에 놓으라.' 코페르니쿠스가 고대 그리스인의 말대로 태양을 우주의 중심에 놓자 거짓말처럼 우아한 우주가 펼쳐졌습니다.

그에게 우주는 가장 완벽한 도형인 구이며, 새로 생기거나 없어지지 않습니다. 지구 또한 구형이며 다른 모든 행성과 별도 구형입니다. 그리고 이들이 도는 궤도 또한 태양이 우주의 중심이면 완전한 원을 이룹니다. 수성은 80일. 금성은 아홉 달, 화성은 2년, 목성은 12년, 토성은 30년을 주기로 우아한 원을 그리며 돕니다. 지구는 태양을 돌며 다시 자전을 하고, 별들은 매일 뜨고, 집니다. 이보다 더 우아한 우주가 어디 있을까요. 그는 이런 우주야말로 신의 뜻에 일치한다고 생각했습니다.

플라톤과 아리스토텔레스의 우주관의 두 축은 지구중심설과 원운동이었습니다. 그러나 코페르니쿠스가 보기에 이 둘은 화해불가능이었습니다. 그로서는 둘 중 하나를 버림으로써 나머지 하나를 선택해야 했습니다. 그는 프톨레마이오스의 치밀함보다 플라톤의 우아한 기하학의 세계가 더욱 진실에 가깝다고 여겼습니다. 더구나 그에게 고대 그리스의 비밀을 전한 레기오몬타누스 또한 주교였으니까요. 그는 지구중심설을 버림으로써 우아한 우주를 구합니다.

코페르니쿠스는 이탈리아에서 돌아와 가톨릭교회의 성직을 맡았지만 항상 밤이 되면 하늘을 바라봤습니다. 성실함으로 무장한 이 폴란드의 사제는 근 몇십 년에 걸쳐 밤마다 별과 행성을 관측함으로써 자신의 신념이 맞았다는 증거를 확인하고 싶었습니다. 그러나 당시 관측기술은 지동설과 천동설 중 어느 쪽이 옳다는 명확한 판정을 할 만큼 발달하지 못했고, 그 또한 지동설의 실재적 증거를 손에 넣지 못했습니다. 그래서 그가 망설였던 것일 수도 있습니다. 여기에 종교적 위험도 한몫했을 것입니다. 그가 지동설을 주장하는 《천구의 회전에 대해서》를 출간한 것은 이미 죽음의 사자가 머리맡에서 대기하고 있을 때였습니다. 그는 지동설의 확정적 증거를 후대의 일로 미뤄두고, 자신의 책이 출간된 것만을 확인하고 세상을 떠났습니다.

튀코 브라헤와 요하네스 케플러

코페르니쿠스 사후 3년 뒤 태어난 튀코 브라헤는 당시 최고의 천문 관측자였습니다. 그의 삶은 성년이 된 이후로 오로지 천문대에서 천문대로만 움직였습니다. 그의 눈은 당대 최고의 세밀함을 자랑했습니다. 스스로도 자신의 관측이 인간이 이 땅에 나타난 이래 최고라는 자부심으로 가득했습니다. 아무도 그가 밝혀낸 행성의 궤도와 별의 관측표에 이의를 달지 않았습니다.

최고의 천문학자로서 튀코 브라헤 또한 지동설과 천동설에 대해 자신의 입장을 밝혀야할 의무가 있었고, 그는 이를 알고 있었습니다. 프톨레마이오스의 우주관에 철저하게 기대어 관측을 했지만 자신의 관측에 대한 자신감으로 튀코 브라헤는 프톨레마이오스의 우주에, 따라서 당연히 아리스토텔레스와 플라톤의 우주에 커다란 생채기를 두 번씩이나 냈습니다.

첫 번째는 초신성의 발견이었습니다. 《새로운 별 De Nova Stella》라는 책에서, 그가 새롭게 발견한 천체(신성)가 이전의 밤하늘에는 존재하지 않았다는 점을 명백하게 밝혔습니다. 그러나 새로운 별의 발견은 '영원히 존재하며 새로 생기지도 사라지지도 않는 우주를 믿어 왔던' 이들에게 큰 충격이었습니다. 코페르니쿠스의 지동설만큼은 아니지만 고대 그리스의 우주관에 다시 금이 갔습니다.

그리고 두 번째, 튀코 브라헤는 혜성을 자기의 자리로 돌려놓았습니다. 이전에도 혜성은 발견되었지만 혜성은 천상계에 어울리지 않았습니다. 다른 천체들이 천구에서 영원한 원운동을 하고 있을 때, 유독 혜성만 사라졌다가 다시 나타나고, 포물선을 그리는 운동을 하고 있었습니다. 따라서 영원히 변치 않을 천구에 혜성의 자리를 둘 순 없었습니다. 아리스토텔레스는 혜성을 우주에서 끌어내려 별똥별과 같이 달 아래에 위치시켰습니다. 그러나 튀코 브라헤의 세밀한 관측은 혜성을 원래의 자리로 돌려놓았습니다. 튀코 브라헤에 따르면 혜성은 토성과 목성, 화성의 천구를 가로지르는 자이며 원운동을 하지도 않았습니다. 또 천구에 고정된 존재도 아니었습니다. 하늘의 타천사 혜성은 티코 브라헤 덕분에 자신의 포물선 궤도를 돌려받았습니다.

티코 브라헤는 이러한 발견과 세밀한 관측에도 불구하고 끝까지 코페르니쿠스의 지동설을 받아들이지 않았습니다. 그는 지구가 태양을 중심으로 돈다면 왜 지구 위의 우리는 그것을 느끼지 못하냐는 고대 그리스의 질문으로 다시 지동설을 부정합니다. 고대 그리스에서 지동설을 비판했던 연주시차도 다시 꺼내들었습니다. 그리고 무엇보다 성경에 위배되기 때문에 도저히 받아들일 수 없다고 했습니다. 대신에 절묘한 타협점을 찾아냅니다. '모든 행성들은 태양을 중심으로 돈다. 하지만 태양은 이들 모두를 거느리고 지구를 중심으로 돈다.'고 주장한 것입니다. 행성들이 태양을 중심으로 돌게 됨으로서 지구를 중심으로 돌 때 발생하는 문제가 해결되고, 태양이 지구를 중심으로 돌게 되어 지구는 여전히 우주의 중심이 된다는 타협안을 제시한 것입니다. 그러나 누구도 만족할 수 없는 타협안이었습니다. 그리고 이런 어정쩡한 우주관을 그의 자료를 물려받은 케플러도 무시했습니다. 마땅히 이러해야 한다는 당위가 자신의 관측을 왜곡시킨 결과였습니다.

티코 브라헤의 관측 자료를 손에 넣은 요하네스 케플러는 이미 그전부터 코페르니쿠스의 지동설을 지지하고 있었습니다. 케플러의 몸은 튀코 브라헤에게 고용되었지만 그의 정신은 코페르니쿠스의 후계자였습니다. 또한 신플라톤주의자이기도 했습니다. 그 역시 코페르니쿠스처럼 수학을 공부했고, 천문학 또한 일종의 수학이라고 생각했던 사람입니다. 그는 기하학의 아름다움에 심취했고, 우주가 그 아름다움을 자신에게 보여줄 것이라고 믿었습니다.

케플러는 왜 행성이 여섯 개인가(다섯 개가 아니다. 이미 지동설을 믿었으므로 그에게 행성은 지구를 포함해서 여섯 개다.)에 대해서 답을 내리고자 고민한 끝에 플라톤을 다시 소환합니다. 수성은 태양을 중심으로 한 가상의 정팔면체에 내접한 궤도를 돌고, 금성은 외접하는 궤도를 돈다고 생각했습니다. 금성의 궤도에 외접하는 정이십면체에 다시 외접하는 궤도를 지구

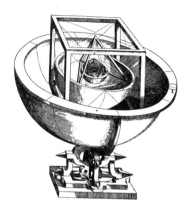

케플러가 쓴 《우주 구조의 신비》에 묘사된, 케플러의 플라톤의 다면체 구조 태양계 모형

가 돌고, 다시 지구의 궤도에 외접하는 정십이면체에 외접하는 궤도에 화성을, 다시 외접하는 정사면체에 외접하는 원 궤도에 목성을, 다시 그에 외접하는 정육면체의 외접하는 궤도에 토성이 돈다는 것이었습니다. 그리고 끝입니다. 영어 이름마저 플라톤스러운 정다면체Platonic solid는 모두 이 5개밖에 없으므로 더 이상의 다른 행성은 존재할 수가 없었습니다. 케플러는 완벽하게 기하학적인 우주를 다시 창조했습니다. 피타고라스에서 플라톤으로 이어진 기하학의 이데아는 이렇게 르네상스 초기의 천문학을 지배했습니다.

 그런 그가 튀코가 남긴 관측 자료를 가지고 몇 년간의 고민을 거듭했습니다. 아무리 정리를 해도 태양을 중심으로 한 여섯 행성들의 원 궤도를 찾을 수 없었기 때문입니다. 그는 튀코 브라헤의 관측 실력을 누구보다도 믿었습니다. 수없이 계산을 하고, 또 계산을 한 끝에 그는 튀코 브라헤와 반대의 길을 걷습니다. 튀코는 자신의 관측보다 그러해야 한다는 신학의 당위를 믿었지만 그는 튀코의 관

측을 자신의 신념에 앞세우기로 한 것입니다.

사실 그가 확인한 바에 따르면 그 궤도는 원에 아주 가까운 타원이었습니다. 그냥 종이에 그려보면 타원의 긴반지름과 짧은반지름의 차이가 거의 나타나지도 않을 정도였습니다. 그러나 그는 원궤도를 버리고, 타원 궤도를 취했습니다. 이제 행성은 지구가 아닌 태양을 중심으로 돌 뿐 아니라, 그 궤도도 원이 아닌 타원이 된 것입니다. 태양은 그 타원 궤도의 두 개의 중심 중 하나일 뿐이었습니다. 케플러는 그의 계산을 통해 행성들이 타원 궤도를 돌 뿐 아니라, 일정한 시간 동안 지나는 타원의 면적이 항상 일정하다는 면적속도 일정의 법칙도 발견했습니다. 이는 자그마한 위안이었을 것입니다. 타원으로 돌기는 하지만 면적속도라는 점에서는 행성들은 등속운동을 하고 있었습니다.

그리고 새로운 사실을 하나 더 발견합니다. 조화의 법칙이라고 하는 이 법칙은 행성들이 태양 둘레를 한 바퀴 도는데 걸리는 시간의 제곱이 행성과 태양사이의 거리의 세제곱에 비례한다는 것입니다. 이는 당시 케플러처럼 지동설을 주장하는 이들에게 대단히 중요한 지점이었습니다. 우주가 지구를 중심으로 돈다고 여겼던 시절에 왜 원운동을 하는지는 질문의 가치조차 없었습니다. 천상계 자체가 완벽한 조화를 이루는 원운동의 속성을 내재하고 있으니 따로 그 이유를 물을 필요도 없었던 것이지요. 하지만 이제 우주는 태양을 중심으로 돌고, 더구나 타원 운동을 합니다. 왜 행성들이 그러한 운동을 하는지에 대한 답이 필요했습니다. 더구나 자료는 태양에서 멀수록 공전 속도가 느려진다는 것을 명확히 보여주었습니다. 태양과의 거리가 이들의 공전 속도에 영향을 미치는 것입니다. 케플러가 분석한 조화의 법칙에 따르면 단순히 영향을 미치는 것이 아니라, 일정한 체계를 가지고 있었습니다. 케플러는 이것이 태양에서 나오는 일종의 자기력이라고 생각했습니다. 그 곳에서 케플러는 멈추고, 뒷사람을 기약합니다.

그는 어려서부터 병약했고 가난한 환경에서 자랐습니다. 성인이 되서도 항상 가난에 시달렸고, 그를 고용할 사람을 찾아 헤맸습니다. 나이가 들어서는 그의 어머니가 마녀로 몰려 몇 년씩 감옥에 살아야 했고, 어머니를 구하기 위해 온갖 고생을 치렀습니다. 그의 이름은 온 유럽의 천문학자뿐만 아니라, 지배자들에게까지 익숙해졌으나, 그는 온 유럽의 돈을 꾸고, 밀린 월급을 받기 위해 유럽의 곳곳에 독촉 편지를 쓰고, 여행을 다녀야 했습니다. 하지만 케플러는 아무도 이루지 못했던 업적을 남겼습니다.

코페르니쿠스에서 티코 브라헤를 거쳐 케플러에 이르자 이제 지동설은 변할 수 없는 사실이 되었습니다. 다만 그 사실은 천문학자들 사이에서만 진리였습니다. 여전히 유럽을 지배하는 종교는 지동설을 거부하고 있었습니다. 그러나 아리스토텔레스와 플라톤, 그리고 신에 의해 구성된 우주에는 여기저기 금이 가고 말았습니다. 우주의 중심은 지구에서 태양으로 바뀌었고, 행성들은 원이 아니라 타원 궤도를 돕니다. 우주의 곳곳에서 새로운 별이 태어나고, 혜성은 행성들 사이를 누비고 다닙니다. 누군가 금이 간 우주를 깨고 새로운 우주를 보여줘야 할 시기가 무르익었습니다.

천문학의 혁명, 새로운 우주의 문을 열다

우주엔 수많은 생명체가 살고 있어

새로운 우주의 문을 열기 위해선 먼저 금이 간 채 아슬아슬하게 지탱하고 있는 우주를 누군가 깨는 일이 필요했습니다. 우주의 문을 열 이는 이미 뉴턴으로 정해졌고, 그 전에 우주를 깰 이는 갈릴레이로 판명되었습니다. 하지만 그 사이 우리가 기억해야 할 사람이 있습니다. 바로 조르다노 부르노Giordano Bruno, 1548~1600입니다.

조르다노 부르노에게 우주에 대한 새로운 사상을 심어준 이는 이제껏 천문학의 변방이었던 영국에 살았던 토마스 디거스입니다. 코페르니쿠스의 《천체의 회전에 대하여》를 영어로 번역하면서 그는 해제에 우주는 무한하고 별들도 무한하다고 주장합니다. 멀리 있는 항성들은 너무 멀어서 작아 보일 뿐 실제로는 태양보다 크고 무거울 수도 있다고도 이야기합니다. 즉 태양이 다른 별들과 다르지 않음을 생각했다는 것이죠. 우주의 천체를 태양과 달, 별과 행성으로 나누던 아리스토텔레스와 프톨레마이오스의 구분법을 부정하고 태양과 별을 동급으로 생각한 것입니다. 이는 지구가 우주의 중심이 아니듯 태양도 우주의 중심이 아닐 수 있다는 것을 내포

합니다. 당시에는 대단히 위험한 생각이었지요. 태양이 우주의 중심이 아니라면 태양의 일개 행성인 지구는 더 별 볼 일이 없어지고 맙니다. 더구나 별들이 태양과 같고, 그 별들마다 행성이 있다면 그 행성에 지구처럼 사람이 살지 말란 법도 없으니까요. 이런 생각을 조르다노 부르노가 이어받습니다.

1548년에 태어나 1600년에 죽은 조르다노 부르노. 그는 우주는 무한하며 별도 무한히 많다고, 그 무한히 많은 별마다 지구와 같은 행성들이 있다고 여겼습니다. 그리고 그 행성들에는 지구처럼 수많은 생명체가 살고 있다고 주장했습니다. 사실 그는 과학자가 아니며, 따라서 이러한 주장은 디거스의 말을 되풀이 하였을 뿐입니다. 디거스는 당시 유럽의 변방이었던 영국에서 영어로 이런 글을 썼을 뿐이어서 화를 모면했습니다. 하지만 조르다노 부르노는 교황이 버티고 있는 당시 유럽의 중심 이탈리아에서 이런 주장을 펼쳤습니다. 더구나 다른 별들의 행성마다 우리 인간과 같은 생명체가 있을 거란 추정까지 했습니다. 도저히 용납될 수 없는 주장에 교회는 그를 파문합니다.

생명에 위협을 느낀 그는 이탈리아를 벗어나 파리, 스위스를 전전합니다. 그 와중에도 그는 자신의 주장을 굽히지 않았고, 곳곳에서 강연을 통해 자신의 사상을 알렸습니다. 그가 왜 다시 이탈리아로 돌아왔는지에 대해선 설이 분분합니다. 그러나 당시의 상황을 보면 그가 죽음을 각오한 결심으로 돌아왔으리란 건 짐작할 수 있습니다. 다시 이탈리아로 돌아온 그는 체포되고, 교황청의 감옥에 갇힙니다. 7년 동안 온갖 고문을 당했고 마침내 화형을 당하고 맙니다. 그는 자신의 신념을 절대로 굽히지 않았습니다. 마지막 화형의 순간에도 그는 이렇게 말했다고 합니다. "화형을 당하는 나보다 불을 지를 너희가 더 겁을 먹고 있구나!"

1899년 빅토르 위고와 입센 로랑 그리고 바쿠닌 등이 그가 화형 당한 캄포데 피오레 광장에 그의 동상을 세웠습니다. 그 동상아래에는 다음과 같이 적혀있다. "브루노에게, 그대가 불에 태워짐으로써 그 시대가 성스러워졌노라."

갈릴레이와 망원경

부르노보다 불과 8살 어리고 같은 이탈리아에 살았던 갈릴레이가 이 사실을 모를 리 없습니다. 부르노가 화형을 당하고 다시 갈릴레이가 종교 재판을 받게 되기까지는 30년 정도의 세월이 흐릅니다. 그러나 교황청과의 대립은 그보다 훨씬 전부터 시작되었습니다. 갈릴레이에게 부르노의 화형은 매우 큰 두려움을 주었을 것입니다.

갈릴레오 갈릴레이 또한 수학자였습니다. 코페르니쿠스와 케플러가 그랬던 것처럼 그 또한 수학적으로 세상을 구현하기를 갈망했습니다. 또한 신플라톤주의에 큰 영향을 받았지만 코페르니쿠스나 케플러와는 달랐습니다. 갈릴레이는 실험하고 재현하며 이를 통해 명백한 증거를 만들어 확인하는 등 근대 과학자로서의 면모를 보였습니다. 스스로 망원경을 만드는 등 새로운 도구를 이용해 한계를 극복하려고 노력했습니다.

특히 망원경의 발명은 특별한 의미가 있습니다. 중세에서 르네상스로 넘어오는 과정에서 유럽인들은 고대 그리스의 빛나는 문화와 깊은 지식에 크게 감명 받습니다. 하지만 언제까지나 헬레니즘에만 빠져있을 수는 없었습니다. 유럽인들, 좀 더 정확히 말하자면 그중 소수의 지식인은 아리스토텔레스로 대표되는 헬레니즘을 극복하고자 했습니다. 과학에서도 마찬가지입니다. 르네상스인들이 실제로 아리스토텔레스의 생명관과 우주관을 극복할 수 있었던 것에는 새로운 도구 두 가지가 큰 역할을 합니다. 하나는 생물학 분야에서 현미경, 또 하나는 천문학 분야에서 망원경입니다. 이 둘은 유럽인들에게 누구도 본 적 없는 세상을 보여주었습니다. 그 새로운 세상을 목격함으로써 유럽인들은 실질적으로 자신들의 과학을 형성할 수 있었습니다.

갈릴레이가 망원경을 최초로 제작한 사람보다 더 유명한 이유는 그는 망원경으로 무엇을 봐야할 지를 알았기 때문입니다. 그는 멀리 있는 산이나 범선을 당겨보는 것은 유희일 뿐 망원경의 실제 목적이 아니라고 여겼습니다. 갈릴레이는 망원경으로 태양과 달, 행성을 주로 관찰했습니다. 멀리 있는 별은 그의 관심사가 아니었습니다. 겨우 배율 30배의 망원경으로 밤하늘을 보면 이전보다 볼 수 있는 별의 개수가 많아질 뿐입니다. 작은 점으로 밖에 보이지 않는 별들이 더 크고 자세하게 보이는 것은 아니었습니다. 그는 태양계의 천체들을 관찰했습니다.

그는 아마 지동설의 증거를 찾고 있었던 것이 아니었을까 싶습니다. 갈릴레이는 일찍부터 코페르니쿠스의 지동설을 굳게 믿었고, 지동설의 수학적 아름다움과 기하학적 완성도에 반했습니다. 그는 망원경에 대한 이야기를 듣자마자 바로 이것으로 지동설의 증거를 찾아야겠다고 생각했을 것입니다. 갈릴레이에게 마침내 아리스토 텔레스와 프톨레마이오스의 천동설을 끝장낼 기회가 온 것이지요.

즉 갈릴레이는 우연히 하늘을 보다가 우리가 익히 알고 있는 그 사실들을 발견한 것이 아닙니다. 생각해 봅시다. 금성이 보름달 이 될 때는 금성을 관찰하기가 가장 어려울 때입니다. 태양과 거의 같은 시간에 같은 위치에 뜨고 같은 시간에, 같은 방향으로 집니다. 그리고 지구에서 가장 멀리 떨어져 있을 때이므로 그 크기와 밝기 도 아주 작습니다. 아주 우연히 해를 두꺼운 구름이 가리는 새벽이 나 저녁노을 속에서만 관찰할 수 있다. 더구나 매일 나타나는 현상 도 아니고 몇 달에 한 번 대략 2~3일 정도만 관찰되는 현상입니다. 오늘날의 망원경으로도 관찰이 어려운데 겨우 30배율 정도의 자작 망원경으로 그 모습을 우연히 관찰했다는 것은 정말 상상하기 어려 운 일입니다. 금성의 위상변화가 태양중심설이 지구중심설을 이길 수 있는 가장 큰 증거라는 사실을 알지 못했거나, 이를 확인하겠다 는 목적의식이 없었다면 아마 관찰할 수 없었을 것입니다.

갈릴레이는 달도 관찰합니다. 저배율의 망원경으로 밤하늘에 서 가장 관찰하기 쉬운 것은 달입니다. 심지어 달은 맨 눈으로 봐도 검은 무늬가 보입니다. 갈릴레이는 만약 하늘의 천체가 아리스토텔 레스가 말한 대로 완전하지 않다면 그 증거를 달에서 찾을 수 있을 것이라고 생각했습니다. 그리고 그는 달의 크레이터의 그림자가 태 양과의 각도에 따라 변하는 것을 보고 그것이 높이 솟은 산이라는 걸 발견합니다.

또 그는 태양의 흑점도 봅니다. 눈이 아주 좋았던 옛사람들의 관측에도 흑점에 관한 언급이 나옵니다. 우리나라에서도 이 흑점을 태양에 사는 세 발을 가진 까마귀라고 생각해 삼족오에 관한 전설이 내려올 정도니 태양에 거뭇거뭇한 점이 있다는 사실이 비밀은 아니었을 것입니다. 그러나 그 검은 점의 정체가 무엇인지는 아무도 몰랐습니다. 아니 점이 착시인지 실제로 존재하는 것인지조차 확신할 수 없었습니다. 그러나 갈릴레이는 검은 점이 태양의 표면 곳곳에 있는 것을 발견했고, 그 검은 점이 서에서 동으로 움직이는 것을 통해 태양이 자전한다는 사실까지 확인할 수 있었습니다.

목성의 위성 4개가 지구가 아닌 목성을 중심으로 궤도를 도는 것, 금성이 보름달의 모양을 할 수 있는 것, 태양의 흑점과 달의 분화구까지 확인합니다. 그가 발견한 모든 것은 지동설을 증거가 되었습니다. 종교의 입장에서는 코페르니쿠스보다 갈릴레이가 더 미웠을 것입니다. 코페르니쿠스의 지동설은 하나의 가설로서 '그렇게 생각할 수도 있다'고 치부할 수 있지만, 갈릴레이는 '천동설은 틀리고 지동설이 맞다'고 확실하게 못을 박았으니까요. 교황청은 서둘러 종교 재판에 갈릴레이를 회부해 그의 입을 봉하고, 지동설을 부인하게 했지만 유럽에서 지동설은 확고한 진실이 됩니다. 재판으로 갈릴레이의 입에 재갈을 물릴 수는 있었지만 갈릴레이가 드러낸 증거가 전 유럽으로 퍼지는 것은 막을 수 없었습니다.

하지만 갈릴레이에게도 여전히 남아 있는 고대 그리스의 흔적이 있었습니다. 바로 원운동입니다. 그는 그때까지도 월하계(지상계)와 천상계가 확연히 다른 규칙에 따라 운동하고 있다고 믿었습니다. 천상계는 원운동, 지상계는 직선운동이 물질 자체에 내재된 본성이라고 여겼습니다. 그래서 갈릴레이는 관성의 법칙을 도출할 때도 관성원운동을 먼저 생각했습니다. 이 부분은 제 3장에서 더 자세하게 이야기하도록 하겠습니다. 여기에서는 그가 관성운동을 원운동이라 생각했다는 점만 기억하도록 합시다.

갈릴레이로부터 시작된 망원경을 통한 관측은 유럽 전역의 과학자들에게 유행처럼 번졌습니다. 1656년 크리스티안 하위헌스Christiaan Huygens, 1629~1695는 망원경을 통하여 토성의 고리와 토성의 위성 타이탄을 확인합니다. 1664년 영국의 로버트 훅Robert Hooke, 1635~1703은 목성의 대적반을 발견합니다. 1672년에는 조반니 도메니코 카시니Giovanni Domenico Cassini, 1625~1712가 충의 위치에 있을 때 화성을 관측하여 화성의 표면에 대한 자세한 지도를 그렸습니다. 또 목성과 화성의 자전 주기를 측정하기도 했습니다. 1675년에는 올레 크리스텐센 뢰머Ole Christensen Rømer, 1644~1710가 목성 주위를 도는 위성 이오의 식蝕을 관측하다가 빛의 속도가 유한하다는 사실을 발견하고 빛의 속도를 측정합니다. 1682년에는 영국의 에드먼드 헬리Edmund Halley, 1656~1742가 혜성을 관측하여 그 주기를 알아냅니다.

이전에 100년에 한 번 있을까 말까하던 발견이 몇 년마다 하나씩 나타났습니다. 이 모든 것이 망원경의 발명 덕분에 이루어진 것입니다. 그리고 갈릴레이가 우주에 대한 아리스토텔레스적 관점을 철저하게 부숴버린 덕분이기도 합니다. 우주는 이제 완전한 이데아의 구현도 아니며, 기하학적 세계도 아닙니다. 우주에는 태양과 같은 별들이 수없이 많고, 혜성이 포물선을 그리며 날아가고, 행성들은 자신의 위성을 거느리고 태양을 중심으로 타원 궤도를 그리는 곳이었습니다.

뉴턴의 우주, 하늘과 땅을 평등하게 하다

갈릴레이 이후 물밀 듯 터져 나온 천체 관측의 결과로 아리스
토텔레스적 우주관으로는 더 이상 이 우주를 감당할 수 없는 지경
이 됩니다. 새로운 우주관이 필요했습니다. 이론이 관측에 답해야
할 시기가 된 것이죠. 그리고 답을 한 이는 뉴턴이었습니다. 하지만
뉴턴의 '만유인력의 법칙'과 '힘의 3법칙'이 어느 날 사과가 떨어지
는 것을 보고 느낀 찰나의 직관에서 비롯된 것은 아닙니다. 뉴턴이
인용한 구절처럼 그는 '거인의 어깨' 위에 있었습니다. 코페르니쿠
스, 케플러, 갈릴레이, 데카르트, 그리고 하위헌스처럼 우주의 비밀
을 조금씩 풀어가던 선배들이 없었다면 뉴턴도 존재하기 힘들었을
겁니다. 물론 거인의 어깨 위에 있었다는 사실이 《프린키피아》의
위대성을 눈곱만큼이라도 훼손시키지는 못합니다.

새로운 우주론은 필연적으로 역학적 토대를 새로 구축해야만
했습니다. 아리스토텔레스가 주장한 역학 체계는 이미 낡은 것으로
판명되었습니다. 새로운 역학의 시작은 이슬람에서부터 시작되었
습니다. 이슬람의 이븐 시나Ibn Sina, 980~1037가 주장한 '숨은 힘의 덩
어리'는 유럽으로 넘어와서 장 뷔리당Jean Buridan, 1295?~1363에 의해 임
페투스 역학이 되었습니다. 그리고 임페투스 역학은 다시 갈릴레이
에게 영향을 끼쳤지만 부정당합니다. 새로운 역학은 갈릴레이에서
시작됩니다. 갈릴레이는 일정한 속도로 운동하는 것과 정지한 것이
보는 이의 관점에 따라 다르지만 결국은 같은 것이라는 '갈릴레이
의 상대성이론'을 발견합니다. 고전역학이 올라갈 아주 튼튼한 토
대를 놓은 것이지요. 그 위에 데카르트가 해석 기하학을 올려놓고

하위헌스가 힘을 보탭니다.

그리고 로버트 훅이 있었습니다. 로버트 훅은 당시 영국의 대표적인 실험 과학자였습니다. 생물학, 화학, 물리학, 천문학, 건축학에 이르기까지 다양한 분야에 관심을 가지고 있었으며 실제로 다대한 업적을 남겼습니다. 하지만 그는 애초에 보일의 실험조수로 시작해서 항상 자신이 본 것, 고안한 것, 실험한 것을 위주로 일을 해나간 사람이라서 수리적 체계화에는 큰 관심과 재능을 보이지 않았습니다. 그는 용수철 실험을 통해서 탄성력이 늘어난 길이에 비례한다는 사실을 확인합니다. 그리고 이를 이용해서 자석의 힘이 거리의 제곱에 반비례한다는 것을 발견합니다. 물론 이런 '역제곱의 법칙'을 훅만 발견한 것은 아니었습니다. 당시 자기력에 관심을 가지고 실험을 하던 이들은 대부분 귀납적으로 이를 알고 있었습니다. 그리고 행성의 운동에 이를 적용하려 한 것도 그뿐만은 아니었습니다.

하지만 훅은 이를 정량적으로 파악했고, 뉴턴에게 알려주었으며 이에 대한 수학적 체계화를 권유하기까지 합니다. 뉴턴의 발견에 훅이 절대적인 공을 세웠다고 할 수는 없지만 대단히 큰 영향을 준 것은 맞습니다. 훗날 뉴턴에게 멸시당하며 엄청난 모욕에 시달린 훅으로서는 어쩌면 후회할만한 권유였을지도 모르겠습니다. 실제로 훅은 뉴턴의 만유인력의 법칙에 대해 자신의 역제곱의 법칙을 표절했다고 항의하기도 했습니다. 그러나 뉴턴의 만유인력의 법칙은 공식의 중력을 최초로 제대로 정리했다는 점에서 굉장히 큰 의미가 있습니다.

그리고 이 모든 결과 위에 뉴턴이 있었습니다. 1687년에《프린키피아》, 정확하게는 '자연철학에 대한 수학적 원리'가 세상에 나왔습니다. 그리고 세상이 바뀌었습니다. 그의 법칙을 잠시 음미해봅시다. 먼저 힘의 3법칙이 있습니다.

· 관성의 법칙: 모든 물체는 외부에서 작용하는 힘이 없을 때 자신의 운동 상태, 즉 속력과 방향을 유지하려는 성질이 있다.

· 힘과 가속도의 법칙: 물체의 가속도(속도의 변화량)은 그 물체에 작용하는 힘에 비례하고, 물체 자신의 질량에 반비례 한다.

· 작용 반작용의 법칙: 한 물체가 다른 물체에게 힘을 가하면 그 다른 물체는 원래의 물체에게 같은 크기의 힘을 반대 방향에서 가하게 된다.

이 간단한 3개의 법칙은 그 자체로 아리스토텔레스와의 완전한 이별을 상징합니다. 일단 뉴턴의 법칙은 하늘과 땅을 구분하지 않습니다. 태양도 별도 사과도 모두 이 법칙을 따릅니다. 따라서 하늘과 땅이 모두 이 법칙 아래 평등하게 됩니다. 또 이 법칙에서는 물질에 내재된 속성에 의한 운동이 없습니다. 아리스토텔레스의 역학에 따르면 가벼운 물체는 상승하려고 하고, 무거운 물체는 하강하려고 하는 물질에 내재된 속성이 있습니다. 그런데 뉴턴은 이를 전면적으로 부인했습니다. 뉴턴에 따르면 물, 불, 흙, 공기, 에테르 무엇이든 모든 물체는 등속운동을 하려는 속성만 가지고 있을 뿐입니다. 따라서 만물은 운동의 속성에서도 평등해집니다.

그리고 만유인력의 법칙이 있습니다. 모든 물질은 자신과 상대의 질량의 곱에 비례하고, 서로간 거리의 제곱에 반비례하는 끌어당기는 힘을 가지고 있습니다. 그리하여 모든 문제가 해결됩니다. 갈릴레이가 했던 사고 실험처럼 무거운 물체든 가벼운 물체든 같은 높이에서 떨어지는 모든 물체는 동일한 시간에 땅에 부딪친다는 사실이 수학적으로 증명됩니다. 케플러가 주장한 면적속도 일정의 법칙도 간단한 수식을 통해 당연한 것으로 나타나고, 공전주기의 제곱이 거리의 세제곱에 비례한다는 조화의 법칙도 깔끔하게 확인됩니다. 혹의 역제곱의 법칙도 자연스럽게 증명되었습니다. 그리고 또 다시 천상계와 월하계가 중력이론에 의해 하나가 됩니다. 사과가 떨어지는 것, 달이 지구를 도는 것, 태양을 중심으로 지구가 도는 것, 모든 것이 하나의 이론으로 설명되었습니다.

뉴턴은 마침내 천상계와 월하계를 하나의 힘(중력)과 하나의 이론(고전역학)으로 완전히 통일시켜서 하나님의 뜻이 '하늘에서 그러하듯 땅에서도 이루어진다.'는 것을 만방에 증명합니다.

기술의 발전, 우주를 보는 또 다른 눈

태양계가 확장되다

뉴턴 이후 우주는 만유인력으로 가득 찬 공간이 되었으며 동시에 인간의 이성으로 이해할 수 있는 곳이 되었습니다. 이제 행성, 별, 은하를 중력과 힘의 법칙을 통해 이해하고자 하는 노력이 이어집니다.

1750년 영국의 토머스 라이트Thomas Wright, 1711~1786는 최초로 은하의 형태에 대한 예측을 했습니다. 그는 은하수가 많은 항성들이 중력으로 묶여 회전하는 천체이며 우리가 은하의 내부에서 보고 있기 때문에 하늘에 띠 모양으로 보이는 것이라는 주장을 태양계 관측을 통해 유추했습니다. 즉 우리가 관측하는 행성들의 궤도가 서로 비슷하게 하늘에 띠를 그리듯이 하늘의 은하계도 그럴 것이라고 생각한 것입니다. 불과 5년 뒤인 1755년에 독일의 철학자이자 과학자였던 임마누엘 칸트Immanuel Kant, 1724~1804가 이러한 생각을 발전시켜서 하늘에 보이는 성운들은 은하수와 같은 천체가 멀리 있는 것이라며, 그것을 섬우주Island universe라고 칭했습니다.

보다 높은 배율의 망원경으로 관측한 하늘에는 이전과 달라진 천체들이 있었습니다. 전에는 별이라고 생각했는데, 별이 아니라 구름이나 원반 모양으로 생긴 것들이 망원경에는 보였습니다. 사람들은 이들을 성운이라고도 하고 성단이라고도 했습니다. 혹은 칸트처럼 섬우주라고도 했습니다.

그래서 기존의 천체 목록에서 성운만 따로 분류해야 했습니다. 혜성을 주로 관찰하던 18세기 프랑스의 천문학자 샤를 메시에Charles Messier, 1730~1817는 혜성이 성운과 구별이 잘 되지 않아 관측에 어려움을 겪자 스스로 성운 목록을 만들었습니다. 혜성과 구분을 하기 위해서였죠. 이 목록을 메시에 목록이라고 부릅니다. 그러나 메시에 혼자서 작성한 것이 아니라 그의 아들과 친척도 동원됩니다. 애초의 목적과는 달리 대를 이어 성운 관측과 분류에 힘을 쏟았습니다. 그리하여 M1에서 M110에 이르는 성운 목록이 탄생했습니다.

여기서 참고로 우주의 계층 구조를 알고 넘어가는 것이 좋겠습니다. 우주에 있는 관측 가능한 천체는 별, 그리고 별이 아닌 것으로 구분됩니다. 그중 별은 모여서 성단을 이룹니다. 우주 초기에 은하의 중심에서 비교적 많은 별들이 모여서 형성된 집단을 우리는 구상성단이라고 부릅니다. 반대로 나중에 은하의 팔 부근에서 얼마 되지 않는 별들이 모여 만든 성단을 산개성단이라고 합니다. 그리고 별이 아닌 먼지나 얼음 돌조각 같은 것들을 성간물질이라고 일컫습니다. 이들이 모이면 성운이 됩니다. 성운은 스스로 빛을 내는 발광성운, 다른 천체의 빛을 반사하는 반사성운, 그리고 다른 천체의 빛을 가로 막는 암흑성운으로 나뉩니다. 이런 성운과 성단이 모여 마침내 하나의 은하를 만들지요. 그리고 은하가 몇 개 모여 은하군을 형성하고 은하군들이 모여 은하단이 됩니다. 이 은하단은 다시 우주 거대 구조를 이룹니다.

중력을 가지고 씨름을 하던 비텐베르크 대학의 수학교수 요한 티티우스Johann Daniel Titius, 1729~1796가 1766년 태양계의 행성들 간의 간격에는 일정한 규칙이 있다는 사실을 발견하는데 이를 베를린 천문대 대장이었던 요한 보데Johann Elert Bode, 1747~1826가 1772년에 발표합니다. 티티우스-보데의 법칙입니다.

이 법칙에 따르면 화성과 목성 사이 일정한 곳에 행성이 있어야하는데 발견되지 않고 있다는 사실이 드러났습니다. 당장 사람들은 망원경으로 행성이 있을 것으로 추정되는 곳을 살피기 시작했습니다. 그리고 그곳에서 세레스라는 아주 작은 행성을 발견합니다. 첫 발견의 영예는 1801년 1월 1일 새해 첫날에도 하늘을 보고 있었던 이탈리아의 수도사이자 수학자, 그리고 천문학자였던 주세페 피아치Giuseppe Piazzi, 1746~1826가 차지했습니다. 사람들은 열광했습니다. 그동안 천문학이 이미 존재하는 천체를 관측해 그 사실을 이론으로 만들었다면 이제 이론에 근거해서 새로운 천체를 찾는 일이 가능해졌으니까요.

사람들은 이제 토성의 바깥에도 새로운 행성이 있을 수 있다는 사실에 눈을 돌립니다. 그리고 천왕성을 발견합니다. 그런데 천왕성의 궤도 움직임이 원래 계산했던 것과 미묘하게 다르다는 걸 확인했습니다. 설왕설래가 이어지고 그중에 천왕성 바깥에 다른 행성이 있어서 중력의 영향 때문이라고 생각하는 사람들이 있었습니다. 이제는 망원경이 있으니 걱정할 이유가 없었습니다. 유럽 대륙 곳곳에서 사람들이 밤새도록 새로운 행성을 찾아 하늘을 뒤졌습니다. 그리고 마침내 해왕성을 발견합니다. 여기까지 오자 사람들은 해왕성 바깥에도 뭔가 있을 수 있지 않을까 생각했습니다. 하지만 그 바깥 행성을 찾는 일은 조금 더 오랜 시간이 필요했습니다. 너무 작고 너무 멀었기 때문이죠. 더 높은 배율의 망원경이 필요했습니다.

이런 과정을 통해 태양계의 크기는 끊임없이 확장되었습니다. 그러면서 인간이 알고 있는 우주가 확장되었습니다. 은유적 표현이 아니라 실제로 확장된 것이지요. 아리스토텔레스와 프톨레마이오스의 우주는 고작 토성 바깥에 한 겹의 천구를 더한 우주였습니다. 그런데 지동설이 정설이 되면서 우주는 태양을 중심으로 행성들이 배열되고, 그 바깥에 별들이 배열되었습니다. 그러더니 태양과 별이 같은 취급을 받게 되었고, 별들마다 태양처럼 하나의 체계를 구축한다는 데 생각이 미치면서 우주는 수많은 태양계가 존재하는 곳이 되었습니다.

게다가 태양계가 이전에 비해 더욱 커지면서 다른 항성의 태양계도 이렇게 커질 수 있다는 것을 유추하게 되었습니다. 새로운 행성인 천왕성과 해왕성의 발견으로 태양계의 크기는 이전에 비해 반지름이 두 배 이상 커졌습니다. 그리고 해왕성 밖에 또 다른 행성이 있을 수도 있다는 심증도 생겼습니다. 태양계가 이렇게 쑥쑥 크니 다른 별들의 행성계도 동일하게 커지게 되는 것입니다. 우주는 비온 뒤 죽순이 자라는 것보다 훨씬 더 빠르게 커져 갔습니다.

아마추어 천문학자들의 활약

이 시기는 위대한 아마추어 천문학자들의 활약이 돋보이던 시대이기도 합니다. 그중 단연 발군의 성과를 보인 사람은 윌리엄 허셜Frederick William Herschel, 1738~1822이었습니다. 그는 당시 독일 땅이었지만 영국령이던 하노버에서 음악가의 아들로 태어났고, 아버지를 따라 음악가가 되었습니다. 그러나 허셜이 물려받은 것은 직업만이 아니었습니다. 별을 관측하던 아버지의 취미는 그대로 아들에게 이어졌습니다. 허셜은 낮에는 악기를 연주하고 밤에는 별을 보는 아마추어 천문학자가 되었습니다. 그는 비교적 늦게 별을 관측하기 시작했는데, 그가 37살 때 12살 아래 여동생과 별을 관측하기 시작했습니다. 그야말로 돈은 전혀 되지 않는 취미생활이었습니다.

하지만 둘은 취미라 말하기 어려울 만큼 천문학에 몰두합니다. 그러나 당시 망원경은 너무 비쌌고, 가난한 음악가였던 허셜은 망원경을 구입할 수가 없어 직접 망원경을 제작합니다. 그렇게 밤마다 하늘을 보면서 차근차근 자신의 천문학 실력을 쌓았습니다. 처음에는 가까운 거리에 있는 쌍성을 찾는 것에서 관측을 시작합니다. 지구에서 볼 때 두 별이 가까이 있는 것처럼 보여도 실제로는 각도상으로만 그래 보일 뿐 완전히 떨어져 있는 별이 있이 있습니다. 그리고 실제로 서로의 중력에 얽혀있는 쌍성도 있는데 이 둘을 구분하는 관측과 연구를 무려 30년이나 지속했습니다. 그러던 중 1781년 그는 천왕성을 최초로 발견합니다. 40살이 넘어서 이룬 업적이었습니다.

이 발견으로 그는 왕립학회 회원이 되었고 '왕의 직속 천문학자'라는 칭호를 하사 받습니다. 그리고 정기적인 월급을 받게 되는데, 이때부터는 음악을 완전히 접고 천문학에만 몰두했습니다. 하지만 월급이 많지 않았기 때문에 반사망원경을 제작해서 팔아 재

허셜의 반사망원경. 허셜은 천문역사상 망원경을 가장 많이 만들었다.

성을 충당한했습니다. 갈릴레이가 자신의 망원경을 팔아 과학 연구에 필요한 재원을 확보한 것과도 묘하게 일치하는 대목입니다. 또 더는 천문학자들이 점성술과의 인연을 이어가지 않는다는 걸 반증하는 것이기도 합니다. 갈릴레이 이전의 천문학자 튀코 브라헤나 케플러는 국왕과 귀족들을 위해 점성술을 봐주고 그 대가를 받아서 연구에 썼지만 이제는 천문학자와 점성술사는 완전히 다른 길을 걷고 있었던 것이지요.

그의 연구 성과 중 또 하나의 주목할 만한 것은 성운의 목록을 집대성한 것입니다. 그와 그의 동생 캐롤라인 허셜이 발견한 것에 아들 존 허셜이 발견한 것을 보태어 《New Genaral Catalogue》라는 제목으로 출간했습니다. 이 NGC는 현재도 가장 많이 쓰이는 방식입니다.

이런 눈부신 성과로 허셜은 천문학의 거두가 되었지만 거기서 멈추지 않고 그는 계속 앞으로 나아갔습니다. 그는 성운들에 대한 관측을 토대로 별이 진화한다는 주장을 했습니다. 그러나 19세기가 되었어도 사람들은 아직도 아리스토텔레스와 플라톤의 우주관에서 완전히 벗어나지 못하고 있었습니다. 영원불멸하며 항상 평형 상태를 유지하는 우주라는 기존 관념에 사로잡혀 있던 사람들은 별이 태어나고 자라고 죽는다는 그의 주장을 받아들일 수가 없었습니다. 그의 주장은 약 100년이 지나서야 새로운 과학으로 무장한 이들에 의해 증명됩니다.

1814년 독일의 프라운호퍼Joseph von Fraunhofer, 1787~1826는 태양에서 오는 빛의 스펙트럼을 분석해서 흡수선의 목록을 만듭니다. 햇빛을 프리즘에 통과시키면 무지개가 보입니다. 비 온 뒤 하늘에 펼쳐진 무지개를 보고 놀라고, 물 위의 기름 막에 뜬 무지개를 보고 신기해 하던 인간은 이제 유리로 만든 삼각기둥으로 무지개를 만들었습니다. 그리고 분광학의 발전은 이제 무지개를 연속 스펙트럼이라고 부르게끔 되었고, 그 스펙트럼 사이사이에 그어진 검은색 줄을 관찰하기에 이릅니다.

이 검은색 줄은 태양에서 만들어진 빛이 통과하는 길목에 놓여 있던 원소들의 흔적입니다. 태양의 대기에 존재하는 원소들은 자신의 입맛에 맞는 진동수는 흡수하고 나머지만 태양 밖으로 빠져나갈 수 있도록 허락합니다. 그래서 우리는 연속적인 전자기파의 흐름인 스펙트럼에서 부재의 영역을 파악할 수 있고, 그 부재로부터 태양의 존재를 확인합니다. 태양에도 수소가 있고, 헬륨이 있고, 산소와 탄소 등 지구에서 볼 수 있는 원소들이 대부분 있다는 사실이 그렇게 확인되었습니다.

인류는 이렇게 우주를 보는 또 하나의 눈을 가지게 되었습니다. 분광계는 지상의 일에도 꽤 쓸모가 있었습니다. 분석화학에서도 물질이 방출하거나 흡수하는 스펙트럼을 관찰하여 어떠한 원소들이 있는 지를 확인할 수 있습니다. 그리고 애초의 목적처럼 대부분의 천문대에 분광계가 설치됩니다. 이를 통해 천체에서 오는 약한 빛을 분석하여 천체의 화학적 조성과 물리적 특성을 측정할 수 있게 되었습니다. 이제 10만 광년이 떨어진 별빛에서도 우리는 그 별을 주로 구성하고 있는 물질이 무엇인지 확인 가능하게 된 것입니다. 그리고 이후 도플러 효과를 통해서 천체의 이동 속도를 측정하는 데도 중요한 도구가 됩니다.

우주를 보는 눈이 다양해질수록 우주에 대한 이해도 깊어졌습니다. 망원경은 지속적으로 개량되어 갈릴레이가 처음 만든 것과는 비교할 수 없을 정도로 높은 배율의 렌즈를 가지게 되었습니다. 천체의 일주운동을 자동으로 따라잡는 기계가 망원경에 설치되자 밤하늘을 관측하는 일이 더욱 정교해졌습니다. 이제 누구나 튀코 브라헤보다 더 세밀한 관측이 가능해졌습니다. 거기에 스펙트럼 분석이란 새로운 눈이 더해졌습니다.

다시 이론이 답하다

이탈리아에서 태어나 프랑스에서 활동한 18세기 수학자이자 물리학자 그리고 천문학자인 조제프 루이 라그랑주Joseph Louis Lagrange, 1736~1813는 사실 수학과 물리학, 천문학에 관심이 있는 이들 외에는 잘 알려지지 않은 인물입니다. 그나마 알려진 것은 라그랑주 지점 정도입니다. 라그랑주 지점은 두 천체 사이의 중력의 합이 0이 되는 지점입니다. 그래서 그 곳에 있는 물체는 두 천체 중 어디로도 끌리지 않고 가만히 있을 수 있습니다. 지구와 달 사이의 라그랑주 지점과 태양과 지구 사이의 라그랑주 지점은 우주선이나 인공위성에서 대단히 중요한 역할을 합니다.

라그랑주의 학문적 성과는 단순히 라그랑주 지점의 발견에만 머물지 않습니다. 그는 수학과 물리학 그리고 천문학에 이론적으로 대단히 중요한 기여를 한 수학자이자 이론물리학자입니다. 그는 어려운 과정을 거쳐야 겨우 나오는 뉴턴의 방정식을 약 10분의 1정도의 노력으로도 풀 수 있게 만든 라그랑주 역학도 만들었습니다. 물리학자나 천문학자들이 골머리를 싸매는 삼체문제를 풀 수 있는 특별한 해도 도출했습니다.[5]

피에르 시몽 라플라스Pierre Simon Laplace, 1749~1827도 마찬가지입니다. 라플라스는 18세기 프랑스 출신의 수학자이자 물리학자입니다. 많은 이들에게 라플라스는 낯선 이름이고, 그 이름을 들어본 이들도 라플라스의 악마가 대부분일 것입니다.[6] 하지만 그도 라플라스 역학이라는 중력 및 고전역학과 관련된 중요한 이론적 성과를 거둔 사람입니다.

라그랑주의 해석역학과 라플라스의 천문역학은 이전의 뉴턴 역학을 심화시키고 비틀었습니다. 그 결과 천체의 운동을 해석하는

---

5 삼체문제란 3개의 서로 다른 천체들 사이에 작용하는 중력과 그 결과에 의한 궤도 문제다. 대표적인 것이 태양과 지구와 달이다. 지구는 태양 주위를 둘 사이에 존재하는 중력에 의해 공전한다. 그리고 달은 또 지구 주위를 공전한다. 그러나 엄밀히 말하면 지구와 태양은 둘의 무게 중심을 중심으로 삼아 서로 회전하는 것이며(비록 그 무게 중심이 태양의 내부에 있지만) 지구와 달도 지구 내부에 있는 둘 사이의 무게 중심을 중심으로 서로 회전한다. 그런데 이 셋을 한꺼번에 놓고 중력에 의한 궤도 문제를 풀려면 너무 어려워서 제대로 풀리질 않는다.

6 라플라스가 그의 에세이에서 등장시킨 전지적 존재. 그는 만약 우주에 있는 모든 원자의 정확한 위치와 운동량을 알고 있는 존재가 있다면, 이 존재는 뉴턴의 운동 법칙을 이용해서 현재의 모든 현상을 설명하고, 미래의 모든 현상을 예견할 수 있을 것이라고 주장했다.

것이 훨씬 쉬워졌습니다. 물론 쉽다고 해도 전문가들에게 쉬운 것이고, 우리 일반인들에게는 여전히 어렵습니다. 우리가 바늘 대신 재봉틀을 가진다고 옷을 만들 순 없는 거과 마찬가지입니다. 하지만 천문학자들에겐 획기적인 일이었습니다. 손으로 한 땀 한 땀 바느질을 하듯이 계산을 해야 했는데, 이제는 재봉틀로 주르륵 박듯이 계산할 수 있게 된 것입니다.

그리고 천문학자들은 이를 이용해서 행성들과 위성들의 궤도를 계산하고 예측했습니다. 그 결과 천왕성의 실제 궤도가 이론과 미묘하게 다른 것을 발견했습니다. 여러 가지 모색의 결과는 분명했습니다. 천왕성 바깥에 새로운 행성이 있는 것이었지요. 과학자들은 새로운 행성이 있을 것이라 생각되는 곳을 계산했고, 관측 결과 그곳에 행성이 있었습니다. 이를 예측했던 이는 프랑스의 위르뱅 르베리에Urbain Le Verrier, 1811~1877와 영국의 존 카우치 애덤스John Couch Adams, 1819~1892였습니다.

천문대의 컴퓨터는 사람이었다

1850년 하버드 천문대가 망원경에 사진 은판을 연결해서 별의 사진을 찍었습니다. 사진의 발명은 회화에도 큰 영향을 주었지만 천문학에도 지대한 영향을 주었습니다. 노출시간을 늘린 사진은 별빛을 시간으로 축적시켜 눈으로만 보던 별을 훨씬 선명하고 밝게 보여주었습니다. 또한 북극성에 초점을 맞추고 장시간 노출시킨 사진은 별들의 일주운동을 아주 선명하게 보여주었습니다.

그리고 하늘을 잘게 쪼개어 찍은 수백 장의 사진은 사람의 눈으로 볼 때보다 별들의 위치를 훨씬 더 명확하게 알려 주었습니다. 이제 천문대에선 눈으로 하늘을 보지 않고 사진으로 하늘을 봅니다. 이때쯤 컴퓨터가 등장합니다. 그런데 이 컴퓨터는 지금 우리가 사용하는 컴퓨터가 아닙니다. 이 컴퓨터는 사람입니다. 대부분의 천문대가 매일 수백 장의 사진을 찍어냅니다. 그리고 그 사진을 전날과 그 전날의 사진과 비교하고, 궤도를 계산합니다. 도저히 한두 명이 할 수 있는 일이 아니었습니다. 싼 노동력으로 이를 감당할 수 있는 많은 여성들이 동원됩니다. 이 여성들을 일컬어 컴퓨터라고 불렀습니다. 이름 없는 이들의 노력이 19세기에서 20세기 초중반까지 이어지는 관측물리학의 발달에서 핵심적인 역할을 했습니다.

하버드에서 사진으로 별을 찍던 1850년에서 조금 더 과거를 돌아가 봅시다. 1833년 아마추어 천문학자 프리드리히 베셀Friedrich Wilhelm Bessel, 1784~1846은 밤하늘에서 가장 밝은 별 시리우스까지의 거리를 연주시차를 이용해서 측정하기 시작했습니다. 그런데 실제 관측을 해보니 시리우스의 이동 경로가 조금 미묘하게 이상했습니다. 이제 뚝심을 발휘할 때입니다. 당시 아마추어 천문학자들에게 10년 정도의 관찰은 자신의 인내와 천문학에 대한 사랑을 표현하기에 아주 적합한 시간이었습니다. 10년의 관찰 끝에 1844년 시리우스가 쌍성계를 이루고 있으며, 그 주기는 대략 50년 정도라고 발표합니다. 시리우스의 쌍성이 처한 위치도 예측했으나 워낙 어두운 별이어서 망원경으로 확인할 수는 없었습니다.

그리고 15년 정도 지난 뒤 망원경 제작자인 엘번 클라크Alvan Clark, 1804~1887가 새로운 굴절 망원경을 제작합니다. 그의 아들 앨번

그레이엄 클라크Alvan Graham Clark, 1832~1897는 아직 발견하지 못한 시리우스의 쌍성을 떠올리고, 새 망원경의 시험관측을 하던 중에 시리우스를 관측했습니다. 그리고 발전된 망원경은 결국 시리우스의 쌍성을 발견합니다. 이전에도 보였던 밝은 별은 시리우스 A라 칭하고 새로 발견한 어두운 별은 시리우스 B라 칭하기로 합니다. 최초의 백색왜성의 발견이었습니다.

그런데 백색왜성의 발견은 어떤 의미가 있는 것일까요? 발견 당시에는 백색왜성의 발견은 커다란 의미가 없었습니다. 단지 저런 정도로 어두운 별이 있다면 우주에 우리가 생각했던 것보다 훨씬 더 많은 별들이 있을 수 있겠다는 짐작 정도였습니다. 그러나 백색왜성은 별의 마지막 모습이었습니다. 밝게 혹은 푸르게 빛나던 모든 별들이 언젠가는 어둡고 작은 왜성이 되는 것이지요. 항상 그곳에 있을 거라 여겼던 별도 사실은 수명이 있었던 것입니다. 하지만 태양을 포함한 별들이 어떻게 저렇게 밝게 빛나고 또한 어떻게 사라지는지를 알려면 더 많은 이론이 필요했습니다.

20세기 천문학의 시작, 아인슈타인

그런 상황에서 20세기가 시작됩니다. 숨 가쁘게 달려왔던 16~19세기까지의 천문학 발전은 우주에 대한 새로운 이해를 요구했습니다. 그리고 아인슈타인은 20세기의 벽두에 그 첫 해답을 내놓습니다. 1905년 기적의 해라고 일컬어지는 그해에 아인슈타인Albert Einstein,1879~1955은 논문 3개를 발표합니다. 특수상대성이론, 광양자설, 브라운 운동이 그것입니다. 브라운 운동에 대한 아인슈타인의 해석은 그때까지도 논란이 되고 있던 원자설(원자가 과연 실재하는 입자인가에 대한)을 최종 심판하는 성격을 가지고 있었습니다. 아인슈타인이 브라운 운동을 해석하면서 이제 원자는 실재하는 것이 됩니다. 무려 2,000년이 지나서 플라톤과 아리스토텔레스가 한편이 되어 데모크리토스Democritos, BC 460?~BC 370?와 벌였던 긴 논란이 마침내 데모크리토스의 승리로 끝난 것입니다.

아인슈타인이 노벨물리학상을 수상하게 했던 광전효과에 대한 새로운 해석은 막스 플랑크Max Planck, 1858~1947의 양자가 단순히 흑체 복사 문제를 해결하기 위한 임시방편이 아니라 빛이 가지고 있는 물질과 파동의 이중성을 보여주는 실체라는 것을 증명했습니다. 그리고 이 광양자설이야말로 이후 양자역학이 형성되는 데 지대한 역할을 합니다.

그리고 마지막으로 특수상대성이론은 일정한 속도로 움직이는 관성계에서 빛의 속도가 누구에게도 일정하게 보인다는 아주 단순한 가정으로부터 물질의 질량과 속도의 관계 그리고 공간과 시간의 관계를 획기적으로 재구성합니다. 이러한 아인슈타인의 이론에 대한 상세한 이야기는 역학을 다룬 3장에서 상세하게 설명하기로 합시다. 여기서 우리가 주목해야 할 첫 번째는 바로 $E=mc^2$라는 공식입니다. 물질과 에너지가 등가라는 이 공식으로 말미암아 우리는 태양과 별이 어떻게 수십억 년의 긴 시간 동안 저렇듯 거대한 에너지를 매 순간 생성하고 배출하면서도 존재할 수 있는지에 대한 이론적 단서를 잡게 됩니다. 그리고 마찬가지로 지구의 역사가 얼마나 오래되었는지에 대한 관측도 가능해졌습니다.

아인슈타인에 가려졌지만 이 위대한 1905년에 헤르츠스프룽 Hertzsprung, 1873~1967과 러셀Henry Norris Russell, 1877~1957은 색과 광도에 따라 별들을 나눈 분류표를 발표합니다. 이후 이 별의 분류표는 별들의 일생을 한 눈에 볼 수 있는 헤르츠스프룽-러셀도표, 줄여서 H-R도가 됩니다. 이를 통해 우리는 별의 일생을 알 수 있게 되었습니다. 우주의 먼지들이 어떻게 별이 되는지, 별이 붉게 혹은 푸르게 타오르다가 백색왜성이 되거나 중성자별 혹은 블랙홀Black Hole이 되는 과정을 알 수 있게 되었습니다. 물론 1905년 그 당시는 아니었습니다. 1905년 아인슈타인이 발표한 에너지-물질 등가의 원리가 시작이긴 했지만.

이를 통해 별의 에너지원이 수소의 핵융합이라는 사실이 밝혀지면서 별의 에너지원이 다 타면 어떠한 일이 일어나는지 계산할 수 있게 되었습니다. 그리고 별이 질량에 따라 서로 다른 일생을 산다는 사실도 확인되었습니다. 이 모든 것이 같은 1905년에 발표된 H-R도에 담겨, 별의 일생을 한 눈에 보게 한 것입니다. 이 H-R도는 지금도 대학 천문학과에서 반드시 배우도록 합니다.

그리고 1912년 하버드의 여성 천문학자 헨리에타 스완 리비트 [7]Henrietta Swan Leavitt, 1868~1921가 세페이드 변광성의 주기가 절대등급과 관련 있다는 사실을 발견합니다. 이는 천문학에 있어 굉장히 중요한 하나의 변곡점을 이루는 것이었습니다.

---

7 앞서 언급했던 것처럼 천문대에선 수많은 컴퓨터를 고용했다. 리비트도 고용된 컴퓨터 중 한 명이었다. 당시 여자들은 망원경을 만질 수도 없었고, 받는 돈도 일반 사무직 급여의 절반 정도인 저임금이었다. 리비트는 대학을 졸업했지만 역시나 마찬가지였다.

가까운 별은 연주시차를 이용해서 측정하고 알 수 있었습니다. 그런데 멀리 있는 별은 거리 측정이 어려웠습니다. 연주시차를 이용해 측정하는 방법은 지구가 궤도의 한쪽 끝에 있을 때와 다른 쪽 끝에 있을 때의 별의 각도 차이(시차)와 지구의 공전 궤도 반지름을 이용해서 별까지의 거리를 재는 것입니다. 이는 아주 쉬운 삼각법에 따른 것이라서 계산하기는 용이하나 멀리 있는 별까지의 거리를 제대로 측정하지 못했습니다. 이 방법으로 잴 수 있는 별은 우리은하 안에서도 태양계와 가까운 별로만 한정됩니다. 시차가 0.01초보다 작은 경우에는 이 방법을 적용할 수 없었습니다. 그래서 우리은하에서 꽤 가까운 안드로메다은하마저도 이 방법으로는 그 거리를 알 수 없었습니다. 이런 한계 때문에 천문학자들은 안드로메다나 마젤란성운 같은 천체가 우리은하의 밖에 있는지 아니면 우리은하 안의 성단인지를 알 수 없어서 지루한 논쟁을 계속했습니다.

하지만 리비트는 밝기가 변하는 주기가 같은 세페이드 변광성들은 모두 절대등급(별의 원래 밝기)이 같다는 사실을 발견합니다. 이제 별을 포함하고 있는 성단이나 은하까지의 거리를 재는 새로운 방법이 생겼습니다. 우리 눈에 보이는 밝기와 실제 밝기를 비교하기만 하면 아주 간단한 계산을 거쳐 거리를 계산할 수 있습니다. 물론 여기에도 한계가 있는데, 아주 먼 은하들의 경우 변광성 자체를 보기가 어렵습니다. 성능이 좋은 망원경으로 보더라도 은하 자체가 하나의 점으로 보이기 때문입니다. 너무 멀어서 그 은하에 속한 별 하나하나를 볼 수가 없는 것이지요. 이런 경우에는 적색편이를 이용합니다. 하지만 적색편이를 이용할 수 있다는 걸 알기 위해서는 먼저 우주가 팽창하고 있다는 사실을 발견하는 것이 먼저였습니다.

확장되는 우주, 변방으로 밀려난 지구

아인슈타인의 역동적인 우주?

그리고 마침내 1914년 아인슈타인은 일반상대성이론을 발표합니다. 리만 기하학이라는 비유클리드 기하학을 가지고 매우 어렵게 서술된 이 논문에서 아인슈타인은 시공간이 물질 및 에너지와 상호작용하는 존재라는 폭탄선언을 합니다. 이를 통해 뉴턴의 우주는 아인슈타인의 우주로 대체됩니다. 뉴턴의 역학은 좁은 거리, 느린 속도, 작은 질량에서는 아주 잘 맞는 이론이지만 우주처럼 규모가 커지면 오차가 발생합니다. 하지만 아인슈타인의 일반상대성이론에 의해 새롭게 탄생한 우주는 인간이 상상할 수도 없었던 빠른 속력과 엄청난 질량에 대해서도 정확한 답을 알려줍니다. 거기에 덧붙여 일반상대성이론은 우리에게 정적이고 변함없는 우주 대신에 내부의 물질 및 에너지가 끊임없이 상호작용을 하는 역동적인 새로운 우주의 모습을 보여 줍니다.

새로운 이론이 나타나면 이를 통한 여러 가지 흥미로운 실험과 시뮬레이션, 그리고 다양한 시도가 있기 마련입니다. 일반상대성이론이 발표되었을 때도 마찬가지였습니다. 1917년 빌렘 드 지터Willem de Sitter, 1872~1934가 그리고 1922년 알렉산더 프리드만Alexander Friedmann, 1888~1925이 일반상대성이론에 따르면 우주가 팽창한다는 걸 수학적 계산 끝에 증명해 냅니다. 이에 대해 아인슈타인은 팽창하거나 줄어드는 우주가 아닌 평형 상태에 있는 우주를 만들기 위해 우주상수를 추가합니다. 우주상수란 진공이 가지고 있는 에너지를 뜻합니다. 일반상대성이론에 따르면 시공간 자체가 에너지를 가질 수 있습니다. 그 에너지의 값을 0이 아닌 다른 상수로 미세조정을 하면 우주 전체가 팽창하거나 수축하지 않게끔 할 수 있습니다.

그런데 여기에서 아인슈타인의 한계가 나타납니다. 물론 우주상수 자체는 현재까지도 그 값이 얼마인지에 대해 대단히 활발히 논의 중이고 음이 아닌 양의 값을 가진다고 많은 천문학자와 물리학자들이 생각합니다. 어떤 이들은 우주상수를 도입한 아인슈타인의 선견지명을 예찬하기도 합니다. 그러나 그와는 별개로 아인슈타인이 우주를 정적이고 크기와 곡률이 변함없는 우주로 상정했다는 것은 의미하는 바가 큽니다. 이는 플라톤 이래로 내려온 정상우주론이기 때문입니다.

실제로 여러 신화를 살펴보면 우주는 신이 창조했고 언젠가는 파국을 맞는다는 직선적 세계관을 가지고 있습니다. 성경도 그리스 신화도 그렇습니다. 하지만 플라톤 이래로 그리스의 자연철학은 우주를 이데아의 모사에 의해 이루어진 완벽한 공간이며 따라서 처음보다 먼저이고 끝보다 나중이라고 선언합니다. 영속적인 공간이지요. 시간도 시작도 끝도 없는 영원한 그 무엇이라고 생각하는 것입니다. 따라서 그리스 자연철학에 있어서 시간은 단지 물질의 운동을 기술하고, 사건들 사이의 인과관계를 설정하기 위해서만 필요한 개념일 뿐 실재하지 않는 것입니다. 이런 생각이 2,000여 년 동안 아무런 의심도 받지 않고 이어져 내려왔고 그 전통 위에 아인슈타인도 있었던 것입니다. 그런데 자신의 이론이 이 우주에 시작과 끝을 만들고 (팽창한다는 것은 이미 과거로 시선을 돌리면 수축한다는 뜻이란 것 쯤 모른 아인슈타인이 아니다.) 변화를 만들다니! 아인슈타인은 이론적 엄밀성을 따질 겨를도 없이 우주상수를 도입해 우주를 안정시킵니다. 그리고 새로운 발견이 이를 부정하기까지는 조금 더 시간이 흘러야 했습니다.

1919년 아서 에딩턴Arthur Eddington, 1882~1944은 일식 중 태양 근처를 지나는 빛의 경로가 태양의 질량에 의해 변화되는 것을 관측합니다. 이를 통해 일반상대성이론은 검증을 끝냈고 세상은 아인슈타인의 천재성에 감탄합니다. 사실 이때 관측 결과의 정확성에 대해서는 논란이 있습니다. 그러나 이미 대부분의 과학자들은 일반상대성이론이 옳다고 판단하고 있었고, 또한 이전에 특수상대성이론과 광양자설, 브라운 운동에 대한 해석 등을 통해 아인슈타인의 권위가 확실히 자리 잡았기 때문에 별다른 이견 없이 받아들여집니다. 그 뒤 거의 100년 동안 여러 차례 실험을 통해 일반상대성이론은 확고하게 자리 잡습니다. 심지어 우리가 쓰는 휴대폰 속 GPS는 일반상대성이론으로 보정하지 않으면 제대로 작동하지도 않습니다.

1923년 에드윈 허블Edwin Powell Hubble, 1889~1953이 혜성과 같이 등장합니다. 사실 허블은 당시 미국에서는 이미 꽤 유명인사였습니다. 다만 역사 속에 등장하는 것은 이때가 거의 처음입니다. 그는 안드로메다의 세페이드 변광성을 관측하여 안드로메다가 우리은하의 바깥에 있다는 사실을 확인합니다. 당시 우주의 크기를 놓고,

그리고 은하를 놓고 벌이던 논쟁에 마침표를 찍은 것이지요.

우주는 하나의 점에서 시작됐다

이렇게 우주는 다시 확장됩니다. 이제 우주는 수많은 태양계가 존재하는 곳이 아니라, 태양계를 품은 은하들이 수없이 존재하는 곳이 되었습니다. 지구와 태양 사이의 거리를 재는 A.U.[8]라는 단위는 이제 우주에서의 거리를 측정하는 데 더는 적합하지 않게 되었습니다. 광년Light year라는 단위가 쓰이고 그 단위로도 몇백만, 몇천만 광년이라는 거리가 우주를 재는 것이 되었다. 그러나 그렇게나 넓은 우주도 사실은 실재 우주의 1000의 1도 되지 않는다는 걸 그 당시의 사람들이 알았다면 어떤 표정을 지을까요?

우주가 팽창하고 있다는 사실을 확인했을 때부터 예상했던 것처럼 1927년 벨기에의 신부이자 물리학자인 조르주 르메트르Georges Lemaître, 1894~1966가 '우주는 물질과 높은 에너지의 집합체가 초기에 폭발하면서 탄생했고, 그 후로 줄곧 팽창하고 있는 상태'라고 주장합니다. 하지만 아직 일반상대성이론에 비추어 우주가 팽창할 수도 있다는 이론적 결과만 나온 것뿐이었습니다. 실제 우주의 어디를 봐도 팽창하고 있다는 증거를 확보할 순 없었습니다. 사람들은 둘

---

8 A.U. astro unit 천문단위라고 한다. 지구에서 태양까지의 평균거리를 1 A.U.로 놓는다. 빛의 속도로 약 8분간 가는 거리. 태양계 내의 거리를 나타낼 때 자주 쓴다. 태양계 외 천체에 대해선 거의 쓰지 않는다.

로 나뉘었습니다. 우주가 먼 옛날 한 점에서 시작해서 지금껏 팽창하고 있다고 생각하는 사람들과 우주상수의 도입을 반기며 우주는 영원히 현재와 같을 것이라고 믿는 사람들이 있었습니다.

그러나 우주는 바뀔 준비가 되었고, 세상을 바꿀 사람들이 계속 등장했습니다. 1929년 허블은 지구로부터 거리가 먼 은하일수록 적색편이가 더 크다는 관측 사실을 발표합니다. 적색편이란 빛을 내는 물질이 관측자로부터 멀어질 때, 그 빛의 스펙트럼이 붉은색 쪽으로 이동하는 현상을 말합니다. 그리고 적색편이가 크다는 것은 그 물질의 후퇴 속도가 더 빠르다는 것을 의미합니다. 지구를 중심으로 어느 방향의 천체를 관측해도 같은 거리에 있는 것들끼리는 항상 같은 정도의 적색편이가 발견되었고, 거리가 멀수록 그 거리에 비례하여 적색편이는 커졌습니다. 마침내 우주의 모든 천체는 지구로부터 멀어지고 있다고 밝혀진 것입니다.[9]

이제 누구도 우주가 팽창하고 있다는 것을 부정할 수 없게 되었습니다. 하지만 항상 어디에나 구체제를 수호하는 이들은 있기 마련입니다. 정상우주론을 주장하는 천문학자와 물리학자들이 나섰습니다. 관측 사실을 부정할 수 없으니 이들도 우주가 팽창하고 있다는 것은 인정했습니다. 그렇지만 공간이 팽창할 때마다 새로운 물질이 생겨나서 우주 전체의 밀도는 항상 일정하다고 주장했습니다. 이런 식의 저항은 보는 이들마저 안타깝게 할 정도로 우스울 뿐

---

9 물론 이 말에는 예외가 있다. 은하계 안의 천체들, 그리고 우리은하와 같은 국부은하단에 속하는 천체들은 그렇지 않다. 이 정도의 가까운 거리에서는 만유인력에 의해 서로 끌리는 정도가 공간의 팽창을 상쇄한다.

이었습니다.

1948년 헤르만 본디
Hermann Bondi, 1919~2005와 토마
스 골드Thomas Gold, 1920~2004, 프
레드 호일Fred Hoyle, 1915~2001이
이러한 정상우주론을 발표합
니다. 같은 해에 조지 가모프
George Gamow, 1904~1968와 랠프 앨
퍼Ralph Asher Alpher, 1921~2007도 빅

조지 가모프의 쪽지. "호일이 더는 우주론의 험한 세상에서 허우적거릴 필요가 없게 돼 기쁘다"고 적혀 있다.

뱅이론을 발표합니다. 그리고 만약 정말 빅뱅이 있었다면 우주 초기에 전 우주를 가득 채웠던 우주배경복사[10]를 확인할 수 있을 것이라고 예언했습니다. 또 그 우주배경복사가 가지는 파장에 대해서도 예측을 했습니다. 하지만 그 예측이 실지로 검증되는 데는 꽤 오랜 시간이 걸렸습니다. 그로부터 거의 30년 가까이 지난 1965년 벨연구소의 아노 펜지어스Arno Allan Penzias, 1933~와 로버트 윌슨Robert Woodrow Wilson, 1936~이 약간의 행운이 동반된 채 우주배경복사를 탐지합니다. 우주가 자신이 무로부터 태어났다는 증거를 인간에게 보여주었습니다.

---

10 빅뱅이후 우주는 높은 에너지 밀도에 의해 전자가 양성자에 붙잡혀 있지 않고 우주 전체가 빠른 속도로 움직이고 있었다. 따라서 이 때는 빛이 진행하는 과정에서 전자에 부딪쳐서 제대로 뻗어나가질 못했다. 우주가 어느 정도 팽창이 된 이후에야 전자의 속도가 느려져 양성자와의 전기적 인력에 의해 속박되게 된다. 그리고 나서야 빛은 전자의 방해 없이 전 우주를 향해 뻗어 나간다. 이 빛은 지금도 우주 전체를 관통하고 있다. 하지만 우주가 팽창함에 따라 빛이 가진 에너지가 줄어들어 현재는 2.725K의 온도로 낮춰졌다. 이를 우주배경복사라 한다.

블랙홀과 암흑물질이 나타나다

일반상대성이론이 20세기 천문학에서 가장 인기 있는 아이템 중 하나인 블랙홀도 예측했습니다. 1916년 독일의 카를 슈바르츠실트Karl Schwarzschild, 1873~1916는 아인슈타인의 일반상대성이론에 기초해 블랙홀의 존재를 예상했습니다. 그는 제1차 세계대전 중에도 블랙홀의 존재를 예상할 만큼 영민했지만 전쟁에서 얻은 병은 그를 물리학에서 떼어 내고 맙니다.

그런데 아인슈타인의 일반상대성이론이 아니라 뉴턴의 만유인력으로부터 블랙홀이 존재할 수 있을 거란 생각을 했던 이들이 있었습니다. 1783년 존 미첼John Michell, 1724~1793은 영국 왕립학회의 헨리 캐번디시Henry Cavendish, 1731~1810에게 보낸 편지에서, 1796년 피에르 시몽 라플라스는 그의 저서 《우주 체계 해설》에서 만약 빛이 다른 물체들과 마찬가지로 관성량에 비례하는 인력을 받게 된다면 중력이 아주 강한 천체에서는 빠져나올 수 없을 거란 추측을 했습니다. 그러나 그때만 하더라도 질량이 없는 빛이 중력의 영향을 받을 거라는 주장은 거의 무시당했고, 그런 주장도 막연한 추측 이상은 아니었습니다.

카를 슈바르츠실트는 블랙홀이 이론적으로 가능하다는 것을 증명한 뒤에 블랙홀이라는 개념은 물리학과 천문학의 경계, 그리고 과학의 경계를 넘어서 일반 대중에게도 호기심을 끌게 되었습니다. 그리고 곧이어 과학적 근거가 빈약한 화이트홀White Hole과 웜홀Worm Hole이라는 개념까지 파생시킵니다.

1932년 과학자들은 우리은하의 중심에서 전파가 방출되고 있음을 관측하게 됩니다. 그러나 망원경으로 아무리 살펴봐도 은하의 중심에는 거대한 암흑만 있을 뿐이었습니다. 그때부터 과학자들은 은하의 중심에 블랙홀이 있는 것은 아닐까라는 추측을 하게 됩니다. 이후 정밀한 관측을 통해 블랙홀이 실제로 존재한다는 것을 알게 되었습니다. 그리고 지금은 대부분의 은하 중심에는 블랙홀이 존재한다고 확신하고 있습니다.

바로 그 다음 해인 1933년 프리츠 츠비키Fritz Zwicky, 1898~1974는 은하 외곽의 천체들이 은하를 도는 공전 속도가 계산보다 훨씬 빠르다는 걸 발견합니다. 여러 가지 궁리 끝에 그는 암흑물질Dark Matter을 제안합니다. 은하의 중심과 헤일로에 거대한 만유인력을 일으켜 은하 주변부의 천체를 더 빠른 속도로 회전시키는 물질이 있다는 것입니다. 그런데 이 물질을 도저히 발견할 수 없어서 보이지 않는 물질이란 의미로 암흑물질이라고 명명합니다. 그런데 계산해보니 암흑물질의 총질량이 우리가 알고 있는 우주의 모든 물질의 총질량보다 약 5.5배 정도 더 많았습니다. 2,000년을 넘게 하늘을 관측했고, 17세기 이후 천문학이 눈부시게 발전했지만 우리가 알고 있는 물질보다 훨씬 많은 양의 물질이 우리 눈에 보이지 않게 우주에 존재하고 있던 것입니다.

1938년 한스 베테Hans Bethe, 1906~2005와 칼 프리드리히 폰 바이츠제커Carl Friedrich von Weizsacker, 1912~2007가 별의 에너지원이 수소의 핵융합이라고 발표합니다. 핵융합이론의 기원은 아인슈타인의 특수상대성이론입니다. 아인슈타인은 1905년 질량을 가진 물체는 그 질량에 광속의 제곱을 곱한 것만큼의 에너지를 가진 것이라 말했습니다. 그리고 에너지와 질량의 등가성을 주장했습니다. 핵융합이론은 바로 이 지점에서 시작됩니다. 수소원자가 모여 헬륨의 원자핵이 될 때, 아주 약간 질량이 감소합니다. 그리고 그만큼의 에너지가 나오는데 이것이 태양의 에너지원이 됩니다. 이제 별이 왜 그리 오래 타오르는지, 아니 얼마나 오래 타는지를 알게된 것이지요. 그리고 앞으로 얼마나 더 타게 되는지도 예측 가능해진 것입니다. 뿐만 아니라 별의 질량이 어느 정도인지에 따라 별의 일생이 얼마나 될지도 추측할 수 있게 되었습니다.

우주를 보는 새로운 눈

그 다음 해 1937년에는 세계 최초의 전파망원경이 설치됩니다. 하늘을 보는 눈이 또 하나 생긴 것입니다. 사실 우리가 하늘에 있는 별을 관측하는 것은 대단히 능동적인 행위이지만 그 속내를 들여다보면 수동적이기도 합니다. 별이 스스로 만들어 낸 빛 중 몇십억 분의 몇십억 분의 일이 우리 눈의 시각세포에 닿기만을 기다리는 행위이기 때문이지요.

또한 우리가 눈으로 볼 수 있는 것은 별이 내놓는 신호 중 아주 일부분일 뿐입니다. 별은 전파, 엑스선, 감마선, 그리고 적외선과 자외선으로도 자신의 빛을 내놓습니다. 이 사실을 우리가 알게 된 지는 불과 100년이 조금 넘었습니다. 우리 눈이 감지하는 가시광선 이외의 영역으로 천체들이 내놓는 신호를 잡기 위한 역사도 채 100년이 되지 않습니다. 전파망원경이 그 시작이었습니다. 이후에 사람들은 적외선망원경을 만들었고, 엑스선망원경도 개발했습니다.

미국 뉴멕시코주의 VLA(Very Large Array) 전파망원경

최근에는 비교적 가까운 달이나 화성 등에는 우리가 직접 우주선을
보내서 적극적으로 그 속내를 살피기도 합니다. 하지만 태양계를
벗어난 저 광활한 우주에 대해서는 그들이 내놓는 신호를 놓치지
않고 잡는 것 이상의 방법은 아직 없습니다.

19세기 중반 이후부터의 천문학은 천체들이 내놓는 여러 신호
를 빠짐없이 잡기 위한 시도의 연속이었습니다. 전파의 경우도 그
렇습니다. 우리는 간단히 전파라고 말하지만 진동수에 따라서 초단
파, 단파, 중파, 장파 등 다양한 영역의 전파가 있습니다. 그리고 전
파가 전달하는 정보도 그만큼 다양합니다. 우리가 전파망원경을 하
나 만들었다고 모든 파장의 전파를 잡을 수는 없습니다. 일정한 영
역의 전파만을 보는 것입니다. 따라서 다양한 영역의 전파를 잡으
려면 그만큼 다양한 종류의 전파망원경을 만들어야 합니다. 그리고
망원경의 대물렌즈가 크면 클수록 더 자세한 정보를 모을 수 있는
것처럼 전파망원경도 구경이 커야 더 세밀한 정보를 얻을 수 있습

니다. 엄청난 규모의 전파망원경을 만드는 것은 바로 이러한 이유 때문입니다. 자외선, 적외선, 엑스선 등 다양한 영역의 망원경을 만드는 것도 같은 이유입니다.

하지만 또 다른 문제가 있습니다. 신호는 거의 진공이나 다름 없는 우주를 달려올 때 주변에 상호작용할 물체가 별로 없어서 가지고 있는 정보의 손실도 거의 없습니다. 그러나 지구 대기에 들어오는 순간, 지구 자기장과 만납니다. 또 대기권의 다양한 기체 분자들과 만나며 여러 가지 상호작용을 하게 됩니다. 이러한 상호작용은 우리에게 전달할 정보를 대기 중에 흩어버리는 결과를 낳습니다. 그래서 우리는 그 신호를 되도록 손실되지 않은 상태에서 받으려고 망원경을 우주로 띄웠습니다. 가장 유명한 우주망원경은 허블망원경이지만 그 외에도 다양한 파장의 전자기파를 잡기 위한 망원경을 우주로 쏘아 올렸습니다. 20세기 후반부터 우리가 얻는 우주에 관한 정보 중 이 우주망원경으로 관측된 자료들은 대단히 중요한 의미를 갖습니다.

로켓은 먼저 무기로 개발되었습니다. 그리고 제2차 세계대전이 끝난 뒤에야 로켓에 탑재되어 대기권 밖에서 자신의 임무를 수행할 위성체가 개발됩니다. 여러 과학 분야가 눈부시게 발전한 덕분에 가능한 일이었습니다. 산소와 수소를 액화시켜 연료로 만드는 것, 로켓의 분사를 세밀하게 제어하는 기술, 위성체가 일정한 속도와 방향으로 지구 주위를 돌 수 있도록 제어하는 기술, 그리고 이 위성체를 원격 조정하는 기술 등이 필요했습니다.

이 모든 것을 해결하고 처음으로 지구를 안정적으로 돈 위성은 1957년 옛 소련의 스푸트니크였습니다. 이후 수많은 인공위성들이 우주로 쏘아졌습니다. 대부분은 지구 주위를 돌며 우주에서 본 지구의 모습을 우리에게 알려 주었습니다. 그리고 일부는 달, 화성, 금성으로 향했습니다. 이제 우주선들은 목성과 토성, 명왕성, 그리고 카이퍼 벨트Kuiper Belt와 오르트 구름대Oort Cloud까지 도달했습니다. 그곳에서 우리가 몰랐던 태양계 이웃들의 내밀한 삶을 우리에게 알려줍니다. 천문학은 이제 보는 학문에서 직접 찾아가는 학문으로 바뀌고 있습니다.

카이퍼 벨트

명왕성은 미국의 천문학자들에게 하나의 자부심이었습니다. 망원경으로 관측할 수 있는[11] 모든 행성은 유럽에서이 발견했지만 명왕성만큼은 미국이 발견했기 때문입니다. 그러나 가혹하게도 전 세계의 천문학자들은 명왕성의 행성 지위를 박탈했습니다. 그 대신 왜소행성Dwaft Planet으로 분류했습니다. 왜냐하면 명왕성 주변에는 명왕성만큼은 아니더라도 명왕성에 버금가는 크기의 천체들이 많이 있다는 사실을 확인했기 때문입니다. 그리고 이 천체들은 명왕성 주위를 도는 위성도 아니었습니다. 하지만 이들도 명왕성처럼 태양 주위를 도는 천체들이었습니다. 이 천체들을 모두 행성으로 지칭한다면 수백 개 이상의 행성이 추가될 판이었습니다. 그래서

---

11 수성, 금성, 화성, 목성, 토성은 맨 눈으로도 볼 수 있는 행성들이다. 이들의 존재는 고대 메소포타미아나 인도, 이집트, 중국 등 오래된 문명에서도 개별적으로 확인된다.

천문학자들은 행성의 정의에 '그 궤도상에서 다른 태양을 공전하는 행성이 없는 배타적 존재'라는 부분을 추가했습니다. 일반적으로 누구나 수긍할 수 있는 일입니다. 물론 미국인들의 입장에서는 아쉬웠겠지만.

이 수백 개의 왜소행성들과 그보다 더 작은 천체들이 모여 있는 곳을 카이퍼 벨트라고 합니다. 1951년 미국의 제라드 카이퍼 Gerard Kuiper, 1905~1973가 단주기 혜성들의 고향으로 지목한 것이 시작입니다. 카이퍼 벨트의 영역은 우리의 상상보다 훨씬 넓습니다. 그 폭이 거의 태양에서 해왕성까지의 거리만큼입니다.

이 카이퍼 벨트는 명왕성과 같은 왜소행성이 존재하는 곳이기도 하지만 비교적 주기가 짧은 단주기 혜성들의 고향이기도 합니다. 카이퍼 벨트가 얇은 원반 모양을 이루고 있기 때문에 이곳에서 생긴 혜성들의 궤도도 거의 비슷한 행적을 그리게 됩니다. 하지만 아주 주기가 긴 장주기 혜성들은 또 다릅니다. 이들은 일정한 방향이 아니라 태양계를 둘러싼 구의 모든 방향에서 날아옵니다. 즉, 이들의 고향은 원반 모양이 아니라 구형 공간이란 의미입니다.

이런 장주기 혜성이 등장하는 곳이 태양계 밖일 것이라는 생각은 1932년 에스토니아의 천문학자 에른스트 오픽Ernst Opik, 1893~1985이 처음 제시했습니다. 그리고 1950년 네덜란드의 천문학자 얀 헨드릭 오르트Jan Hendrik Oort, 1900~1992가 이를 과학적 가설로 주장했습니다. 이 태양계를 둘러싼 구형의 구름은 얀 헨드릭 오르트의 이름을 따 오르트 구름이라고 부르게 되었습니다. 오르트 구름의 경우그 넓이가 엄청나서 대략 1,000 A.U.에서 10만 A.U.정도가 될 것이라고 추측하고 있습니다. 명왕성까지가 약 100 A.U. 정도 되니까 태양에서 명왕성까지 거리의 약 1,000배 정도의 폭입니다. 또 태양계에서 가장 가까운 별인 알파 센타우리까지의 거리가 약 100만 A.U.인데 거기까지의 약 10분의 1 정도 되는 셈입니다.

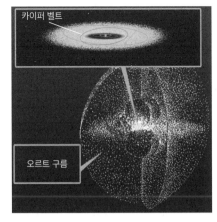

카이퍼 벨트와 오르트 구름

20세기 들어 태양계의 확장은 백인들이 처음 북아메리카 동부 연안에 상륙해서 자신들의 영역을 넓힌 것보다 혹은 징기스칸이 몽골제국의 영역을 넓힌 것보다 훨씬 더 빠르고, 훨씬 더 거대했습니다. 겨우 10 A.U. 정도였던 토성까지가 태양계의 크기라고 생각했는데 폭으로만 1만 배가 더 넓어진 것입니다. 부피로 친다면 이전의 10^{12}제곱만큼 넓어진 것입니다.

넓어진 것은 태양계만이 아닙니다. 우주도 넓어졌습니다. 토성이 우주의 끝이고, 그 바로 뒤의 천구에 별들이 박혀 있다고 생각했던 그리스 시대의 우주는 20세기 초에는 태양계와 같은 구조가 수천 개 있는 광활한 공간으로 확장되었습니다. 그러나 이마저도 실제 우주에 비하면 지나치게 좁았습니다.

은하군, 은하단, 초은하단

천문학의 발달은 20세기에 이르러서도 멈추질 않았습니다. 태양과 같은 별을 평균 1000억 개씩 가지고 있는 은하도 무리를 이루고 있다는 것을 발견합니다. 이를 은하군이라고 합니다. 그리고 이 은하군이 모여서 은하단을 이룹니다. 이런 은하군이나 은하단들이 모인 것을 초은하단이라고 부릅니다. 우리은하도 처녀자리 은하단에 속해있습니다.

여기서 끝이 아닙니다. 은하단들이 다시 모여 우주에 거대한 구조가 만들어져 있다는 것을 알게 되었습니다. 우주의 거대 구조 Large Scale Structure of The Universe라 불리는 것 중에는 거대한 벽 Great Wall이라 불리는 구조가 단연 가장 큽니다. 우주에는 거품 모양의 구조들이 수없이 겹쳐 있는데, 그 거품들이 거대한 벽 속에 모여 있는 것을 말합니다. 길이는 약 5억 광년, 높이는 약 2억 광년, 그리고 두께는 약 1천 5백만 광년 정도입니다. 그 외에도 거대 인력체 Great Attractor, 복합 초은하단, 초거대 퀘이사군, 보이드 Void 등 다양한 구조들이 있습니다. 이 모든 것들은 대략 140억 광년 범위에서 관찰된 것들입니다. 그러나 천문학자들은 우주는 그보다 더 멀리까지 뻗어있을 것이라 추측합니다. 다만 우리가 볼 수 있는 한계가 있을 뿐입니다. 우주는 매우 크고 넓어서 아직 그 빛이 지구에 도달하지 못해 볼 수 없는 곳까지 확장되고 있는 것이지요.

우주배경복사

빅뱅이론은 우주배경복사를 확인함으로써 확고한 사실이 되었습니다. 그러나 지상에서 살짝 잡힌 우주배경복사에 과학자들은 만족하지 못했습니다. 그래서 과학자들은 우주에 인공위성을 띄워 우주배경복사를 좀 더 정밀하게 확인해보기로 합니다. 과학자들은 우주배경복사를 탐지할 수 있는 일종의 망원경을 탑재한 인공위성을 띄웠습니다. 지구의 대기권이라는 거추장스러운 덮개를 벗어나 관측하고 싶었던 것이지요. 그렇게 확인한 결과는 엄청났습니다. 우주의 모든 방향에서 우주배경 복사를 탐지한 결과 '거의' 완전히 균일했던 것입니다. 어느 방향을 봐도 '거의' 동일한 우주배경복사를 확인할 수 있었습니다. 이는 과거의 어느 시점에 우주는 정말 아주 작은 점 하나였다는 것을 보여 줍니다. 즉 우주가 팽창하고 있을 뿐 아니라 과거에 정말 빅뱅이 있었다는 걸 증명한 것입니다.

그뿐만이 아니었습니다. 앞의 문단에서 '거의'라고 따옴표를 친 것에 떠올려 봅시다. 완전히는 아니었습니다. 우주배경복사의 온도는 2.725K인데 10만 분의 1만큼의 오차가 있습니다. 이 오차가 어떻게 나타났는지를 확인하는 과정에서 과학자들은 두 가지 중요한 사실을 발견했습니다. 첫째는 우리 우주의 곡률이 거의 0에 가깝다는 것입니다. 즉 우주는 '거의' 평탄합니다. 그리고 모든 방향에서 우주배경복사가 거의 동일하다는 것도 확인했습니다. 그런데 이 두 가지는 기존의 빅뱅이론으로는 만족할 만한 설명이 되질 않습니다. 그래서 먼 과거의 어느 순간 지금의 팽창 속도보다 아주 빠르게 우주가 팽창한 적이 있다는 '인플레이션 우주론'의 필요성이 대두되었습니다. 1980년대 발표된 인플레이션이론에 따르면 빅뱅 직후의 상상할 수 없을 만큼 짧은 시간 동안(10^{-34}초에서 10^{-32}초 사이) 우주는 상상할 수 없을 만큼 빠르게 팽창했습니다(적어도 적어도 10^{78}배). 엄청난 폭발이 일어난 거지요.

먼저 평탄성의 문제를 이야기합시다. 아인슈타인의 일반상대성이론에 따르면 우리 우주는 여러 가지 다양한 곡률을 가질 수 있습니다. 그중 왜 평탄한 우주가 되었는지에 대해서 인플레이션이론은 대체로 만족스러운 설명을 합니다. 즉 급팽창 이전에 존재하던 시공간의 굴곡이 급팽창 하는 동안 크게 확대되면서 우리가 보는 범위의 우주는 거의 평탄하게 되었다는 것입니다. 예를 들어 지구는 구형이지만 아주 크기 때문에 우리 눈에 보이는 수평선이 일직선처럼 보이는 것과 같다는 것입니다.

등방성의 문제도 같은 맥락입니다. 우주배경복사의 온도는 모든 방향에서 거의 동일합니다. 차이라고 해봤자 약 10만분의 1 정도밖에 되지 않습니다. 우주의 서로 반대쪽에서 날아온 전자기파가 이렇게 동일하다는 것은 우연이라고 할 수는 없습니다. 이는 이전에 이들이 어떤 상호작용을 하지 않고는 있을 수 없는 일인 것이지요. 하지만 둘은 워낙 멀리 떨어져 있어서 지금 우주가 팽창하는 속도로는 아무리 테이프를 뒤로 돌려봐야, 즉 과거로 돌려도 결코 만나지 못합니다. 하지만 과거 어느 시점에 빛보다 빠르게 우주가 급팽창을 했다고 한다면, 그 이전에는 둘이 서로 상호작용을 할 수 있었다고 볼 수 있습니다.

이렇게 우주배경복사의 관측으로 나타난 문제를 해결하면서 빅뱅이론은 인플레이션이론으로 발전합니다. 이제 과학자들은 빅뱅 초기의 특이점을 빼곤 우주의 역사를 대략 알게 되었다고 생각했습니다. 또한 암흑물질을 빼고는 우주에 존재하는 천체와 물질에 대해서도 파악했다고 여겼습니다. 그런데 새로운 사건이 생겼습니다. 우주의 팽창 속도를 좀 더 정확하게 측정하기 위해 외부 은하의 변광성들이 보이는 적색편이를 조사하면서 발생한 사건이었습니다. 바로 우주의 팽창 속도가 점점 더 빨라진다는 것입니다. 아니 우주에는 아주 꽉 찬 것은 아니지만 질량을 가진 물질들이 꽤나 많이 있는데 왜? 이들은 서로 끌어당기는 중력을 가지고 있고 그 중력이 시공간을 끌어당기기 때문에 우주가 팽창을 하더라도 그 속도가 점점 줄어들 거라고 믿었는데 사실은 아니었던 것이지요.

바야흐로 암흑물질이 아닌 또 다른 존재가 등장하는 시점입니다. 우주가 이렇듯 평탄하게 현재의 속도로 팽창하기 위해서는 우주의 팽창을 도와주는 척력으로서의 만유인력을 가진 존재가 요구됩니다. 과학자들은 이 존재에 암흑에너지Dark Energy라는 이름을 붙였습니다. 그런데 이 암흑에너지의 양이 엄청납니다. 현재 암흑에너지가 얼마나 존재해야 하는지에 대해서는 완전히 합의되지 않았지만 계산에 따르면 대략 우리가 기존에 알고 있던 물질과 암흑물질을 합한 양의 약 3배 이상일 것으로 예상하고 있습니다.

이제 우리는 우주에 그 존재를 알 수 없는 암흑에너지와 암흑물질을 제외한 약 4~5퍼센트의 존재만 알고 있는 '아직은 우주에 대해 모르는 것이 너무 많은 존재'라는 것을 스스로 인식하게 되었습니다. 물론 지금도 새로운 사실을 하나씩 확인해 나가고 있습니다. 스위스 유럽입자물리연구소CERN에 있는 거대강입자가속기LHC는 엄청난 에너지로 입자들을 충돌시키고, 그 과정에서 나타난 다양한 현상으로 우리에게 하나씩 가르침을 줍니다. 힉스 보손이 발견되고, 힉스장이 현실화됨으로써 우리는 물질이 어떻게 질량을 얻게 되었는지에 대해 새롭게 알게 되었습니다. 더불어 왜 빛은 질량을 가지지 않는지에 대해서도 알게 되었습니다.

새로운 발상으로 만들어진 실험 도구는 우리에게 새로운 발견을 가능하게 합니다. 라이고LIGO는 먼 우주에서 두 개의 블랙홀이 충돌하면서 만들어진 중력파를 검출하는 데 성공했고, 중력파망원경을 어떻게 하면 만들 수 있는지를 알려 줍니다. 우리는 이제 전자기파가 아닌 중력파를 통해서 우주를 보게 되고 감추어져 있던 새로운 사실을 알게 될 것입니다. 우주로 쏘아 올리는 망원경들은 제각기 다른 눈을 가지고 있습니다. 어떤 망원경은 엑스선을 보고, 어떤 망원경은 적외선을 봅니다. 또 어떤 망원경은 가시광선을 봅니다. 우주를 이전보다 훨씬 세밀하고, 선명하게 그리고 더 멀리 관찰하면서 우리는 우주의 구조를 더 자세히 파악하고 있습니다.

우주에 대한 새로운 사실을 발견하는 것을 마치 맛있는 음식을 먹으면서 음식이 줄어드는 걸 걱정하거나 재미있는 영화를 보면서 점점 엔딩이 가까워 오는 걸 아쉬워하듯 할 일은 아닙니다. 우리는 새로운 사실을 알 때마다 이전에 감지하지 못했던 새로운 '모름'이 있음을 더불어 발견합니다. 천문학은 이처럼 인간에게 끊임없이 호기심을 불러일으키는 화수분 같은 존재입니다.

정리하는 글

광활한 우주 앞에 선 인간

멋진 식탁에 맛있는 음식이 모두 준비되면 그제야 나타나는 주인공처럼, 우리는 스스로를 신이 인간을 위해 정성을 다해 세상을 만들면 가장 마지막에 등장해 그 중심에 앉는 주인공이라고 여겼습니다.

그러나 하늘을 보며 인간을 위해 마련되었다고 여긴 별과 달과 태양에 대해 조금씩 알아가면서 세상의 이치가 그렇지 않다는 것을 조금씩 깨달아 왔습니다. 아리스타르코스와 코페르니쿠스가 알려준 것처럼 지구는 우주의 중심이 아니었습니다. 그리고 곧 우리는 태양마저도 우주의 중심이 아니란 걸 알게 되었습니다. 연이어 우리가 속한 은하가 우주의 전부가 아니란 걸 깨닫게 되었고, 우리은하와 같은 종류의 은하가 전 우주에 1000억 개도 넘게 존재한다는 것을 알게 되었습니다. 물론 우리은하가 은하들의 중심에 자리한 것 또한 아니었습니다.

최근에는 우리가 파악하고 있는 물질보다 그 정체가 무엇인지도 모르는 암흑물질과 암흑에너지가 우주의 대부분을 차지하고 있다는 사실도 발견했습니다. 주인공인줄만 알았던 우리는 우주의 주인공이 누구인지조차 알지 못합니다. 인간은 우주라는 무대의 주인공이 아니라 잠깐 스쳐가는 '지나가는 행인 3' 정도였던 것입니다.

또한 우주는 우리의 생각보다 크고, 우리의 예상보다 더 오래된 곳이었습니다. 우주는 우리가 도저히 볼 수 없는 영역까지 뻗어나갑니다. 우리는 우주의 나이에 해당하는 130억년을 간신히 넘는 지점까지만 볼 수 있습니다. 그러나 그 너머로 우주는 계속 이어지고 있습니다. 인간은 몇억 년이 지나도 우주를 완전히 볼 수 없을 것입니다. 그곳에서 일어나는 어떤 일도 인간과 인간이 사는 지구와 지구가 머무는 우리은하에 실오라기 하나 만큼의 영향도 주지 못합니다. 마찬가지로 우리도 어떠한 영향을 미칠 수 없습니다. 그곳에도 은하가 있을 것이고 태양이 있을 것입니다. 지구처럼 생명이 존재하는 행성이 있을 수도 있지만 그들 또한 우리를 볼 수 없습니다. 우주는 그렇게 서로가 서로에게 어떠한 영향도 미칠 수 없을 만큼 넓고도 깊습니다. 그리고 심지어 이런 우주조차 수많은 우주들로 이루어진 다중 우주의 하나일 수도 있습니다.

지구는 우주에서 가장 오래된 장소도 아니었습니다. 130억 년 전 우주가 탄생하고도 80억 년의 세월이 흐른 뒤에야 태양계가 생겼고, 태양계가 생길 때 지구도 같이 탄생했습니다. 더구나 지구는 지구 이전에 존재하던 이름 모를 초신성이 폭발한 그 잔해에서 생겨난 별입니다. 그 초신성도 태초부터 있던 별은 아니었습니다. 몇 번이나 별이 태어나고 죽고 난 뒤에야 지구가 탄생했을까요? 우주 변방에 위치한 오래되지도 않은 지구가 바로 우리의 고향입니다.

이는 마치 내가 사는 동네가 세상의 전부인양 알고 있던 꼬마가 세상은 넓고 내가 사는 산기슭 동네는 도심지에서 한참 떨어진 변두리에서도 매우 평범한 동네에 불과한 걸 깨달으며 성장하는 것과도 같습니다. 인간은 우주의 변방에 있는 평균보다 약간 규모가 큰 은하의 나선형 팔에 위치한 평범한 항성의 세 번째 행성에서 진화의 과정에서 우연히 만들어진 '지성체'일 뿐입니다. 하지만 그렇다고 우리 인간이 지니는 가치가 사라지지는 않습니다.

제왕의 맏아들로 왕의 자리를 물려받을 운명을 타고난 아이와 평범한 노동자의 아들로 자신의 노동으로 세상을 살아가야 하는 아이가 서로 다른 가치를 지니지 않는 것과 같습니다. 물론 옛날에는 왕세자의 가치가 평민의 100배 1,000배에 달하던 시절도 있었습니다. 그러나 어느덧 시간이 흐르고 시간 속에 인간의 투쟁이 더해져 오늘날 시민사회에 사는 우리는 모든 인간이 보편적으로 동등한 권리를 가진다는 것을 알고 있습니다. 누구도 누구에 대해 특권을 행사할 수 없는 인간 세계를 만들었습니다. 그리고 이런 사회를 일군 것에 대해 스스로 뿌듯해 합니다. 내가 남들보다 고귀하지 않다는 것은 절대 수치스러운 일이 아닙니다. 오히려 내가 타인과 동등한 권리를 향유하며 같은 의무를 지고 있다는 것을 깨닫는 것이야말로 무엇보다도 자랑스럽고 고귀한 일입니다.

마찬가지로 우주의 중심에서 내려와 우주의 모든 동료들과 동등한 권리를 가지는 평범한 우주 시민이라는 사실을 스스로 깨달은 것 또한 자랑스러워할 일입니다. 스스로 자신의 진정한 위치를 찾아내는 일은 이 광대한 우주 전체에서도 쉽게 일어날 수 없는 매우 특별한 일입니다. 고작 우주 전체 나이의 10,000분의 1 정도의 시간을 살았으며, 문명의 역사도 겨우 10,000년에 불과한 우리가 그러한 발견에 도달한 것은 스스로 자랑스러워할 만한 일입니다.

3장

인간은
특별한가

누가 더 잘 죽었는가,
살아 있는 나로서는
죽음에다 대고 한없이 찬성표를 던지고만 있다.
아, 살아 있는 자들이여.
과연 누가 더 잘 죽어가고 계신지.

김소연, 〈학살의 일부 4〉에서

거의 모든 과학, 박물학의 역사

박물학은 무엇일까

18세기가 되어서도 과학에서 하나의 분과학문으로 자리 잡은 것은 천문학과 물리학 정도였습니다. 화학이 열심히 그 뒤를 잇고 있었습니다. 나머지는 아직 분과학문으로서의 모습을 보이지 못하고 있었고, 이를 두리뭉실하게 뭉쳐 박물학이라고 일렀습니다. 영어로는 Natural History입니다. 이때의 History는 역사라는 뜻이 아니라 '체계적인 기술'이란 뜻입니다. 즉 자연 현상에 대한 체계적인 기술이 박물학의 정확한 뜻입니다. 그런데 영어의 Natural History는 라틴어 Historia Naturalis의 번역입니다. 다시 말해 박물학의 역사는 고대 그리스로까지 이어진다고 할 수 있습니다. 실제로 고대 그리스의 자연철학자들은 철학자이면서 박물학자이기도 합니다. 자연 현상에 대한 체계적인 기술을 신의 개입 없이 서술하는 것이 그들의 일이었습니다. 그때의 과학은 박물학이었습니다.

그러나 르네상스 이후 지속적인 학문과 지식의 발전은 박물학에서 여러 분야를 떼어냅니다. 일단 물리학과 천문학이 먼저 독립해 나가고, 이후 화학이 빠져 나갑니다. 그리고 남은 것은 식물학,

동물학, 지질학, 지리학, 기상학, 해양학 등의 영역이었습니다. 결국 르네상스에서 과학혁명기까지 박물학이란 이들을 통칭하는 말이었습니다. 그래서 우리가 알고 있는 14~18세기의 과학자들은 물리학자이면서 화학자이고, 동시에 천문학자이면서 수학자이고, 생물학자이자 지질학자인 경우가 많습니다. 이후 라마르크에 의해서 식물학과 동물학이 한데 뭉쳐서 생물학이 됩니다. 지질학과 지리학은 19세기 후반이 되어서야 독자적인 학문으로 나뉩니다. 그리고 이 과정은 각 학문의 연구 방법론의 변화와 함께 이루어집니다.

박물학에서 가장 중요한 것은 채집과 관측이었습니다. 표본을 수집하고, 분류하고, 측정하는 과정을 통해 자연 현상에 대한 체계를 잡는 것이 박물학의 중요한 방법론이었습니다. 당연히 귀납적으로 사고하고, 결과에서 공통된 분모를 도출하고 개연성을 찾아나가는 과정이었습니다. 그러나 물리학과 화학의 발전과 베이컨과 데카르트의 사상에 영향을 받아 실험에 의한 확인, 가설의 설정 등 다양한 방법론이 도입되면서 각각 분과학문이 된 이후에는 다양한 접근법을 가지게 됩니다.

고대 그리스의 박물학

르네상스 시대가 되기 전까지 박물학의 역사는 사실 그리스와 헬레니즘 시대의 것이 거의 전부라고 해도 과언이 아닙니다. 1장에서 생물학과 관련한 분야는 이미 서술했으니 여기서는 지질학과 지리학 및 기상학과 관련된 부분만 이야기하겠습니다.

박물학의 시조는 결국 아리스토텔레스일 수밖에 없습니다. 그가 손대지 않은 학문은 거의 없습니다. 그는 동물학에 대한 책을 가장 많이 썼지만 그 외에도 다양한 분야의 책을 썼습니다. 기상학에 대해서도 4권의 책을 썼습니다. 아리스토텔레스는 기상학에서 혜성과 유성을 대기 중에서 일어나는 현상으로 봤습니다. 즉 월하계의 일이라고 생각한 것입니다. 또한 구름의 모양과 높이, 이슬, 얼음, 눈이 어떻게 만들어졌는지를 설명하고 바람과 뇌우의 발생에 대해서도 설명합니다.

무지개에 대해선 빛의 반사에 의해서 생기는 것으로 설명합니다. 아주 작은 물방울이 빛을 반사하는데 크기가 너무 작아 발광체의 모습은 반영하지 못하고 색만 반사하는 것으로 여겼습니다. 무지개의 색은 빨강, 초록, 남색만 있다고 생각했지요. 나머지 색들은 이들이 섞인 것으로 보았습니다. 그리고 태양의 높이와 무지개가 관련이 있다고 보았는데 그리스에서 여름 정오에는 태양이 워낙 높이 떠서 무지개를 볼 수 없다고 생각했습니다. 달빛에 의해 생기는 무지개는 50년 동안 단 두 번만 보았다고 하며 보름달에만 일어날 수 있는 매우 드문 현상이라고 했습니다. 또한 물을 안개처럼 뿌릴 때 나타나는 인공 무지개에 대해서도 생각하고 있었습니다. 당시 기상과 관련된 관찰할 수 있는 모든 현상에 대해 나름대로의 합리적 해석을 내렸고, 이런 그의 생각은 다른 과학적 해석과 마찬가지로 과학혁명 시기까지 그대로 서구 유럽 과학자들에게 당연한 것으로 받아들여졌습니다.

하지만 지질학에 관해서는 데모크리토스가 아리스토텔레스보다 앞섰고 더 정확하게 사실을 지적했습니다. 사실 데모크리토스는 원자론을 비롯해서 직관적으로 사물의 본질을 꿰뚫는 모습을 자주 보였습니다. 아리스토텔레스가 데모크리토스가 쓴 글이라고 자신의 책에서 서술한 내용은 다음과 같습니다.

지구의 한 곳이 항상 습하거나 항상 건조한 것이 아니며, 하천의 성립과 소멸에 따라 변화한다. 이와 같이 육지와 바다의 관계도 변화한다. 육지이던 곳이 바다로 되고, 현재 바다인 곳이 육지로 된다. 우리는 이것이 주기적으로 행해진다고 가정하지 않으면 안 된다. 육지의 자연적 생성은 대체로 매우 완만하여, 우리의 생애에 비하면 말할 수 없이 긴 기간에 이루어지므로, 우리는 그것을 감지할 수 없다. 예를 들면, 이집트는 점점 건조하게 된 것으로, 국토 전체가 나일 강의 충적으로 보지 않을 수 없다. 알프스에 대해서도 같다. 옛날에 이 토지는 습하여 거주자가 거의 없었다. 그러나 오늘에는 개간되고 있다. 이 한정된 작은 지방에 대한 것은 육지 전체에도 적용된다. 어떤 사람은 변천하고 있는 천계 전체의 변화가 이러한 과정의 원인이라고 가정하고 있다. 또 바다는 마르고 있으므로 감퇴한다는 주장이 있다. 이 주장은 지구의 어떤 부분이 마르고 있을 때, 다른 부분은 바다로 덮이고 있다는 사실을 간과하고 있기 때문이다. 어떤 사람은 주장하기를, 하천에서 바다로 흘러 들어갈 뿐만 아니라, 바다에서 하천으로도 흘러 들어간다고 하였다.

데모크리토스의 이 주장은 2,000년이 지나 허턴과 라이엘의 동일과정설로 다시 나타납니다. 데모크리토스의 영향을 받아서일까요? 서사시 《변신 이야기》로 유명한 로마의 시인 오비디우스Ovidius Naso, BC 43~17는 다음과 같은 시를 남겼습니다.

이리하여 이 땅도 변천을 겪는 도다.
한 때의 마른 땅도 저기 보이는 바다인 것을,
파도치는 저곳이 언덕이 됨을 보리라.
해변을 멀리 떠나 조개껍질을 보니,
산상에서 그 옛날의 닻을 보리라.
평지가 낙수로 계곡으로 변했으니,
저 산이 씻겨서 평지가 되리라.
그 옛날의 습지가 말라 갈라지니,
옛날의 마른 땅이 습지가 되어 그곳에 물이 솟으리라.
오, 위대한 자연의 힘이여! 변화여! 시간의 흐름이여!

지질학과 관련해서 아리스토텔레스의 동료이자 후계자인 테오프라스토스가 빠질 수 없습니다. 그는 아리스토텔레스가 동물학에 전념하는 동안 식물학의 기초를 세웠습니다. 또한 광물에 대해서도 면밀한 관찰을 통해 《돌에 대하여》란 책을 씁니다. 이 책에서 그는 광물에 열과 압력을 가했을 때 어떤 변화를 보이는지를 기준으로 광물을 분류합니다. 자철석과 호박이 자력과 정전기를 가지고 있다는 것도 언급합니다. 또 표면을 가열하였을 때 전기가 나타나는 현상을 서술하기도 했습니다. 무엇보다도 광물의 경도를 측정하는 방법을 남기는데, 현재 사용되고 있는 모스 경도계와 매우 유사합니다.

최초의 세계지도를 만든 아낙시만드로스

지리학의 첫 발걸음은 아무래도 아낙시만드로스입니다. 밀레투스학파의 자연철학자였던 그는 최초로 세계지도를 만든 이로도 알려져 있습니다. 그가 그린 세계 지도는 유럽과 아시아와 리비아로 나눠집니다. 세 대륙의 가운데 지중해와 흑해가 있고 대륙의 밖은 바다로 둘러싸여 있습니다. 그가 그린 이 지도는 나일강과 파시스강으로 유럽과 아시아 그리고 리비아(아프리카 북부)를 나누는데, 이런 형태의 T-O형 지도는 중세까지도 이어집니다. 다만 정중앙에는 예루살렘이 자리하고, 새로 발견된 지역들이 추가된 점만 다릅니다.

그 이후 지지부진하던 지리학은 알렉산더 대왕의 동방원정과 헬레니즘 시대에 지중해를 벗어나 대서양 연안으로 지리학적 지식이 확대되면서 다시금 발전하기 시작합니다. 이러한 지리적 성과는 알렉산드리아 대도서관에 모여 정리되고, 본격적인 지리학 연구에 도움을 줍니다. 알렉산더 대왕 당시 사람인 피테아스Pytheas of Massalia, BC 380?~BC 310?는 브리타니아(현 영국)의 북단과 전설의 섬 '두래'까지 갑니다. 현재 두래는 스칸디나비아 반도이거나 아이슬란드일 것으로 여겨집니다. 그는 그곳에서 백야현상을 확인했다고 합니다.

알렉산드리아의 자연철학자 디카이아르코스Dikaiarchos는 이러한 자료에 입각해서 고대의 세상을 4만 스타디온평방이라고 계산했고, 지브롤터 해협에서 인도의 갠지스강 하구까지를 6만 스타디온(1만 킬로미터)으로 계산합니다.

헤라클레스의 두 기둥(지브롤터 해협 양안의 절벽), 메시나 해협,

펠로폰네소스 반도, 소아시아의 남쪽 해안, 인도가 같은 위도 선상에 있고 이 선이 지구상에 사람이 사는 부분인 거주지역을 둘로 나누고 있다고 말하였습니다. 또 디카이아르코스는 페리온산의 높이를 1,620미터, 아크로코린토스의 높이를 575미

아낙시만드로스의 세계지도

터라고 거의 정확하게 측정했습니다.

에라토스테네스Eratosthenes, BC 273?~BC 192?는 최초의 과학적 지리학 서적인《지리학》을 썼습니다. 총 3권인데 1권은 물리지리학, 2권은 수리지리학, 3권은 여러 나라의 지리학을 담고 있습니다. 그는 지구의 크기를 측정하기도 했습니다. 시에네와 알렉산드리아 두 곳에서 하지 정오에 막대기가 드리운 그림자의 각도와 두 도시 사이의 거리를 이용해서 지구 둘레를 측정했습니다. 또한 삼각법을 써서 산의 높이를 측정하기도 했습니다. 이러한 측정은 결국 천문학에서 항성과 태양, 그리고 달의 위치를 정확히 측정하는 것이 전제가 됩니다. 즉 천구의 북극과 적도, 그리고 황도의 정확한 측정이 이루어지면서 이를 이용한 여러 가지 지리적 측정이 가능해진 것입니다.

히파르코스는 천구를 이용해서 위도를 재는 한편 월식이 시작되는 시간을 통해 경도를 확인합니다. 또한 프톨레마이오스는《지리학 교과서》를 지었는데, 이 책에는 당시 세계의 5천개에 가까운

지점들에 대한 경도와 위도가 표시되어 있었습니다. 이 책의 지도
는 중세에 이르기까지 가장 정확한 지도로 여겨졌습니다.

로마시대와 르네상스 시대의 박물학

로마 시대의 박물학에서는 대 플리니우스Gaius Plinius Secundus, 23~79
를 빼놓을 수 없습니다. 그는 군사령관이면서 동시에 자연 전체를
다루고자 하는 의욕에 가득 찬 사람이었습니다. 그가 내놓은 책은
바로《자연사Naturalis historia》(박물학이라고 번역되기도 한다.)입니다. 그
는 이 책을 쓰고 난 뒤 베수비오 화산의 분화를 관측하러 갔다가 그
곳에서 죽습니다. 그러나 안타깝게도 그의 저서는 그가 직접 관측
하고 확인한 사실들이 아니라 대부분 그리스와 알렉산드리아에서
만든 책들을 편집한 것에 지나지 않았습니다. 더구나 그중 일부는
다른 로마인들이 편집한 책들을 다시 엮은 것이었습니다. 로마는
이미 과학에 대한 창조 정신이 거의 사라진 사회였습니다.

그러나 로마 시대에 좀 더 진전된 학문이 있었으니 바로 자연
지리학입니다. 로마제국 자체가 그때까지의 제국 중 가장 넓은 영
토를 가지고 있었다는 점, 그리고 안정된 치안 환경에서 주변국과
의 교류가 활발하게 이루어졌다는 점은 지리학의 발전과 긴밀한 연
관이 있는 것입니다.

이 시기의 대표적인 학자는 스트라본Strabon, BC 64?~AD 23?입니다.
그는 자신의 저서《지리학》에서 "작은 섬뿐만 아니라 큰 섬과 심지
어 대륙까지도 밀어 올려 진 것으로 생각해도 좋다."라고 말합니다.

시칠리아섬에 대해서도 이탈리아에서 떨어져 나왔을 가능성도 있지만 에트나 화산의 분화에 의해 해저에서 솟아오른 것으로 생각한다고 주장합니다. 그는 대륙의 대부분이 한때는 바닷물에 덮여 있었고, 그래서 내륙 깊숙한 곳에서도 소라나 조개 화석을 볼 수 있는 것이라고 말합니다. 스트라본은 또 물의 침식작용, 조석의 원인, 높은 곳에 올라가면 온도가 낮아지는 것에 대해서도 설명합니다. 놀랍게도 그는 유럽, 아시아, 아프리카 외에도 다른 대륙이 있을 것이라고 예상했는데, 대서양을 횡단하면 다른 세계가 하나 혹은 여러 개 있을 수 있다고 주장했습니다.

중세 아랍에서는 새로운 과학적 원리를 발견하지는 않았지만 동물 종류에 관한 지식의 폭이 넓어졌습니다. 그들이 중국, 동남아시아, 아프리카 남단까지 여행을 하며 확보한 결과였습니다.

중세의 끝이자 르네상스의 시작인 12세기의 박물학에는 느닷없이 황제가 등장합니다. 바로 프리드리히 2세Friedrich II, 1712~1786입니다. 흔히 세계의 경이Stupor Mundi라 불리운 이 황제는 그리스어와 아랍어를 포함해 9개 언어를 구사했으며 과학을 장려하고 동물원을 짓기도 했습니다. 그 자신이 박물학에 큰 관심을 두고 있어 각종 동물의 사육법을 연구시키고 《새를 이용한 사냥기술에 대하여》라는 책을 쓰기도 했습니다. 이 책에는 수렵 방법만이 아니라 새의 해부학과 비행, 철새의 도해에 대해서도 쓰여 있습니다.

프리드리히 황제와 비슷한 시기에 등장하는 또 다른 인물은 알베르투스Albertus Magnus, 1200?~1280?입니다. 만유박사Doctor Universalis라 불리던 그는 토마스 아퀴나스의 스승이기도 합니다. 그는 특히 '실험만이 확증한다'는 문구를 남기기도 했는데, 오늘날 의미에서의 실험이라기보다는 체험에 가까운 것으로 추정됩니다.《식물에 대하여》는 식물을 의학이나 농업에 응용하는 것이 아닌 식물학 자체를 연구한 최초의 책입니다. 이 책에서 그는 식물에 대한 분류를 시도합니다.《동물에 대해서》란 책도 쓰는데 26권 중 19권은 아리스토텔레스의 저작에 대한 주석이며 나머지는 자신의 관찰과 지식을 덧붙인 것이었습니다.

노르만인들은 이 시기 아이슬란드와 그린란드를 발견하고 마침내 북아메리카까지 갑니다. 이 시기의 지리적 확장은 주로 상인과 수도사에 의해 이루어졌습니다. 카스피해가 내해라는 것을 확인하고, 볼가강과 돈강에 대해서도 그 위치와 형태를 확인했습니다. 마르코 폴로도 이때의 인물입니다. 바야흐로 지리학에도 새로운 바람이 불고 있었습니다.

지구는 어떻게 현재의 모습이 되었을까

대항해 시대가 열리다

15세기 대항해 시대가 시작됩니다. 포르투갈의 항해왕 엔리케Henrique, 1394~1460는 항해학교와 천문대를 우선 설립합니다. 예상 항로와 기본도가 미리 그려져 있었던 것입니다. 이제 준비를 마친 이들은 아프리카의 서해안을 따라 적도를 넘어 케이프 베르데까지 항해합니다. 그리고 세네갈강을 따라 대륙 깊숙이 들어갑니다. 대항해 시대는 유럽의 남서쪽 끝에 고립되어 있던 포르투갈이 그들을 가로막고 있는 스페인 쪽의 내륙 대신 대서양을 향해 나가면서 시작되었습니다.

포르투갈의 모험은 엄청난 성공을 거두었고, 유럽의 각 나라들은 대서양에 주목하게 됩니다. 지중해만 보고 있기엔 포르투갈의 성공이 너무나 유혹적이었습니다. 포르투갈의 뒤를 이어 스페인이 대항해 시대에 동참합니다. 콜럼버스Christopher Columbus, 1451~1506가 스페인의 후원으로 인도를 발견하기 위해 여행하다가 아메리카를 발견하고, 그 뒤 포르투갈의 바르톨로메 디아스Bartolomeu Dias, 1480~1521는 희망봉을 발견했습니다. 바스코 다 가마Vasco da Gama, 1469~1524는 아프리카를 돌아서 인도로 가는 항로를 완성합니다.

이처럼 초기 대항해 시대는 스페인과 포르투갈이 주도합니다. 이들은 아프리카의 남단을 돌아 인도로, 인도를 지나 동남아와 말레이제도, 필리핀, 일본, 중국까지 함대를 보냅니다. 또한 이들은 대서양을 가로질러 남아메리카에 상륙하고 그곳을 정복합니다.

1497년 교황 알렉산더 6세^{Alexander PP. VI, 1492~1503}는 서경 40도의 선을 그어 신대륙을 스페인령과 포르투갈령으로 나눕니다. 그리고 다시 영국과 프랑스, 네덜란드가 뒤따라 나섰습니다. 북아메리카는 영국과 프랑스의 식민지가 됩니다. 오스트레일리아와 뉴질랜드가 발견되고 영국의 식민지가 됩니다. 네덜란드는 동인도 회사를 내세워 인도네시아와 그 근방을 식민지로 삼았습니다. 그 뒤를 벨기에와 독일, 이탈리아가 뒤따라 나섭니다.

대항해 시대는 유럽의 입장에서는 전 세계를 정복하고 보물을 얻는 꿈의 시기였습니다. 하지만 전 세계가 유럽의 식민지가 되는 암흑 시기이기도 했습니다. 사실 대항해 시대라는 말 자체가 유럽의 입장일 뿐입니다. 유럽을 제외한 세계에서 그 시기는 대수탈의 시기였습니다.

그건 과학에서도 마찬가지였습니다. 식민지의 수탈을 통해 들어오는 수많은 재화가 과학자들이 돈 걱정 없이 과학에만 몰두할 수 있게 제공되었습니다. 유럽에는 과학자들이 늘어났고, 과학 연구에 많은 돈이 투자되었습니다. 그래서 유럽의 과학은 이전보다 훨씬 빠른 속도로 성장합니다. 영국, 프랑스, 그리고 그 밖의 나라들 간의 경쟁도 발전 속도를 더 빠르게 하는 촉매역할을 했습니다. 그러나 이시기의 과학 발달은 온전히 유럽인만의 것이었고, 그 열매도 유럽인들만이 향유했습니다. 물론 유럽인 모두가 향유한 것이 아니라 그중에서도 왕실, 귀족, 부자 같은 지배계급이 독점한 것이었습니다.

이와 반대로 유럽 이외의 세계는 과학의 관측 대상이었지 관측 주체가 아니었습니다. 유럽인들은 다른 세계의 원주민들이 자신에 비해 무엇이 다른지를 확인하고, 자신들이 지배하는 것이 당연한 이유를 찾았습니다. 지리학은 거기에 복무했고, 생물학도 그 근거를 찾는 데 이용되었습니다. 식민지와 본국의 원활한 의사소통을 위해 통신망에 대한 연구를 진행되됐고, 보다 빠르고 안전한 물자 수송을 위해 해도가 다시 그려졌습니다. 더불어 지리학이 발전합니다. 식민지 광산에서 더 많은 지하자원을 채굴하기 위해 연구하면서 지질학이 발달하고, 식민지의 풍토병을 연구하면서 의학과 생물학이 발달하게 됩니다.

근대 과학이 시작되다

영국은 오래 전부터 유럽 대륙에 대한 공포와 우월감이 공존하는 땅이었습니다. 로마의 침략과 노르만인의 침략이 영국 초기의 역사를 형성했습니다. 영국에서 프랑스어가 귀족 언어로 대우받던 때도 있었습니다. 그러나 반대로 영국은 꽤 오랫동안 지금 프랑스의 영토 중 많은 부분을 실질적으로 소유하기도 했고, 프랑스의 영토에서 100년 전쟁을 치르기도 했습니다. 이후에 프랑스가 대륙의 맹주가 되려할 때마다 영국에 의해 저지당하기도 했습니다. 도버해협을 경계로 맞붙어 있는 두 나라는 오랜 기간 동안 애증의 관계였습니다.

이런 관계는 과학 분야에서도 마찬가지였습니다. 르네상스 시대를 거치면서 과학이 철학과의 오랜 동거를 사실상 정리하고 독립된 학문으로 자리를 잡습니다. 이 시기는 또한 1,000년 이상 서구 사회를 지배한 아리스토텔레스 체제가 전복되는 시기이기도 했습니다. 새로운 과학은 새로운 철학을 요구했습니다. 이 요구에 응답을 한 이가 바로 영국의 프란시스 베이컨과 프랑스의 데카르트였습니다. 이들은 상이하고 새로운 철학으로 서로 영향을 주고받았습니다. 그러면서 동시에 유럽 전체의 지성과 과학을 변모시켰습니다. 아리스토텔레스를 극복하려는 르네상스 후기 유럽의 노력이 영국과 프랑스의 두 거장에 의해 새로운 시기를 맞이하게 됩니다. 이들의 지대한 영향 아래 두 나라에서 최초로 과학자들의 아카데미가 생깁니다. 바로 영국 왕립학회와 프랑스 왕립아카데미입니다.

그리고 근대가 시작됩니다. 영국과 프랑스는 산업혁명을 거치고, 아프리카와 북아메리카, 인도, 동남아로 진출하며 세계를 지배하는 제국이 됩니다. 그 과정에서 필수적으로 요구되었던 과학의 발달 또한 이들 두 나라가 이끌었습니다. 유럽에서 가장 먼저 왕립과학자협회가 만들어진 곳이 바로 영국과 프랑스입니다. 16세기에 이탈리아에서 자연의 신비 아카데미Academia Seretorum Naturae와 뒤이어 로마의 린체이 아카데미Accademia dei Lincei, 피렌체의 치멘토 아카데미Accademia del Cimento가 있었지만 얼마 가지 못해 문을 닫았고, 몇몇의 과학자가 개인 후원을 통해 설립한 단체에 지나지 않았습니다.

어찌되었던 17세기 들어 런던 왕립학회와 프랑스 파리 왕립과학아카데미가 결성되면서 과학혁명은 새로운 장을 엽니다. 이들 학회가 국가 지원과 개인 기부를 통해 운영되고, 과학자들 간에 교류가 활발해지면서 과학자들은 이전보다 체계적이고 조직적으로 활동하게 되었습니다. 근대는 과학을 철학으로부터 분리시키면서 태동했지만 동시에 과학자들 간의 네트워크가 만들어지고, 과학 공동체가 형성되면서 시작된 것이기도 합니다. 이들은 서로에게 영향을 주고받으며 과학을 한다는 것의 공통분모를 찾고 방법론을 세련되게 다듬었고, 그렇게 근대 과학이 시작되었습니다.

18세기 영국의 대도시는 모두 검게 물들었습니다. 다윈의 진화론에 나오는 유명한 검은 나방 이야기(공업암화)[1]가 실제로 일어난 것입니다. 도시마다 공장이 들어서고, 공장마다 굴뚝에선 매연이 흘러 나왔습니다. 스모그가 발생하고, 사람들은 검은 가래를 내뱉었습니다. 공장을 돌리기 위해 태우는 석탄 때문이었습니다. 증기기관이 사람이나 물의 힘 대신 기계를 돌리기 시작했습니다. 소수의 장인이 아닌 대규모 노동자가 일하는 공장들마다 철로 만든 기계들이 가득 찼습니다.

산업혁명은 두 가지 측면에서 광산업을 발달시켰습니다. 먼저 증기기관의 연료가 되는 석탄의 수요가 증가한 것입니다. 그 시작은 이탄이었습니다. 그러나 영국의 습지에 묻혀있던 이탄이 동나기 시작했고, 석탄이 이탄보다 더 효율적이라는 사실이 알려졌습니다. 석탄광도 처음에는 노천광이었습니다. 땅 표면을 살짝 걷어 내기만

---

1 유럽에서 산업혁명이 진행되어, 공장이 늘어남에 따라 그 부근에 살고 있는 나방 중에서 검은색 나방이 늘어난 현상.

해도 석탄을 채굴할 수 있었습니다. 그러나 노천광도 바닥을 드러내기 시작했고, 수요는 폭증했습니다. 두 번째는 증기기관과 증기로 움직이는 기계의 재료가 되는 철의 수요가 증가한 것입니다. 뜨겁게 타오르는 석탄의 열기와 수증기의 높은 기압을 견디면서 가격도 비교적 저렴한 재료는 철뿐이었습니다. 칼과 쟁기 정도를 만들 때 사용되는 철은 소규모 철광에서도 공급이 가능했지만, 이제 그 정도로는 어림없습니다.

이렇게 석탄과 철의 수요가 증가함에 따라 광맥을 찾는 활동이 활발해집니다. 이에 따라 지층을 연구해 광물의 존재 여부를 따지는 지질학이 자연스레 발달하게 됩니다. 그리고 지질학의 발달은 지층에 대한 연구로 이어집니다. 지층이 생성되는 원인에 대해서는 두 가지 견해가 있습니다. 하나는 화산 활동과 관련이 있습니다. 화산에서 흘러나온 용암이 굳어 암석과 지층을 이루었다는 것입니다. 다른 하나는 강 하구의 퇴적작용과 관련이 있습니다. 강이나 바다에 퇴적된 모래나 진흙이 단단하게 굳어서 지층을 이룬다는 주장입니다. 전자를 화성설이라고 하고 후자를 수성설이라고 합니다.

높은 산에서 발견되는 조개껍질

조개나 갑각류의 화석이 산등성이에서 발견되는 건 이전에도 있었던 일입니다. 그런데 지질학이 본격적으로 연구되면서 이 화석의 문제는 가장 중요한 문제가 되었습니다. 초창기 학자 대부분은 '노아의 홍수' 때문이라고 생각했습니다. 그리고 성경의 가장 유명한 사건 중 하나를 과학적으로 증명할 수 있다고 즐거워하기도 했습니다. 그리고 이런 생각은 수성론Neptunism으로 이어집니다.

대표적인 학자는 19세기의 베르너Abraham Gottlob Werner, 1750~1817입니다. 그는 지구를 덮고 있던 원시 바다 속에서 아주 짧은 시간 안에 모든 암석이 만들어졌다고 생각했습니다. 지구의 표면을 이루고 있던 암석이 있었는데, 큰 폭풍우가 몰아쳐 이 암석의 표면을 가루로 만들었다는 것입니다. 그는 이 가루에서 과도기적 암석이 만들어지는데, 이것이 화강암이라고 주장했습니다. 이후 폭풍우가 끝난 뒤 잔잔해진 바다에 가라앉은 침전물로부터 퇴적암이 만들어진다는 것입니다. 그리고 마지막으로 최근의 화산활동으로 암석이 그 위에 쌓였다는 것입니다. 그러면 조개껍질이 산 위에서 발견되는 현상은 어떻게 설명할 수 있을까요? 그는 폭풍우에 휩싸인 조개들이 산꼭대기로 올라갔다가 그곳에서 묻혔다고 주장합니다.

이에 대해 제임스 허턴James Hutton, 1726~1797은 화성론Plutonism을 주장합니다. 허턴은 지구가 기본적으로 평형 상태를 유지하고 있다고 생각했습니다. 즉 옛날이나 지금이나 지구의 모습이 별다를 바가 없다는 것이지요. 따라서 그는 지층의 침식과 융기가 일시적인 것이 아니라 긴 순환을 이룬다고 생각했습니다. 침식에 의해 암석 표면에서 깎여 나간 것들이 바다에 운반되어 퇴적됩니다. 그리곤 지하의 열작용에 의해 암석이 되면서 동시에 융기하며 새로운 지표를 형성하게 되었다는 것입니다. 수성론이 모든 암석이 일거에 만들어졌다고 주장한다면 화성론은 끊임없이 순환하는 침식과 융기가 지금의 지형을 만들었다는 주장입니다. 그리고 여러 지각 현상을 관찰하면 할수록 화성론이 더욱 이치에 맞아떨어졌습니다. 그래서 화성론이 지질학계에서 점차 주류를 이루게 됩니다.

이는 수성론자들이 노아의 홍수 같은 기독교적 세계관으로 세상을 설명하려는 의도가 있었던 것에 반해 화성론자들은 관찰한 사실로부터 원인을 규명하려고 했기 때문이기도 합니다. 영국 근대 과학의 철학적 기틀을 만든 프랜시스 베이컨의 경험주의는 영국의 지질학자들이 기독교와 대륙의 지질학자들에게 맞서는 훌륭한 무기가 되었습니다. 이러한 경험주의적 관점은 수성론과 화성론뿐만 아니라 뒤에 나올 동일과정설과 격변론에서도 비슷하게 드러납니다. 그런데 화성론의 문제는 대단히 오랜 시간이 지나야 나타나는 현상이라는 점입니다. 당시만 해도 지구의 나이가 많아봤자 수천 년에서 수만 년을 넘지 않는다고 생각했던 시기였으니까요.

동일과정설과 격변론

영국의 찰스 라이엘과 프랑스의 조르주 퀴비에는 수성론과 화성론의 프레임을 동일과정설과 격변론으로 바꾼 게임 체인저였습니다. 조르주 퀴비에의 격변설Catastrophism은 현재 지구의 모습이 과거에 일어났던 수많은 격변들에 의해 형성되었다고 보는 견해입니다. 퀴비에만의 주장은 아니었고 당시 많은 과학자들의 주장했습니다. 격변론은 영국의 동일과정설이 등장하기 전까지 박물학이나 지질학자들 사이에서 주류를 이루는 견해였습니다. 지질학 연구는 지층에 대한 직접적인 탐색으로 자연스럽게 이어졌는데, 이 과정에서 현재는 존재하지 않는 많은 생물 화석들이 발견되었습니다. 격변론은 이를 지구 환경의 급격한 변화가 기존 생물의 멸종과 새로운 생물의 탄생을 야기한 것이라고 설명했습니다. 어떤 생물들은 왜 지금은 보이지 않는가에 대한 대답을 찾고 싶었던 것이지요.

또한 앞에서 말한 것처럼 당시에는 지구의 나이를 지금처럼 길게 보지 않았습니다. 심지어 성서를 가지고 계산하는 이들은 겨우 몇천 년 정도라고 보았습니다. 제대로 연구를 하는 사람들도 수만 년에서 수십만 년 정도를 추측할 뿐이었습니다. 아직 핵융합이나 핵분열에 의한 에너지를 알지 못할 때였습니다. 이들은 지구가 우주의 먼지로부터 만들어질 때 중력에 의한 압력으로 매우 뜨거웠을 것이라 생각했습니다. 이후 차츰 온도가 내려가 지금의 온도를 유지하게 되었다고 생각했습니다. 이 과정을 계산해보면 수십만 년 이상이 나올 수가 없었습니다.

그런데 이들이 살펴본 지층은 바다에서 퇴적되었던 것이 분명한데 거대한 산맥을 이루었습니다. 또 육지가 함몰되어 바다가 되었다가 다시 육지가 되는 과정도 관찰되었습니다. 당시에 예상하고 있던 지구의 짧은 역사를 놓고 생각할 때, 동일과정설처럼 느긋하게 일어날 수 있는 변화가 아닌 것이었지요. 그래서 순식간에 바다가 육지로 솟아오르고, 육지가 바다 속으로 꺼지는 격변이 일어났다고 생각했습니다.

그리고 여기에는 노아의 홍수도 간간히 등장했습니다. 거대한 홍수가 지구를 여러 차례 덮쳤고, 수많은 생물들이 멸종합니다. 이때 바다였던 곳이 홍수가 끝난 뒤 다시 육지가 되었다는 것은 기독교적 세계관에 젖어 있던 이들에게 안심이 되면서도 나름대로 과학적인 설명이었습니다. 그래서 퀴비에에 따르면 세상은 노아의 홍수 이전과 이후로 나뉩니다. 홍수 이전의 생물들은 모두 멸종되고, 홍수 이후에 새로운 생명이 신에 의해 창조되었다는 것입니다. 도대체 신이 왜 그렇게 쓸데없이 몇 번씩이나 생명들을 창조를 했는지에 대해서는 설명하지는 못했지만 말입니다.

하지만 이 주장의 또 다른 문제는 구석기 시대의 인류 화석이 매머드 같은 멸종된 동물과 함께 나오면서 불거졌습니다. 노아의 홍수 이전에 살았던 멸종된 생물과 그 이후에 창조된 인간이 어떻게 같은 곳에서 발견될 수 있는가 하는 문제입니다.

현재는 과거를 푸는 열쇠이다

그 대척점에 영국의 지질학자들, 즉 화성론의 맥을 있는 과학자들이 있었습니다. 이들은 전업으로 지질학만 연구한 경우는 거의 없었습니다. 다른 직업을 갖고 있으면서 지질학을 연구하던 아마추어들이 대부분이었습니다. 이 지질학자들은 주로 현재에 일어나고 있는 각종 지질 현상을 관측하면 과거를 알 수 있을 것이라고 여겼습니다.

이들은 암석이 풍화되어 자갈이 되었다가 모래가 되고, 다시 빗물이나 강물에 휩쓸려서 강의 하구나 해안가에 퇴적되는 현상에 주목했습니다. 그리고 화산에서 흘러나온 용암이 굳어서 대지를 만들고, 이 대지 위에 풀씨가 날아와선 뿌리를 내리고 자라는 과정에 주목합니다. 풀이 뿌리를 내리면서 주변의 암석을 부수고, 아주 천천히 주변의 모래와 자갈 사이에 흙을 생성하는 과정을 보면서 이렇게 흙이 생기고 퇴적암이 생긴다는 걸 깨달았던 것입니다. 이들을 대표하는 인물이 영국의 찰스 라이엘입니다.

찰스 라이엘이 쓴 《지질학의 원리》는 근대 지질학의 체계를 확립한 책이었습니다. '현재는 과거를 푸는 열쇠이다.'라는 유명한 말로 대표되는 라이엘의 견해는 그의 독창적인 견해는 아니었습니다. 제임스 허턴의 주장이었습니다. 그러나 제임스 허턴의 동일과정설을 끝까지 밀고나가 여러 지질 현상을 설명하고 체계를 확립한 것은 라이엘이었습니다. 그래서 흔히들 라이엘을 지질학의 아버지라고 부릅니다. 물론 제임스 허턴을 근대 지질학의 창시자라 여기는 사람도 많이 있습니다.

우리가 중학교 과학 교과서에서 배우는 지사 연구의 5가지 법칙 중 가장 먼저 나오는 동일과정설은 우리가 관측하는 여러 지질 현상(풍화, 침식, 운반, 퇴적, 화산, 분출 등)이 과거에도 동일하게 이루어졌으며, 우리가 현재 목격하는 지층이나 퇴적 구조, 산맥 등이 이러한 과거의 축적물이라는 것입니다. 그리고 이러한 작은 변화가 일어나는 정도가 과거나 지금이나 동일하게 유지된다는 것입니다.

이러한 라이엘의 동일과정설은 이후 지질학에서 주류를 이루지만 여전히 불씨는 남아 있었습니다. 지구의 나이가 또 문제가 되는 것입니다. 화성론과 마찬가지로 동일과정설도 수천만 년에서 수억 년의 시간을 전제로 하는데, 당시 지식층 대부분이 지구의 나이가 그렇게 많다는 사실을 수긍하지 않았던 것입니다.

사실 지구의 나이와 관련해서 가장 유명한 인사는 아일랜드의 제임스 어셔James Ussher, 1581~1656 주교입니다. 16세기 말에서 17세기 초에 살았던 이 주교는 지구가 기원전 4004년 10월 23일 정오에 창조되있다고 신인합니다. 해와 날짜, 시간까지 명쾌하게 밝힌 이 주장은 17세기 당시에 커다란 반향을 불러일으켰고 18세기 초가 되어서야 진정되었습니다. 이후 프랑스의 뷔퐁은 지구가 내놓는 열을 계산해서 7만 5,000년에서 16만 8,000년 정도로 지구의 나이를 추정했습니다. 그러나 이 주장은 성서에 비해 너무 길었고, 파문 위기에 몰리자 자신의 주장을 철회합니다.

15~18세기에 얼마나 많은 갈릴레이가 있었는지 모릅니다. 심지어 19세기에도 그렇습니다. 다윈은 저서 《종의 기원》에서 영국 남부지방의 지질학적 변화가 3억 년에 걸쳐 이루어졌을 것이라고 주장했지만 엄청난 논란에 휩싸이며 책의 3판에서부터는 그 언급을 빼버리기도 했습니다. 이 문제는 훗날 아인슈타인이 특수상대성이론에서 질량이 감소하면 그에 해당하는 에너지를 만들 수 있다는 걸 발표하고, 이에 따라 지구 내부의 방사능 에너지가 어마어마하다는 걸 다른 지질학자들이 후속 연구를 통해서 밝혀낼 때까지 지질학자들의 머리를 아프게 했습니다. 그러고도 한참이 지난 20세기 중반이 되어서야 지구의 추정나이가 45억 년이라는 것이 과학계의 정설이 됩니다.

어찌되었건 이런 과정을 거치면서 지질학은 한편으로 아리스토텔레스의 그늘을 벗어나고 또 한편으로는 기독교의 그늘에서 벗어나게 됩니다. 하지만 격변론이 완전히 사라진 것은 아니었습니다. 화석을 조사하면서 일정한 시대에 나타나는 화석들이 비슷한 생물군을 형성한다는 것이 발견되면서 새로운 논쟁이 시작됩니다.

예를 들어 삼엽충은 고생대의 대표적인 화석인데 지층을 연구하다 보면 고생대 내내 발견되던 삼엽충의 화석이 중생대가 시작되자 갑자기 하나도 나타나지 않는 것입니다. 마찬가지로 중생대 내내 지상을 호령하던 공룡의 화석도 신생대가 시작하자마자 어디에서도 발견되지 않았습니다. 이러한 현상은 화석을 주로 연구하던 고생물학자들 사이에 고생대와 중생대, 그리고 중생대와 신생대 사이에 뭔가 큰 사건이 일어났던 것이 아닐까라는 의문을 던집니다. 그리고 이는 나중에 사실로 밝혀집니다.

지금까지 지구 생명 전체의 생존을 위협한 시기가 몇 차례 있었고, 그 시기들은 다른 일상적 시기와는 많이 달랐습니다. 이 시기를 우리는 대멸종Mass extinct 시기라고 합니다. 그리고 결정적으로 중생대 백악기 말에 일어난 운석 충돌이 백악기 대멸종을 이끌었다는 것이 밝혀지면서 신격변론이 다시 등장하기 시작했습니다.

그러나 오늘날의 과학자들은 결국 넓게 보면 동일과정설이 옳다고 생각합니다. 운석 충돌이나 대규모 화산 분화, 그리고 지진 같은 현상들이 우리가 볼 때는 엄청난 사건이지만 지구 45억 년 전체의 흐름으로 볼 때는 꾸준히 일어나는 일상적인 활동으로 볼 수 있기 때문입니다. 다만 라이엘이 동일과정설에서 '변화의 속도는 항상 일정하다'라고 했지만, 실제 지구 역사를 살펴보면 빠르게 변화하는 시기와 변화의 흐름이 상대적으로 느린 시기가 존재했던 것은 분명합니다.

지구의 역사 VS 인류의 문명사

대륙은 원래 하나였다

20세기 초 라이엘과 그의 학문적 계승자들이 주도하던 지질학계에 새로운 이론이 등장합니다. 바로 대륙이동설입니다. 독일의 기상학자였던 알프레드 베게너Alfred Lothar Wegener, 1880~1930가 1912년 그의 저서 《대륙의 기원》에서 여러 자료를 바탕으로 대서양의 양쪽 대륙, 즉 서쪽의 북아메리카와 남아메리카, 동쪽의 유럽과 아프리카가 원래 하나의 대륙이었는데 서로 반대 방향으로 이동해서 현재 모습이 되었다는 대단히 파격적인 주장을 합니다. 여기에서 더 나가 1915년에 펴낸 《대륙과 해양의 기원》에서는 모든 대륙은 판게아Pangaea라는 초대륙에서 2억 년 전 나뉘어서 현재에 이르게 되었다고 주장합니다.

그가 대륙이동설의 증거로 내세운 건 네 가지입니다. 해안선의 굴곡은 베게너가 대륙이동설을 고안하게 한 첫 번째 증거입니다. 세계지도에 그려진 아프리카의 서해안과 남아메리카의 동해안을 가까이 붙이면 맞물리는 것처럼 보입니다. 지금 우리가 흔히 보는 지도로도 대충 맞물리기는 하지만 정확하게 맞물리지는 않는 것

같습니다. 그러나 실제로 이 대륙들은 우리가 보는 것 보다 훨씬 더 꽉 맞물립니다. 우리가 보는 세계지도는 구형인 지구를 평면으로 보여주기 때문이죠.

실제 대륙 모습을 맞추면 세계지도를 보고 맞추는 것보다 더 잘 들어맞습니다. 그래도 살짝 아쉬움이 남습니다. 왜냐하면 바다에 덮여 있는 육지가 보이지 않기 때문입니다. 대륙지각의 연장선인 대륙붕은 바다 속 200미터 깊이에 있고, 바다가 이를 덮고 있기 때문에 그 부분을 간과하기 쉽습니다. 육지의 연장선인 대륙붕의 경계를 맞춰보면 완전히 꽉 맞물리는 모습을 볼 수 있습니다. 이건 우연이라고 볼 수 없습니다. 종이 두 장을 각기 아무렇게나 찢은 후 서로 다른 종이끼리 맞춰봤을 때 딱 맞아 떨어지기는 대단히 어렵습니다. 그런데 두 종이의 찢어진 면이 딱 맞아 떨어진다면 당연히 이 둘이 원래는 한 장의 종이였을 거라고 생각할 수 있습니다.

이 발견에 흥분한 베게너는 나머지 증거들을 찾아 나섭니다. 기상학자였던 그가 옛날 기후의 흔적을 찾은 것은 당연했습니다. 그리고 예전 기후의 흔적은 지층에 남아 있었습니다. 지층을 잘 살펴보면 당시의 기후가 건조했는지 습했는지, 온도가 높았는지 낮았는지를 알 수 있습니다. 베게너는 이를 찾아 나섰고 발견합니다. 예전에 사막이었으리라 여겨지는 부분이 초대륙으로 모았을 때 연결되는 것이었습니다. 그리고 빙하가 있었을 거라 여겨지는 부분도 수천 킬로미터를 격한 대서양 양쪽의 대륙에서 딱 맞아떨어졌습니다. 더구나 남극에서는 석탄층이 발견되었습니다. 석탄층은 비가 많이 내리는 열대우림에서 주로 생기고, 냉대지역이나 한대지역에서는 잘 만들어지지 않습니다. 그런데 영구 동토인 남극에서 석탄층이 발견된 것입니다. 베게너는 확실한 증거를 확보했다고 생각했습니다.

하지만 학계의 반응은 냉정했습니다. 그가 지질학자가 아니라 기상학자라서 비전문가 취급을 받은 것도 있고, 너무나 파격적인 주장이었기 때문이기도 합니다. 그리고 여전히 남아 있던 기독교 세계관은 하느님이 창조한 세계, 더구나 거대한 대륙이 어떻게 움직일 수 있느냐는 반응으로 나타났습니다.

그러나 베게너는 포기하지 않고 계속 증거를 찾았습니다. 초대륙 판게아였을 때의 화석을 찾아 나선 것이죠. 글로솝테리아나 메소사우루스 같은 고대 생물의 분포지역이 서로 다른 대륙 사이에 이어져있다는 것을 확인할 수 있었습니다. 그래도 학계의 반응은 냉담했습니다. 베게너는 지치지 않고 계속 증거를 찾아 나섭니다. 하지만 1930년 그린란드에서 연구를 위해 빙원지역으로 갔다가 그곳에서 그만 심장마비로 사망하고 맙니다.

사실 당대 지질학자들의 냉대에는 다른 이유도 있었습니다. 거대한 대륙을 움직이는 힘이 무엇이냐는 것입니다. 이 질문에 대해서 베게너도 베게너의 이론을 지지하던 소수의 사람들도 제대로 답을 하지 못했습니다. 그가 제시했던 것은 달의 인력과 지구 자전으로 인한 원심력인데, 겨우 밀물과 썰물을 일으키는 정도의 힘으로 대륙을 움직인다는 건 어불성설이었습니다. 그리고 또 하나, 베게너는 대륙이 해양지각을 제치며 나갔다고 생각했는데, 현무암으로 이루어진 해양지각이 쉽게 깨지거나 수축될 거라고 아무도 생각하지 않기 때문입니다. 그렇지만 이러한 베게너의 생각은 훗날 새로운 발견이 이어지면서 부활합니다.

맨틀대류가 대륙을 움직인다

대륙이 이동한다고 생각하고 그 이동 원인을 밝혀보려는 소수의 사람들은 맨틀에 주목했습니다. 1905년 아인슈타인이 발표한 특수상대성이론에 따르면 질량은 에너지와 등가물입니다. 즉 질량의 일부가 사라질 때 그 질량에 광속의 제곱을 곱한 만큼의 에너지가 생성됩니다. 이 어마어마한 크기의 에너지는 당연히 그 가치를 알고 있던 일부 사람들의 주목을 받습니다.

그중 일부는 이 힘을 이용해 핵폭탄을 만들 수도 있겠다는 끔찍한 생각을 했지만 일부는 이를 과학적 발견에 이용하기도 했습니다. 대표적인 인물이 아서 홈즈Arhtur Holmes, 1890~1965였습니다. 그는 대학에 입학하여 처음에는 물리학을 공부했고, 이후 지질학을 공부했습니다. 이런 경력이 도움이 되었던 걸까요? 그는 베게너가 대륙이동설을 발표하기 전인 1911년에 이미 방사성원소의 붕괴열로 인해 지구 내부가 용융 상태일 것이라고 주장합니다.

이 주장에 대해 잠시 살펴보고 다음으로 넘어갑시다. 동위원소란 원자핵의 양성자 수는 서로 같지만 중성자 수가 서로 다른 원소입니다. 대표적으로 수소는 원자핵에 양성자 1개만 있는 경우가 대부분입니다. 하지만 수소의 동위원소인 중수소는 양성자 1개에 중성자가 1개 더 있습니다. 또 삼중수소의 경우에는 양성자 1개에 중성자가 2개 있습니다. 탄소의 경우도 일반적인 원소는 양성자 6개에 중성자 6개가 모여 원자핵을 이룹니다. 하지만 아주 일부 중성자가 7개나 8개인 탄소도 있습니다. 이런 원소들을 동위원소라고 합니다.

이런 동위원소 중 일부는 불안정해서 일정 시간마다 확률적으로 원자핵이 쪼개지면서 다른 원소로 바뀝니다. 이런 방사성동위원소는 분열 과정에서 질량의 일부를 손실하면서 에너지를 냅니다. 그리고 일부 원소는 그 자체가 방사성을 띄고 있습니다. 우라늄, 라듐 등이 대표적입니다. 지구는 처음 생성될 때부터 이런 원소들을 가지고 있었습니다. 그리고 이런 방사성원소들이 열을 낸다는 것은 마리 퀴리Marie Curie, 1867~1934가 이미 19세기 말에 밝혔던 사실이기도 합니다.

지구가 만들어지던 초창기에 많은 미행성들이 충돌하면서 원시 지구를 형성합니다. 이렇게 형성된 원시 지구는 중력에 의해 다져지는데 이 과정에서 열이 발생합니다. 두 손바닥을 서로 겹쳐서 세게 누르면 손바닥에 열이 나는 것과 같은 원리입니다. 여기에 많은 운석들이 지구로 떨어졌습니다. 이러한 충돌로 발생한 에너지가 지구를 더 뜨겁게 만듭니다. 그래서 지구가 형성되던 초기에는 지구 전체가 마그마가 되는 '마그마 바다'의 시기가 있었습니다. 그 뒤에 운석의 충돌이 잦아들면서 지구 표면은 조금씩 식기 시작했고, 지금과 같은 고체 상태가 되었습니다. 그리고 시간이 흐르면서 점차 지구 내부도 식으면서 고체가 되어야 하는데, 이걸 지체시키는 것이 바로 방사성동위원소의 열입니다. 다시 말해 지구 내부에 있는 수많은 방사성동위원소가 지속적으로 내놓는 열 때문에 지구가 더 천천히 식습니다. 그래서 아직도 지구 내부는 액체 상태라는 이야기입니다. 즉 완숙 달걀처럼 되어야 하는데 아직도 지구는 반숙 상태에 머물고 있는 것이지요.

어찌되었던 지질학자였던 아서 홈즈는 바로 이 방사성동위원소에 의해서 반쯤 녹아 있는 맨틀이 대류한다고 생각했습니다. 지각과 가까운 위쪽은 상대적으로 온도가 낮고, 지구 중심으로 갈수록 온도가 높아진다고 여겼기 때문입니다. 온도가 낮은 부

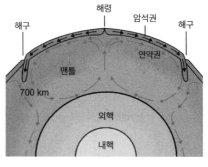

맨틀의 대류

분은 부피가 줄어들어 밀도가 커지고(즉 무거워지고) 온도가 높은 부분은 부피가 늘어나서 밀도가 낮아집니다.(즉 가벼워진다.) 따라서 위쪽의 식은 맨틀은 아래로 내려오려고 하고, 아래의 뜨거운 맨틀은 올라가려고 할 것입니다. 이런 힘에 의해 맨틀이 움직이고, 이 맨틀의 대류가 대륙을 움직이는 힘이라고 주장했습니다.

그는 맨틀대류가 올라와서 다시 갈라지는 곳에서 대륙이 갈라지고 새로운 바다가 생성되고, 맨틀대류가 하강하는 곳에서 해구가 생성된다고 여겼던 것입니다. 그러나 홈즈는 베게너에게 큰 힘이 되지 못합니다. 홈즈가 맨틀대류설을 발표한 것은 1929년, 즉 베게너가 그린란드에서 죽기 바로 1년 전이었습니다. 더구나 그의 학설 또한 지질학계의 지지를 받지 못했습니다.

당시 지질학계는 지구수축설Contraction Theory이 주류였습니다. 이 이론은 원시 지구가 대단히 고온이었고, 지구가 식는 과정에서 냉각과 수축이 여러 차례 진행되면서 표면에 주름이 생기게 되었다는 것입니다. 이 주름이 현재의 산맥이라는 것이지요. 그리고 지구수축설에 따르면 지각이 상하로 운동하는 것은 가능하지만 좌우로

이동하지는 못합니다. 우리 이마에 잡히는 주름이 위나 아래 혹은 옆으로 옮겨가지 못하고 제자리에 머무는 것처럼요.

만약 지구수축설이 옳다면 지구 전체에 골고루 주름이 잡혀야 합니다. 즉 지구 전체에 습곡과 산맥이 골고루 분포해야 하는데, 현재 지구의 모습은 그렇지 않습니다. 지구수축설은 이를 제대로 설명하지 못했습니다. 그런데도 이 주장을 믿던 당시의 주류학자들은 홈즈의 맨틀대류설 반기지 않았습니다. 맨틀이 이동한 흔적을 발견할 수 없다는 것이 주된 이유였습니다. 땅속 깊숙한 곳에 있는 맨틀의 이동을 어떻게 눈으로 확인할 수 있을까요? 새로운 이론이 주류학자들에게 인정을 받기란 이처럼 쉽지 않았습니다. 기존 학설이 여러 문제를 내포하고 있다는 것을 스스로도 알지만 확실한 증거가 나타나지 않는 한 새로운 학설은 배척당하기 일쑤였습니다.

여러분도 해볼 수 있는 간단한 실험이 있습니다. 못을 정확히 남북 방향으로 눕히고 망치로 살살 두드립니다. 꽤 오래 동안 두드려야 하지만 못이 자석이 되는 걸 볼 수 있습니다. 즉 지구 자기장의 영향으로 못이 자성을 띄는 것입니다. 이번엔 못을 동서 방향으로 눕히고 다시 두드립시다. 못의 자성이 사라지는 걸 확인할 수 있습니다. 이런 일은 지각에서도 일어납니다. 지각에 포함된 철 성분들이 녹아 있다가 굳어질 때 지구 자기장의 영향을 받아 남북 방향의 자성을 띄는 것입니다. 이것을 연구하면 옛날 지구의 자기장의 모습을 알 수 있습니다.

이를 처음 시도한 것이 1950년대 영국의 랑콘Rancorn 등입니다. 이들은 유럽과 북아메리카의 지질시대별로 암석의 고지자기를 측정했습니다. 그런데 그 경로가 사뭇 달랐습니다. 둘 다 북극을 향해야 하는데 서로 다른 방향을 향하는 것이었습니다. 바로 이 사실로부터 베게너의 대륙이동설이 다시 부활합니다. 베게너가 몇십 년전에 주장했던 그 경로대로 대륙이 이동했다면 당연히 옛날에 가리키던 방향과 지금 가리키는 방향이 다를 수밖에 없었습니다. 그래서 베게너가 주장한 이전 시대로 대륙을 배치하고 고지자기의 경로를 확인했더니 모두 한 방향을 가리켰습니다. 40년만의 부활이었습니다.

해저로 눈을 돌리다

제2차 세계대전은 비극이 분명합니다. 그런데 그 과정에서 과학기술의 발달이 따르기도 했고, 여러 분야에서 다양한 발견을 하기도 했습니다. 그중 하나가 대서양의 해저지도를 만든 것입니다. 바로 잠수함 때문이었습니다. 잠수함이 미국과 유럽 사이를 누비기 시작하자, 해저지도가 필요했습니다. 바다 위를 떠다니는 선박과 달리 바다 밑을 운항하는 잠수함의 경우 해저 지형을 제대로 파악하는 것이 필수적이었습니다.

이를 위해 음파를 이용했습니다. 바다 밑바닥을 향해 음파를 쏘고 되돌아오는 시간을 측정해 해저의 깊이를 측정했습니다. 이런 과정을 연속적으로 진행하면 해저 지형을 파악할 수 있었습니다. 이렇게 제2차 세계대전을 통해 발달한 음파측정법으로 대서양 전체의 해저지도를 작성하는 프로젝트가 시작되었습니다. 그리고 이 과정에서 1947년에는 대서양의 북극에서 남극까지 이어지는 거대한 해저 산맥을 발견했습니다. 1953년에는 이 해령 중심부에 열곡대가 있다는 것도 밝혀집니다. 이후 다른 대양에서도 이를 발견합니다. 지구의 거의 모든 바다에는 이렇듯 거대한 대양저 산맥이 전체적으로 분포하고 있었습니다.

이를 바탕으로 1960년 한때 미국의 해군 장교였던 지질학자 헤리 헤스Harry Hammond Hess, 1906~1969는 해저확장설을 주장합니다. 대서양의 북쪽 끝에서 남쪽 끝까지 이어진 대서양 중앙해령에 대한 연구들을 검토한 끝에 그는 해령에서 새로운 해저지각이 형성되고, 이들이 양쪽으로 밀려 나가면서 해양이 확장된다는 주장을 합니다. 이듬해인 1961년 디츠Robert S. Dietz, 1914~1995가 이를 더 체계화해서 발표합니다. 이 해저확장설로 대륙이동설은 새로운 전기를 맞습니다. 이때까지 대륙이동설은 대륙 자체가 움직인다고 주장했던 것에 반해 이제는 해양지각이 생성되면서 대륙을 밀어서 움직이게 했다는 것으로 전환된 것입니다. 그러면서 베게너의 발목을 잡았던 문제도 풀렸습니다. 대륙이 해양을 찢으면서 움직이는 것이 아니라, 바다가 육지를 몰아붙인 것이었습니다.

이러한 해저확장설은 다음과 같은 증거로 확인됩니다. 첫 번째, 해저지각의 나이를 조사해보면 해령으로부터 멀어질수록 그 나이가 점점 많아집니다. 해령에서 새로운 해양지각이 생성되어 양쪽으로 이동해 간다는 가장 직관적인 증거라고 할 수 있습니다. 두 번째는 해령 부근에는 거의 퇴적암이 없는데 비해 해령에서 멀어질수록 퇴적암의 두께가 두꺼워진다는 것입니다. 즉 갓 태어난 해령 부근의 지각에는 미처 퇴적물이 쌓일 시간이 없었지만 해령에서 점점 멀어질수록 시간이 흘러 퇴적물들이 쌓이고 퇴적암을 형성했다는 것입니다. 세 번째로는 지구 자기의 줄무늬가 해령에 대칭적으로 나타난다는 것입니다. 지구 자기는 대략 50만 년에서 70만 년을 주기로 N극과 S극이 바뀌는데 이를 지자기 역전현상이라고 합니다. 이 지자기 역전의 기록은 당시 형성되는 화성암에 그대로 남게 되는데, 해령을 중심으로 이 지자기 역전의 기록이 대칭적으로 나타나는 것을 확인한 것입니다. 네 번째로는 변환단층이 있습니다. 해령 부근에선 해령에 수직한 방향으로 해양지각 사이에 단층이 만들어집니다. 이 단층은 양쪽으로 멀어지는 지각의 속도가 조금씩 달라서 생기는 현상으로 알려져 있습니다.

판구조론이 완성되다

맨틀대류설과 해저확장설을 바탕으로 드디어 판구조론이 완성됩니다. 1968년의 일이었습니다. 미국의 지질학자 모건W. J. Morgan, 1935~은 지진이 많이 일어나는 지역이 판의 경계부에 있으며 판의 두께가 약 100킬로미터라고 발표합니다. 그는 또 6개의 대규모 판과 12개의 소규모 판을 구분하고 판의 운동 방향과 상대 속도를 계산하기도 합니다. 그와는 별도로 같은 해에 미국의 지구물리학자인 아이악스, 올리버, 사이크스는 판이 운동하고 있다는 것을 증명하는 지진학적 증거를 발표합니다. 그들은 '신지구 구조론New Global Tectonics'이란 용어를 처음 사용했습니다. 지금은 이 용어를 '판구조론Plate tectonics'이라고 말합니다.

이 판구조론은 지구의 표면은 지각과 맨틀 최상부를 포함하는

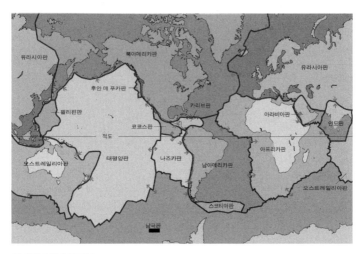

20세기 후반의 판구조

여러 개의 판으로 구성되어 있으며, 이 판들이 서로 각기 다른 방향으로 움직이는 과정에서 해령과 해구, 습곡 산맥들이 만들어진다는 이론입니다. 아프리카판, 남극판, 오스트레일이라판, 유라시아판, 북아메리카판, 남아메리카판, 태평양판, 코코스판, 나즈카판, 인도판 등이 주요한 판이며 이 외에 소소한 판들이 있습니다.

지질학은 '산맥이 어떻게 형성되었을까?', '왜 산 위에서 조개 껍데기 화석이 발견될까?'하는 의문에서 시작되었습니다. 그리고 수성론과 화성론, 격변설과 동일과정설을 거치고 지구수축론과 대륙이동설 및 맨틀대류설의 대립을 거쳐 판구조론으로 정리됩니다. 그리고 지금은 다시 판구조론의 취약한 부분을 보완하는 플룸구조론까지 논의가 진척되었습니다.

지구는 속살은 어떻게 생겼을까

한편 이 거대한 지구의 내부는 어떻게 구성되어 있을까에 대한 탐구의 역사가 있습니다. 소설처럼 지구 내부에 커다란 동공이 있는데, 그곳에 지상과는 다른 잃어버린 낙원이 있다는 주장도 있었습니다. 학자들은 한때는 지구를 하나의 거대한 구라고 생각하기도 했습니다. 그러다 뉴턴이 만유인력의 법칙과 힘의 3법칙을 발견하면서 상황이 달라집니다. 지구가 자전을 한다면 자전에 의한 원심력으로 지구는 적도 부근이 부푼 모양이 된다는 사실을 깨달은 것이지요. 그것이 사실인지 확인하기 위해서 학자들은 각 위도별 거리를 측정했습니다. 뉴턴의 주장이 맞았습니다. 지구는 적도가 극지방보다 조금 더 부푼 모양이었습니다. 그런데 그 부푼 정도가 문제였습니다. 학자들이 생각한 적도가 부푼 정도는 극지방에 비해 아주 약간 더 볼록한 것이었습니다.

그리고 학자들은 다시 지구의 밀도를 재기 시작했습니다. 밀도는 부피와 질량을 알면 간단하게 구할 수 있습니다. 사물의 질량을 부피로 나누면 바로 밀도기 때문입니다. 그래서 밀도를 재봤더니 약 $5.25g/cm^3$가 나왔습니다. 그런데 이게 문제였습니다. 지표 부근의 지각을 조사해보면 밀도가 대략 $2.5 \sim 3g/cm^3$ 정도로 나왔기 때문입니다. 그렇다면 답은 하나 밖에 없습니다. '지구 내부는 표면보다 밀도가 크다.' 그때부터 학자들은 지구 내부에 지구 표면보다 더 무거운 물질로 이루어진 핵이 있다고 여겼습니다. 하지만 구체적인 지구 내부 구조를 알 수는 없었습니다. 지구 내부까지 파고 들어가서 확인하기에는 인간에게 지구가 너무 깊었습니다.

하지만 19세기 말이 되자 새로운 방법이 나타났습니다. 마치 우리가 수박을 두드려서 내부가 어떤지 판별하는 것처럼 지진을 통해 내부를 알 수 있지 않을까 생각하게 된 것입니다. 이런 지진파를 이용한 지구 내부 탐사를 처음 주장한 것은 1883년 영국의 밀른John Milne, 1850~1913이었습니다. 그는 일본의 지진을 연구하던 중 이런 방법을 착안했습니다.

1889년 밀른의 생각은 독일의 레뵈르-파슈비츠Rebeur-Paschwitz, 1861~1895에 의해 확인됩니다. 레뵈르-파슈비츠는 정교한 지진계를 만들었고, 이를 통해 일본의 동경에서 일어난 지진에 의한 지진파를 유럽에서 확인한 것입니다. 그리고 이런 발견은 더 자세한 연구로 이어졌습니다. 1900년 인도지질연구소의 올덤Richard D. Oldham, 1858~1936은 지진파를 P파Primary Wave와 S파Secondary Wave, 그리고 그 뒤를 이어오는 진폭이 큰 파(Love파 Rayleigh파)로 나눕니다. 그리고 P파와 S파는 지구 내부를 통과하는 내부파이고, Love파와 Rayleigh파는 지표를 통해서 전달되는 표면파임을 확인합니다. 이중에서 지구 내부를 통과하는 P파와 S파를 통해 지구 내부를 탐사하는 길이 열린 것입니다.

P파와 S파는 둘 다 지구 내부를 통과하는 지진파이지만 그 성격은 다릅니다. P파는 파동의 진행 방향과 매질의 진행 방향이 서로 평행한 종파입니다. 따라서 주변에 큰 영향을 미치지 않고 빠른 속도로 진행합니다. 반면 S파는 파동의 진행 방향과 매질의 진동 방향이 서로 수직인 횡파입니다. P파보다 속도가 느리고, 액체 상태의 매질을 통과하지 못합니다. 이러한 차이로 P파와 S파를 이용해 지구 내부가 계층 구조로 이루어져 있고, 그중 외핵이 액체 상태라

는 것을 알 수 있게 된 것입니다.

1909년 유고슬라비아의 안드레이 모호로비치치Andreiji
Mohorovicic, 1857~1936가 지각과 맨틀의 경계면을 발견하고, 1914년 구
텐베르크Beno Gutenberg, 1889~1960는 올덤이 발견한 맨틀과 핵의 경계면
을 더 정밀하게 측정합니다. 그리고 1929년 코펜하겐 연구소의 레
만Unge Lehmann, 1888~1993은 내핵과 외핵의 경계면을 발견합니다. 이
러한 과정을 거쳐 지구 내부는 고체로 된 내핵과 용융 상태의 외핵,
그리고 맨틀 및 지각으로 구성되어졌다는 사실이 드러납니다.

그러나 이러한 연구 결과는 반대로 맨틀대류설에 부정적인 영
향을 줍니다. S파는 액체 상태의 물질을 통과할 수 없는데 맨틀 전
체를 통틀어 이 S파가 관통하는 것을 관측한 것입니다. 따라서 맨틀
은 고체라고 추측되었습니다. 그래서 움직일 수 없는, 즉 대류가 있
을 수 없다는 결론에 도달합니다. 그러나 1960년대 더 정밀한 연구
가 진행되면서 지하 약 100킬로미터 지점에 힘을 받으면 움직이는
연약권이 존재한다는 것이 밝혀집니다. 마침내 맨틀대류설이 인정
을 받게 됩니다. 앞서 1960년대에 맨틀대류설과 해저확장설이 통합
되면서 판구조론이 만들어졌다고 했는데, 이는 이러한 지진파에 의
한 지구 내부 구조를 확인할 수 있었던 것에 크게 힘입은 것입니다.

지질학의 역사는 지구의 나이를 계속 늘리는 과정이었습니다.
5,000살이던 지구는 시간이 지남에 따라 몇만 살이 되었다가 몇십
만 살이 되었다가, 몇억 살이 되었다가 이제 대략 45억 살이 되었
습니다. 겨우 100년을 살기도 어려운 인간으로서는, 한 나라가 겨
우 1,000년을 유지하면 기록이 되는 인류로서는, 문명의 발생이 겨
우 1만 년 밖에 되지 않는 호모 사피엔스로서 감히 상상하기 어려울

정도의 나이입니다. 그래서 처음 사람들은 자신의 민족 역사 정도로 지구 나이를 생각했다가, 이런 저런 과학적 발견에 의해 그 시야를 넓히고 깊게 하게 된 것입니다. 물론 아직도 성경에 기초해서 지구 나이를 6,000살이라 여기는 사람도 있습니다. 과학과 믿음을 구분하지 못하는 것이지요.

지리학의 역사가 인간이 사는 이 땅의 넓이를 넓혔다면 지질학은 이 땅의 나이를 깊게 했습니다. 그리고 다시 인간의 역사를 돌아보게 합니다. 고대에서부터 중세까지 지구의 역사는 인간의 역사나 큰 차이가 없었습니다. 그러나 이제 우리는 지구 나이로 볼 때 45만분의 1 정도 되는 것이 인류의 문명사라는 것을 압니다. 공룡이 지구를 지배했던 시간은 인류가 지구를 지배한 시간의 1만 5천배 가량 됩니다. 지질학을 통해 지구 역사의 깊이를 알수록 우리가 얼마나 짧은 시간을 살고 있는지를 깨닫게 되는 것이지요.

박물학의 어두운 그림자

식민 지배 이데올로기로 활용되다

유럽의 각 나라가 제국이 되면서 박물학은 시대의 주목을 받는 학문이 되었습니다. 작은 섬나라였던 영국은 해가 지지 않는 나라가 되었고, 프랑스는 영국이 아프리카를 남북으로 관통하는 걸 막으며 아프리카의 동서를 관통하려 애쓰고 있었습니다. 인도차이나반도는 프랑스령이 되었고, 말레이제도는 네덜란드가, 인도는 영국이 차지했습니다. 북아메리카의 위쪽은 프랑스가 아래쪽은 영국이 가져갔습니다. 남아메리카는 포르투갈과 스페인의 땅이 되었고, 필리핀도 스페인이 차지했습니다.

그러나 그곳에 원래 살던 원주들은 영국 시민도 프랑스 국민도 아닌 노예가 될 운명이었을 뿐이었습니다. 그리고 그렇게 식민지가 된 지역마다 여러 가지 조사가 이루어졌습니다. 새로운 땅에는 새로운 식물이 있었고, 그 식물을 먹이로 하는 새로운 동물이 살고 있었습니다. 사막과 초원과 우림이 있었고, 협곡과 산맥, 고원과 늪지가 있었습니다. 이 모든 것이 그 땅을 지배하는 제국에게는 꼭 알아야 할 정보였습니다. 그래서 식물학과 동물학, 지질학과 지리학을 하는 이들이 그 지역을 탐험하고 조사했습니다. 가히 박물학과 자연사의 전성시대였습니다.

낯선 거대한 영토를 확보한 제국으로서는 박물학자들의 연구와 조사가 당연히 필요했고, 그 과정에서 이들의 지식과 연구 성과도 높아져 갔습니다. 식물학과 동물학은 점차 발전하면서 생물학이라는 새로운 학문을 형성했고, 생물학 내에서도 생태학이라는 새로운 학문 영역이 등장했습니다. 생물을 분류하는 분류학도 발전했습니다. 식물과 동물을 제대로 분류하고 동정하는 일은 학문적으로 중요했지만, 상업적으로도 중요해졌기 때문입니다.

지질학도 마찬가지여서 지칭에 대한 분석과 광물 및 암석에 대한 비교는 필수적인 지식이 되었습니다. 새로 확보한 식민지의 어디에 어떤 지하자원이 숨어있는지를 찾기 위해 지질 전문가가 많이 필요했습니다. 그뿐만이 아닙니다. 식민지에 도로를 내고, 요새를 건설하고 군대가 머물 곳을 찾으며, 다른 제국과의 경쟁을 이겨내기 위해서 지리학이 필수 학문이 되었습니다. 물리학, 수학, 천문학 정도만이 학문적 구성을 갖추던 이전 시기에 비해 과학의 분과학문이 급속도로 다양해지고 넓어졌습니다.

이들의 노력이 과학에서만 큰 성과를 올린 것은 아닙니다. 그들의 노력으로 유용한 작물은 원산지를 떠나 비슷한 기후 환경의 다른 식민지에 옮겨 심어졌습니다. 브라질의 고무나무를 인도네시아와 말레이시아에 심어서 거대한 고무농장을 만들었습니다. 커피도와 바나나도 마찬가지였습니다. 미국과 캐나다의 대평원에서는 밀농사가 시작되었고, 남아메리카의 평원에선 소를 기르기 시작했습니다. 물론 그 과정은 참혹했지요.

인도네시아와 말레이시아에서 고무나무를 대량으로 재배하기 위해 엄청난 면적의 열대우림이 베어져 나갔습니다. 열대우림에 서식하던 동물들도 당연히 사라졌습니다. 그곳에 터를 잡고 살고 있던 원주민들도 모두 내쫓겼습니다. 그 땅에 살던 모든 생명을 쫓아낸 제국의 기업가들은 거대한 플랜테이션에 노동자를 끌어들였습니다. 동남아시아와 아프리카에선 원주민들의 노동으로, 아메리카에서는 아프리카에서 강제로 끌려온 흑인 노예의 노동으로 플랜테이션을 유지했습니다. 단일 작물의 재배는 현지의 경제 구조를 파탄시켰고, 그 부는 모두 제국의 기업가들에게 돌아갔습니다. 16세기 제국주의에서 시작된 대규모 플랜테이션은 오늘날까지도 이어지고 있습니다. 다만 노예노동만 임금노동으로 바뀌었을 뿐입니다.

지리학도 이러한 박물학의 발전 속에서 하나의 분과학문으로 자리 잡게 되었습니다. 근대 지리학이 시작된 것은 19세기 독일에서부터였습니다. 그 이전에도 여러 학문 분야에 걸쳐 지리학이 있었습니다. 지질학과 관련된 영역도 있었고, 생물학과 관련된 영역도 있었습니다. 그러나 대학마다 공식적으로 지리학과를 두고, 각 학교에서 지리학을 가르치기 시작한 것은 갓 통일을 달성한 독일 제국이었습니다.

수백 개의 공국과 자치도시들을 끌어모아 이제 막 통일을 이룬 독일 제국은 국가로서의 정체성을 확보하기 위한 여러 정책을 펼쳤습니다. 그리고 그중 하나가 지리학이었습니다. 독일이 애초부터 하나의 국가로 통일될 환경적, 지리적 운명이었음을 강조하기 위해서였습니다. 지리학의 한 영역이었던 통계학이 독자적인 학문이 된 것도 독일이 그 시작이었습니다. 통계학Statistics의 어원은 State, 즉 국가였습니다. 한 국가의 인구, 면적, 공업생산물, 수출량 등 다양한 자료를 확보하는 것이 최초의 통계였고, 이는 응용지리학의 한 영역이었던 것입니다.

이렇게 국가적 지원 속에 독일에서 발달하기 시작한 초기 근대 지리학은 환경결정론적 성격을 많이 가지고 있었습니다. 열대지역에 사는 사람들은 환경의 영향을 받아 게으르다든가 하는 속설은 바로 이런 초기 지리학의 환경결정론으로 거슬러 올라갑니다. 이런 결정론은 생물학의 인종주의와 마찬가지로 제국주의 시대, 식민지에 대한 유럽인의 지배를 당연하게 여기게 만드는 여러 요인 중 하나였습니다.

이런 환경결정론의 대표적인 학자가 프리드리히 라첼Friedrich Ratzel, 1844~1904이었습니다. 그는 지리적 환경이 그곳에 사는 이들의 성격과 민족적 속성을 결정한다는 환경결정론을 주장했습니다. 그리고 여기에 더해서 그런 민족적 속성은 이주를 통해 전파될 수 있다고도 주장했습니다. 그러나 그를 가장 유명하게 만든 것은 '레벤스라움Lebensraum'이란 용어입니다. 독일어로 살 공간, 생활권 정도의 의미를 가지며 영어로 번역하는 경우 Living Space 정도로 번역됩니다. 이 레벤스라움이란 결국 '독일의 영토를 넓혀 독일 민족이 살 공간을 마련해야만 독일 아리아 민족이 살아남을 수 있다.'는 주장이었습니다.

그는 독일 민족은 당시의 좁은 영토만을 생활공간으로 삼기에는 너무나 위대한 민족이라고 생각했습니다. 그래서 그 위대함에 걸맞은 레벤스라움을 확보해야 한다는 주장을 펼칩니다. 그의 주장은 이후 독일 영토 팽창 정책의 가장 중요한 이데올로기로 사용됩니다. 사실 제2차 세계대전 당시 일본의 대동아공영권도 이러한 이데올로기에 힘입었다고 할 수 있습니다.

라첼의 이러한 주장은 국가가 존재하는 당위성은 영토 정복과 생활공간의 확장이라는 생각에 근거하고 있었습니다. 진화론의 사회적 적용 형태의 하나인 사회진화론의 한 경향이었습니다. 사회와 국가를 약육강식의 논리 속에서 바라본 것이지요. 이 논리에 따라 그는 독일이 다른 민족을 지배하고, 팽창하듯 서구 유럽이 지구를 정복해가는 과정 또한 합리화했습니다. 이는 지리학만이 그런 것은 아니었습니다. 골상학과 우생학이라는 생물학의 탈을 쓴 유사과학도 서구 유럽의 식민지 지배를 당연하게 만드는 또 하나의 이데올로기였습니다.

두개골의 형태로 개인의 특성을 알 수 있을까

아서 코난 도일Arthur Conan Doyle, 1859~1930의 셜록 홈즈 시리즈를 보면 홈즈가 종종 골상학을 추리에 이용하는 모습이 나옵니다. 홈즈가《푸른 카벙클》에서 큰 모자를 발견하고 써본 뒤 '모자가 큰 걸 보니 두개골이 크군. 그렇다면 꽤나 영리하겠어.'라고 결론을 내린다든가 두개골의 모양을 보고 인종을 맞히는 장면이 그것입니다. 코난 도일이 '셜록 홈즈 시리즈'를 쓰던 당시의 영국, 혹은 유럽은 이런 골상학이 과학의 한 분야로 인정받던 때였습니다.

골상학Phrenology은 그야말로 두개골의 형태로 그 사람의 심리적 특징을 알 수 있다는 주장입니다. 1796년 오스트리아의 의사인 프란츠 요제프 갈Franz Joseph Gall, 1758~1828은 인간의 심리적 특성은 독립된 여러 부분으로 나눌 수 있고, 각 부분은 대뇌 표면의 각 부위에 일정하게 나누어져 배열된다고 주장합니다. 그는 뇌의 피질을 몇 개의 영역으로 구분한 후 정신의 '기관Organ'이라고 불렀습니다. 그리고 각 부위의 크기가 그 부분에 자리 잡은 심적 기능의 발달 정도를 나타내므로 대뇌를 둘러싼 두개골의 형상을 보면 인간의 심리적 특징을 짐작할 수 있다고 주장합니다. 그리고 그의 제자인 요한 슈바르츠하임Johann Spurzheim이 골상학이라는 명칭을 붙이고 갈과 함께 책을 써서 심적 기능을 35가지로 분류하고 대뇌의 각 부위에 배열했습니다. 이 골상학은 19세기 후반에 유럽 전체에 크게 유행하면서 여러 분야에 영향을 미치는데, 그중 대표적인 것이 바로 코난 도일의 추리소설 '셜록 홈즈 시리즈'였던 것입니다.

골상학이 말하는 바는 만약 천재가 넓은 이마를 가지고 있다면 지능은 뇌의 전면에서 담당하고 있는 것이 틀림없으며, 범죄자의 머리가 옆으로 튀어나와 있다면 측두엽이 거짓말을 하는 데에 결정적인 역할을 하리라는 것입니다. 이처럼 특수한 사례에 기댄 방법은 대부분 터무니없는 국소화 이론을 이끌어냅니다. 이후 뇌과학이 발전하면서 골상학은 일종의 유사과학 혹은 의사과학으로 취급받게 되었습니다.

실제로 연구자들은 두개골의 크기가 실제로 지능과 관계가 있는지에 대해 수천 명을 대상으로 확인했습니다. 그 결과 두개골이 큰 사람이, 즉 머리가 큰 사람이 지능이 높은 경우가 많더라는 통계 결과를 확인할 수 있었다. 그러나 머리의 크기와 지능의 상관계수는 고작 0.33에 불과했습니다. 상관계수는 1이면 서로간의 상관관계가 꽤 크다는 이야기고 0이면 아예 없다는 것입니다. 0.33이면 상관관계가 있기는 하지만 그걸로 예측을 할 수 있는 수준은 아니라는 뜻입니다. 즉 '머리가 크면 머리가 좋다'라고 말할 수 있을 정도는 아니라는 것입니다. 실제 그 실험에서 지능과 상관관계가 더 컸던 것은 필체였습니다. 다만 뇌의 일정 영역이 정신 활동의 특정 부분을 담당한다는 사실은 이후 대뇌 연구에 많은 시사점을 주었습니다. 하지만 결코 특정 부분의 두개골 형태가 정신 활동에 영향을 주지는 않습니다.

사실 '셜록 홈즈 시리즈'에는 이런 골상학뿐만 아니라 코카서스계 백인이 아닌 여타 인간에 대한 편견이 여러 곳에서 나타납니다. 물론 이 중에서 대부분은 과학적 근거가 빈약합니다. 하지만 이전부터 내려오던 특정 지역, 특정 인종에 대한 편견은 다윈의 진화론에 대한 잘못된 오해와 결합되어 '과학적 근거가 있는 듯이 보이는' 인종주의를 만들어 냈습니다. 사실 이는 과학의 탈을 썼지만 과학이라기보다는 사회적 편견에서 비롯된 것입니다. 다만 과학은 그에 대한 면죄부 역할을 했을 뿐입니다.

고대에서부터 시작된 우생학적 사고

과학의 외피를 두르고 다른 인간에 대한 혐오와 멸시를 조장하는 것으로 골상학 외에도 우생학이 있습니다. 우생학Eugenics은 인간 종의 개량을 목적으로 인간의 선별 육종에 대해 연구하는 학문을 말합니다. 즉 열등한 유전자를 가진 인간은 자손을 낳지 못하게 하고, 우월한 유전자를 가진 인간이 자손을 많이 낳게 해서 미래의 인간은 더 훌륭한 존재로 만들자는 학문입니다. 사실 학문이라고 할 수도 없습니다. 악의적인 프로파간다일 뿐이지요. 우생학이란 용어는 근대에 만들어졌지만 우생학적 사고의 역사는 깊습니다. 이처럼 인간 사이의 차별을 당연시하고, 그를 바탕으로 인종주의를 노골적으로 펴는 주장은 어쩌면 인류가 문명을 이룩한 그 시점에서부터 시작한다고 봐야할 것입니다.

일찍이 고대 그리스의 플라톤은《국가》에서 "가장 훌륭한 남자는 될 수 있는 한 가장 훌륭한 여자와 동침시켜야 하며 이렇게 태어난 아이는 양육되어야 하지만, 그렇지 못한 아이는 내다 버려야 하며, 고칠 수 없는 정신병에 걸린 자와 천성적으로 부패한 자는 죽여 버려야 한다."고 주장합니다. 아리스토텔레스 또한 시민 계급을 중심으로 이상적 공동체를 설계해야 하며, 하층 계급의 다산으로 인한 과잉 인구는 빈곤이나 범죄, 혁명의 중심지로 자라날 가능성이 많기 때문에 하층 계급의 출산율은 엄격히 제한되어야 한다고 했습니다. 르네상스 시대, 이탈리아의 캄파넬라Campanella, 1568~1639도《태양의 도시City of Sun》에서 "우월한 젊은이만이 자손을 남길 수 있도록 통제되어야 한다."고 했습니다.

이들 외에도 많은 이들이 좋은 자질을 타고난 이들을 중심으로 후손을 남겨 더 좋은 인간들로 가득 찬 사회를 만들어야 한다는 주장을 했습니다. 이는 때로 학살의 근거가 되기도 하고, 피억압민족에 대한 탄압의 기제로 작용하기도 했습니다. 그리고 대부분의 문명에서 장애인들이 차별받고, 숨겨지고, 학살당하는 이유이기도 했습니다.

아우슈비츠는 계속된다

그러나 이러한 전통이 과학의 외피를 둘러쓰게 된 것은 19세기 무렵입니다. 이래즈머스 다윈의 외손자이고 찰스다윈의 사촌이었던 프랜시스 골턴Ser Francis Galton, 1822~1911은 다윈의 진화론을 근거로 인간의 재능과 특질이 유전된다고 믿었습니다. 그리고 이를 통계학적 방법으로 정당화하려고 했습니다. 1865년 〈유전적 재능과 특질〉이란 논문에서 골턴은 우생학적 전망을 개진하며 인간은 스스로의 진화에 책임이 있다고 주장했습니다. 그는 이후 더욱 인간의 재능과 특질이 유전되는 것을 증명하는 것에 매진했습니다.

1869년 골턴은 《유전적 천재Hereditary Genius》를 발표합니다. 여기서 그는 저명인사들의 가계도를 조사해서, 저명인사들의 가까운 친척들이 먼 친척보다 더 유명해졌다는 걸 통해 이를 다시 증명했다고 주장합니다. 물론 저명인사들이 자신의 자녀를 포함한 가까운 친척들을 위해 더 좋은 자리를 마련할 수 있다는 건 고려하지도 않았습니다.

"본성이냐 양육이냐"라는 유명한 말을 남긴 그는 우월한 인간과 열등한 인간은 환경적 요인보다는 본성에 의해 결정된다는 주장을 위해 인간의 형질에 대한 여러 가지 관찰을 계속합니다. 그는 육종가들이 인위적 선택을 통해 동식물에서 원하는 형질을 선택적으로 강화하는 것처럼, 인간도 인위적으로 개선될 수 있으며, 이는 문명화에 가장 중요한 토대가 될 것이라고 믿었습니다. 그리고 이를 위해 정책적 수단을 동원해야 한다고 생각했습니다. 즉 잔디밭에서 잡초를 제거하듯이 열등한 인종을 제거해야 한다고 주장했습니다.

그리고 에른스트 헤켈Ernst Haeckel, 1834~1919이 있습니다. 정식 이름은 에른스트 하인리히 필리프 아우구스트 헤켈Ernst Heinrich Philipp August Haeckel이며 폰 헤켈Von Haeckel이라 불리기도 했습니다. 헤켈은 생물학자이자 박물학자, 철학자, 의사, 화가였던 사람입니다. 그의 이름을 들어본 사람은 대개 그가 쓰고 그린《자연의 예술적 형상들 Kunstformen der Natur》이란 책의 그림을 봤거나 아니면 그가 '독일의 다윈'이라 불릴 정도로 다윈의 진화론을 독일에 열심히 소개한 사람 정도로 알 것입니다.

그런데 그의 주장이라고 아는 이들은 드물지만 우리에게 훨씬 친숙한 것이 있습니다. 바로 '개체의 발생은 계통의 발생을 반복한다.'는 반복발생설입니다. 그는 포유류가 어미의 자궁에서 발생할 때 처음에는 어류의 모습, 그다음에는 양서류, 조금 지나면 파충류, 그리고 마지막으로 포유류의 모습이 나타난다고 주장했습니다.

그러나 사실 헤켈이 그린 그림은 조작된 것이었습니다. 이 그림이 조작이라는 사실은 그가 반복발생설을 주장했던 그때부터 제기되었습니다. 하지만 결정적으로 증거가 나타난 것은 20세기 들어서였습니다. 어류와 양서류, 파충류와 포유류의 배아가 발생 단계에서 어떠한 모양을 하고 있는가를 정밀하게 측정할 수 있는 장치가 개발되었기 때문입니다. 또 발생학이 발달하였기 때문이기도 합니다.

물론 그의 주장이 완전히 틀린 건 아닙니다. 실제 척추동물의 경우 발생 과정이 비슷한 경로를 가집니다. 맨 처음 신경계가 발달하고, 이로부터 다른 기관계가 발달하기 시작합니다. 그러나 이는 그의 주장처럼 어류, 양서류, 파충류의 단계를 거치는 것이 아니라

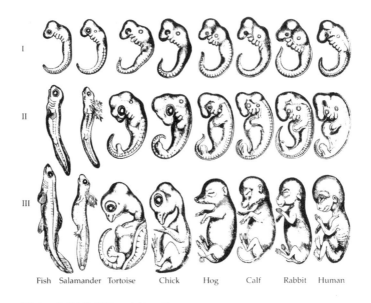

| Fish | Salamander | Tortoise | Chick | Hog | Calf | Rabbit | Human |

헤켈이 그린 반복 발생설을 주장하는 그림

발생 과정을 지휘하는 유전자가 비슷한 것이기 때문입니다. 과학자도 잘못된 주장을 할 수 있습니다. 아니 과학자는 항상 오류를 저지릅니다. 하지만 중요한 것은 자신의 주장을 위해 조작을 해서는 안 된다는 것입니다. 헤켈은 이런 점에서 비난받을 만한 행동을 했습니다.

헤켈에게서 더욱 문제가 되는 것은 인종주의적 편견이었습니다. 그는 《수수께끼의 세상》이란 책을 통해 일원론Monism을 주장합니다. 그는 그 책에서 세계가 진화론을 기본으로 해서 필연적으로 단일한 통일성을 지니게 된다고 주장을 펼쳤습니다. 사실 이런 논지는 원래의 진화론과는 아무 관련이 없습니다. 다윈의 진화론은 그때그때의 환경에서 '우연히' 살아남게 된 개체들이 자신의 형질을 자손에게 물려줌으로써 나타나는 '무목적적인 사건들'의 연속을 의미합니다. 다윈의 진화론 어디에도 진화가 향하는 방향은 없습니다. 그러나 그에게 진화는 어떠한 방향을 뜻합니다.

그리고 또 그에 따르면 정치는 생물학의 응용이었습니다. 아니 정치뿐만 아니라 경제, 사회, 도덕 등 모든 것이 생물학의 응용이었습니다. 헤켈은 개인의 발전만큼이나 인종의 발전이 필요하다고 주장합니다. 그래서 미개한 종족은 뛰어난 종족의 관리와 보호를 받아야 한다고도 말합니다. 이러한 그의 주장은 이후에 나치가 유대인과 집시에 행하는 박해의 이론적 근거가 됩니다.

그런데 19세기를 관통하는 이러한 인종주의는 헤켈만의 것은 아닙니다. 그의 자연을 모사한 아름다운 그림과 인종에 대한 그릇된 생각은 사실 당시의 박물학자들 사이에 꽤나 많이 그리고 반복적으로 등장하는 현상이었습니다. 물론 시대적 한계가 있다고 하더라도 그것이 면죄부가 되지는 않습니다만.

차별의 역사

인종에 따른 유전적 차이는 얼마나 될까

다음 질문을 한번 짚고 넘어갑시다. 정말 인간은 이러한 주장이 거침없을 만큼 유전적으로 다양할까요? 과연 다른 인간에 비해 우월한 유전자를 가졌거나 열등한 유전자를 가진 민족이나 인종이 있는 걸까요? 생물학 연구는 '전혀' 그렇지 않다고 대답합니다.

오히려 인간은 유전적으로 너무 다양하지 않아서 문제라고 합니다. 오늘날에는 이런 구분은 아무런 의미가 없는 비과학적인 것으로 취급됩니다. 흑인종과 백인종, 그리고 황인종 등 흔히 인종 집단이라 여겨지던 사람들 간의 차이는 유전자 분석 결과 무시해도 될 만큼 아주 작았습니다. 아프리카 열대우림의 한 침팬지 집단과 산 너머에 사는 또 다른 침팬지 집단 간의 차이만큼도 나지 않을 정도였습니다.

눈으로 보기엔 침팬지는 다 똑같이 생겼고, 인간은 이렇게 다양한데 그게 말이 되냐고 반론할 수도 있습니다. 충분히 가능한 질문입니다. 그러나 인간의 다양함은 단지 외형적 다양함일 뿐입니다. 우리 몸 안의 유전자는 우리가 생각보다 훨씬 더 단일하다고 말합니다. 즉 한국인일 가능성이 아주 높은 이 책의 독자인 당신과 스칸디나비아 반도의 북유럽인과 아프리카 남단의 줄루족과 오스트레일리아의 에보리진 사이의 유전적 차이는 1킬로미터 정도 떨어진 채 살아가는 두 침팬지 집단의 유전적 차이보다도 작습니다. 그런데도 외형적 다양성이 나타나는 것은 세 가지 이유입니다.

첫째는 익숙한 얼굴을 구분하는 것이 낯선 얼굴을 구분하는 것보다 쉽기 때문입니다. 쉽게 말해서 한국인인 우리에게 나이와 성별이 같은 북유럽인 10명을 잠깐 보여준 뒤에 구분하라고 하면 잘 구분하지 못합니다. 낯선 얼굴이기 때문이죠. 반대로 한국인 얼굴 10명을 잠깐 보여주고 구분하라고 하면 훨씬 더 잘 구별합니다. 바로 이런 이유로 우리는 침팬지의 얼굴을 잘 구분하지 못합니다.

둘째는 환경의 차이 때문입니다. 침팬지 무리는 모두 열대우림에 서식합니다. 즉 동일한 환경에 사는 것이죠. 하지만 인간은 알래스카에서 열대우림까지 지구상의 거의 모든 육지에서 삽니다. 사는 곳이 다르면 그 환경에 맞춰 얼굴이 달라질 수밖에 없습니다. 예를 들어 파푸아뉴기니의 원주민과 아마존의 원주민, 그리고 아프리카의 원주민을 동시에 보여주면 우리는 잘 구분하지 못합니다. 비슷한 환경에서 비슷하게 적응했기 때문입니다. 그러나 파푸아뉴기니의 원주민들은 동남아시아인이나 중국인과 유전적으로 훨씬 더 가깝습니다. 우리는 중국인과 비슷해 보이지만 아마존의 원주민과 유전적으로 더 가깝습니다. 마찬가지로 핀란드의 원주민은 유전적으로는 우리와 더 가깝지만 그 외모는 스웨덴이나 노르웨이 사람들과 더 비슷해 보입니다. 불과 1만 년도 되지 않는 세월, 어쩌면 약 5,000년 정도의 세월일 수도 있습니다. 이 짧은 시기에도 사는 곳이 다르면 다른 형태로 바뀝니다.

셋째는 문화의 차이입니다. 영화배우 윌 스미스와 브레드 피트 그리고 아프리카의 부시맨을 떠올려 봅시다. 유전적 동질성은 윌 스미스와 부시맨이 더 가깝지만 분위기는 윌 스미스와 브레드 피트가 더 흡사해 보일 것입니다. 옷차림과 말투 그리고 여러 가지 생각들이 모두 모여 하나의 인간을 형성합니다. 같은 사람에게 한번은 구석기 시대인의 옷차림과 행동을 보이게 하고 다른 한번은 도시적 분위기의 옷차림과 행동을 보이게 하면 우리는 과연 짧은 시간 안에 둘을 동일인이라고 구분할 수 있을까요?

그러면 또 다른 질문이 생깁니다. 인간은 왜 이렇게 유전적으로 동일한 것일까요? 뭔가 그런 운명을 타고 났기 때문에? 아니면 애초에 인간은 특별한 존재이기 때문에? 그렇지 않습니다. 인간과 비슷하게 종 내 유전적 다양성이 적은 생물은 꽤나 많습니다. 대표적으로 아프리카의 치타가 그렇습니다. 치타의 유전적 다양성이 적은 까닭은 빙하기 말에 거의 멸종되다시피 하다가 살아났기 때문입니다. 고래도 그렇습니다. 18~19세기에 유럽과 미국의 고래 남획은 대서양에서 고래의 씨를 말렸고, 태평양에서도 고래를 멸종 직전까지 밀어붙였습니다. 만약 석유가 싼 가격에 다양한 쓸모를 가진 상품으로 등장하지 않았다면 가로등을 켤 기름과 기계의 윤활유를 공급하기 위해 고래는 멸종되었을지도 모릅니다.

오늘날 유전적 다양성이 부족한 종들은 공통점이 하나 있습니다. 과거에 멸종에 이르렀다가 살아났다는 것입니다. 멸종 직전까지 몰렸으니 살아남은 개체가 얼마 되지 않았습니다. 그러다 여러 우연으로 자손이 늘어나 간신히 멸종 위기를 극복한 동물들입니다.

애초에 거의 동일한 조상에서 출발했으니 그 유전적 다양성이 폭넓지 않은 것입니다. 물론 이 경우 시간이 지나고 변이가 생기면서 유전적 다양성이 다시 풍부해질 수 있습니다. 그러나 멸종 위기로부터 어느 시점까지는 유전적 동질성을 가질 수밖에 없습니다.

따라서 인간의 유전적 다양성이 부족하다는 것은 과거의 어느 순간 멸종 위험에 처했었다는 걸 알려 줍니다. 실제 6~7만 년 전 총 인구가 불과 몇천 명에 불과하던 때가 있었습니다. 그때의 자손이 오늘날 70억 인류가 되었습니다. 우리가 아무리 멀리 떨어져 살고, 아무리 피부색이 달라도 서로 별반 다를 게 없는 것이지요.

19세기와 20세기 초에 이런 사실이 과학적으로 증명되기 전에 횡행했던 인종주의는 역설적으로 그 뿌리를 애초에 과학에 둔 것이 아니기 때문에 21세기인 현재도 여전히 굳건히 남아 있습니다.

인류와 함께한 차별의 역사

다른 인종만 차별 대상이었던 건 아닙니다. 인간의 오랜 역사 동안 여성들은 뿌리 깊은 차별 속에 살아왔습니다. 여필종부라든가, 여자가 첫 손님이면 재수가 없다든가 등 온갖 편견이 있었고, 지금도 남아 있습니다. 이런 편견을 깨는 것은 당연한 것인데, 오히려 여러 가지 과학적 데이터를 이용해 이러한 차별이 당연하다는 주장이 나오는 것은 한심한 일입니다.

여성이 남성보다 지능이 낮다든가, 여성은 대인관계가 서툴다든가 하는 것이 그런 것입니다. 여성들에게 교육받을 기회를 제대로 주지 않은 상태에서는 학습과 관련된 데이터를 아무리 뽑아도 여성의 지능이 남성보다 낮게 나올 수밖에 없습니다. 여성에게 불리한 교육 과정과 학습 제도, 여성들이 남성들만의 도제식 교육에서 소외되는 현실을 외면한 데이터가 여성의 학습 능력이 남성보다 부족하다는 증거로 태연하게 나오는 것이지요.

예를 들어 여성들이 대인관계에 서툴다는 것도 마찬가지입니다. 남성들끼리 사회망을 구축해 놓고 거기에 여성이 끼어들면 소외시키는 것을 고려하지 않은 데이터가 어떤 의미가 있을까요? 지금은 의식이 많이 달라졌지만 여전히 룸살롱 같은 곳에서 비즈니스를 해야 한다고 믿는 남자들이 숱한데, 이런 조건에서 여성의 대인관계가 서툴다는 말은 '여자는 끼지마'라는 뜻이나 진배없습니다.

그리고 역사는 보여 줍니다. 카스트 제도로 유명한 인도의 예를 굳이 들 필요도 없습니다. 일본의 부락은 천민들만 존재하는 곳이었고, 한국에서도 백정과 같은 천민은 집안에 들이지도 않았습니다. 결국 차별은 기득권을 유지하려는 사람들이 만든 허구의 이데올로기에 지나지 않습니다. 여기에 과학이라는 이름의 포장을 씌우는 것일 뿐이지요.

그래서 19세기의 골상학자, 우생학자, 박물학자들은 스스로 그렇게 느끼지 않는다할지라도 차별의 이데올로기를 제공한 책임에서 벗어날 수 없습니다. 훔볼트[Humboldt, 1767~1835] 등 일부 박물학자들이 그나마 인도주의적 시선을 가지고 세상을 바라봤지만 역시나 시대적 한계를 넘어서긴 힘들었습니다.

이는 장애인 혹은 정상인과 다른 모습을 보이는 사람에 대한 차별의 역사에서도 마찬가지였습니다. 초남성증후군이라는 것이 있습니다. 아버지의 성염색체 비분리 현상에서 비롯되는데, 일반적으로 남성은 XY 염색체를 가지는데 반해 이들은 XYY 염색체를 가집니다. 즉 남성을 결정하는 Y염색체가 하나 더 있는 것입니다. 대개 남성 1,000명당 1명 정도가 이렇습니다.

처음 이 증후군은 폭력성이 두드러진 남자들에게 어떤 유전적 특징이 있는지 살펴보려는 연구에서 발견되었습니다. 1965년 '중범 형무소 수감자 중 상당수가 XYY 남성이다'란 연구결과가 발표된 것이 그 시작이었습니다. 영화 〈에이리언 3〉에서는 XYY 염색체를 가진 남성 범죄자들을 수감하는 교도소 행성도 등장합니다. '초남성증후군'이란 이름도 붙었습니다. 불과 10년 전의 대한민국 고등학교 생물교과서에도 이 초남성증후군(당시의 명칭)은 성염색체 비분리 현상에 의해 나타나는 대표적인 질병으로 예시되었습니다. 일반 남성보다 체격이 크고, 지능지수는 낮으며, 폭력성이 강하다고 묘사되었습니다. 그래서인지 지금도 초남성증후군을 인터넷에서 검색하면 이런 특징을 가진다고 쓰인 글을 꽤 볼 수 있습니다. 그러나 거의 거짓말입니다. 통계의 허점도 있고 잘못 알려진 것도 있습니다.

XYY 염색체를 가진 남성의 체격이 큰 것은 사실입니다. 현재까지의 연구 결과에 따르면 일반인에 비해 평균 5~7센티미터 가량 더 큽니다. 그리고 행동조절장애나 과잉행동 양상을 보이는 경우도 발견되었습니다. 지능지수가 일반인에 비해 평균 5~10 정도 낮은 사람이 있는 것도 사실입니다. 그러나 이들의 평균이 그렇다는 이야기입니다. 즉 XYY 남성 중에는 키가 큰 사람도 있고, 키가 작은 사람도 있습니다. 마치 코카서스 백인들이 한국인에 비해 평균적으로 신장이 크지만 그 내에서도 다양하듯이 이들도 마찬가지입니다.

더 중요한 것은 행동조절장애나 과잉행동에 대한 부분입니다. 이들 XYY 남성 모두가 행동조절장애나 과잉행동 양상을 보이는 것이 아니라 그중 아주 일부만이 그런 현상을 보입니다. 단지 그 비율이 XY 남성에 비해 아주 약간 더 높을 뿐입니다. 쉽게 말하면 XY 남성 100명 중 2명이 이런 장애를 가진다면 XYY 남성은 100명 중 4명이 이런 장애를 가진다는 이야기입니다. 더구나 XYY 남성이 더 폭력적이라는 것은 인과관계가 잘못된 것으로 드러나고 있습니다. 이들이 덩치가 크고 장애가 있는 경우 폭력을 행사하는 사례가 나타나지만, 이것은 XY 남성도 마찬가지입니다. XY 남성도 체격이 좋으면서 행동조절장애나 과잉행동 양상이 있는 사람은 그렇지 않은 사람보다 폭력을 행사하는 비율이 높습니다. 결코 XYY 염색체의 문제가 아닌 것입니다.

우생학이 낳은 비극

'열등한 인간'이라는 관념은 또 다른 비극을 낳았습니다. 미국에서 소위 정신지체라 판정받은 사람들이 강제로 불임시술을 당한 것은 18세기도 19세기도 아닌 20세기의 일이었습니다. 1927년 미국 대법원은 정신지체 장애인들에 대한 강제불임수술이 합법적이라는 판결을 내렸고, 이때부터 강제불임시술이 행해집니다.

미국 동부의 펜실베이니아 주에는 유령의 집으로 알려진 판허스트 장애인 수용시설이 있었습니다. 장애등급을 받은 사람은 이

시설로 보내져 한평생 이곳에서 살아야 했습니다. 그리고 시설 한쪽에 마련된 수술대에서 남녀 구분 없이 모두 불임시술을 받았습니다. 팬허스트에서만 9,000명이 넘었습니다. 그러나 이런 시설은 팬허스트만이 아니었습니다. 당시 미국의 여러 주에서 경쟁하듯이 얼마나 많은 장애인들을 격리시키고 강제불임시술을 시행했는지 보고했습니다. 연방 정부도 이를 격려했습니다. 이들 중 일부는 이민자였습니다. 영어를 못하고 피부색이 다른 이민자들은 약간만 굼떠도 지적 장애인으로 낙인찍혀 시설에 감금되고 강제로 불임시술을 받았습니다. 1980년대 초까지 자행된 이 일은 우생학이 낳은 참혹한 결과였습니다.

유럽에서도 이런 일은 비일비재하게 나타났습니다. 스웨덴의 경우 지난 1935년에서 1976년 사이에 6만여 명이 강제불임시술을 당했습니다. 노르웨이에서도 1934년부터 1976년까지 2,000여명이 불임시술을 당했습니다. 일본은 1949년부터 우생보호법에 근거하여 16,521명이 강제불임시술을 당했습니다. 우생보호법은 1996년에 이르러서야 개정됩니다. 우리나라에서도 정부 주도는 아니지만 장애인 시설에서 강제불임시술을 한 사례들이 1990년대에도 나타납니다.

인간은 유전적으로 거의 차이가 나지 않습니다. 유전적으로 우등한 인간은 존재하지 않습니다. 아니 혹시 존재할지 모르지만 겉으로 드러나는 표현 형질을 가지고 그를 구분할 수는 없습니다. 그리고 어떤 사람이 대단한 능력을 가지고 대단히 뛰어난 업적을 남겼다고 해서 그 성취가 오로지 유전에 의해서 이루어진 것도 아닙니다. 우리가 흔히 보는 가장 최악의 인간은 피부색이나 두개골의 형태가 다른 사람, 혹은 장애인이나 성적소수자가 아닙니다. 인류 역사에서 최악의 범죄라 할 만한 대학살(제노사이드)을 일으킨 인물들은 당대에 모두 뛰어난 언변과 행동력, 조직력으로 한 나라를 혹은 특정 집단을 이끈 사람입니다. 타 민족을 차별하고, 성적 차별을 하고, 장애인을 차별한다고 이들을 막을 수 있을까요? 항상 최악의 범죄는 이런 사람들에 의해서 이루어졌습니다. 소수자들은 오히려 소수이기 때문에 그런 범죄를 저지르고 싶어도 능력이 되지 않는 경우가 대부분입니다.

16세기 이후 서구의 세계 지배와 함께 성장해 온 과학에 그런 어두운 그림자가 있는 것은 어찌 보면 당연할 것입니다. 과학이 세상과 동떨어져 혼자 걸어온 것은 아니니까요. 하지만 그 공과를 분명히 하고, 편견에 물든 사고방식을 과학의 영역에서 배제하는 것을 소홀히 해서는 안 됩니다. 지금도 세계 곳곳에서는 박사 학위를 받고 전문가인 양하며 차별과 혐오를 조장하는 이들이 넘쳐납니다.

유사 이래로 인간이 자신이 속한 집단을 다른 인간 집단에 비해 우월하다고 여겨온 사례가 숱합니다. 자신이 속한 사회 안에서도 다시 집단을 나누어 그렇게 했고, 자신이 속한 사회와 다른 사회 사이에서도 그랬습니다. 먼저 인간은 계급을 나누었습니다. 황족이나 왕족은 자신들의 몸 안에 흐르는 피가 다른 인간들과 다르다고 여겼습니다. 귀족도 자신들은 평민들과 다르다고 여겼고 평민마저도 자신들은 노예와는 다르다고 여겼습니다. 고귀한 품성과 지적 능력은 타고 나는 것이라 믿으며, 천한 계급은 태생이 그런 거라고 믿었습니다.

이런 생각은 칼날이 되어 다시 장애인, 동성애자, 소수민족에게 향했습니다. 전생의 죄 때문에 신의 저주로 장애인이 되고, 동성애자가 되었다고 주장했고, 소수민족은 신에게 버림받은 민족이 되었습니다. 다른 국가, 다른 민족에 대해서도 마찬가지였습니다. 애초에 유일신이란 개념은 자기 민족만을 지켜주는 유일신이었습니다. 모든 인간에 대해 사랑을 가지는 유일신 개념은 없었습니다. (구약성경에서도 이스라엘 민족만을 위하는 야훼가 있고, 블레셋인을 위한 암몬신이 있었다. 야훼는 민족의 신이었을 뿐이다.)

이러한 고정관념은 과학이 발달하는 과정에서도 계속 이어졌습니다. 과학의 가면을 쓰고 인간을 차별하는 정당한 사유를 찾아내려 했습니다. 서구 열강은 지리학적 결정론을 근거로 열대지방의 사람들은 기후와 풍토 때문에 게으르다고 하며 아프리카와 아메리카의 식민지화를 정당화했습니다. 골상학은 북구 유럽 백인들의 두개골을 기준으로 나머지 사람들의 두개골의 형태를 비교하며 인간 사이에 넘지 못하는 벽이 있다고 주장했습니다. 우생학도 마찬가지였습니다. 인간의 본성은 타고난 것이란 가진 자들의 욕망을 과학으로 포장한 우생학은 19세기에서 20세기까지 소위 선진국마다 장애인들에 대한 불임시술을 강제로 실시하게 하고, 히틀러가 유대인과 집시, 동성애자와 공산주의자들을 학살하는 이념을 제공했습니다. 그러나 과학은 이제 모든 사람이 유전자차원에서 앞산의 침팬지 집단과 뒷산의 침팬지 집단의 차이보다도 더 적은 차이를 가지고 있다는 걸 밝혀냈습니다. 피부색이 하얀 것은 유전과 별 관련이 없이 누구나 대를 이어 더운 열대지방에서 1,000년 정도만 살게 되면 까맣게 된다는 것도 확인했습니다. 과학은 인간을 나누는 그 어떤 기준도 과학적 근거가 없음을 명명백백히 보여주고 있습니다.

그런데도 여전히 세상에는 사람을 나누기 위해 기준을 만드는 이들이 있습니다. 신자와 불신자를 나누고, 동성애자와 이성애자로 나누고, 남자와 여자로 나누고, 장애인과 비장애인으로 나눕니다. 우리의 뿌리 깊은 차별은 사실 과학적 근거보다는 자신이 가진 것을 나누지 않으려는 욕망에서 시작되어, 문화적 탈을 쓰고 이어지고 있습니다.

파스퇴르는 '과학에는 국경이 없지만 과학자에게는 조국이 있다.'는 말을 남겼습니다. 한 개인으로서 자기 나라에 대한 자부심과 긍지를 가지는 건 좋습니다. 하지만 과학자의 윤리를 '조국에 대한 사랑', '민족에 대한 자긍심'에서 찾는 것은 위험합니다. 사실 '애국', '민족적 자존심' 등의 말은 타민족과 외국인에 대한 배제를 뜻하는 경우가 대부분입니다. 과학을 하는 사람이 다른 일도 아닌 과학에 저런 잣대를 가진다면 제대로 된 결과가 나올 수 없습니다. 왜 과학자가 자신의 민족이 타 민족보다 우월하다는 사실을 과학적으로 증명하는 일을 해야 할까요? 과학에는 국경이 없고, 과학자에게도 국경이 없습니다.

정리하는 글

과학에도, 과학자에게도 국경은 없다

파스퇴르는 '과학에는 국경이 없지만 과학자에게는 조국이 있다'라고 했습니다. 이 말을 남긴 파스퇴르는 프랑스 혁명에 나선 민중을 박테리아에 비유하며 "민중, 특히 노동자들을 수동적인 가톨릭 노동조합이나 국영단체, 혹은 다른 신뢰할 수 있는 관료적인 연맹으로 묶어 놓아야만 안전하다."라고 주장합니다. 저 말에 동의하지도 않을뿐더러 이처럼 생물학적 발견의 결과를 대중을 호도하는 것에 이용하는 것은 경계해야 합니다.

하지만 저런 생각을 가진 사람이 파스퇴르만은 아니었습니다. 애초에 인간의 인식은 자신과 주변에 대한 이해로부터 시작합니다. 그 인식의 범위를 넘어서는 현상과 사물, 사람을 발견할 때 인간은 기존의 것과 새로운 것을 구분합니다. 고대에서부터 시작된 이러한 구분은 과학에서도 마찬가지였습니다. 생물을 무생물로부터 구분하고, 사람을 동물로부터 구분했습니다. 내가 살고 있는 지역이 세계의 중심이었습니다. 나와 비슷한 생김새를 가진 사람들이 사람의 표준이었고, 나와 다른 피부색이나 골격을 가진 사람은 다른 부류였습니다. 이러한 인식은 생물학, 지질학, 지리학 등이 형성되는 과정에서 되풀이되어 나타났습니다. 또 이 학문 분야들이 처음부터 분리되어 있었던 것은 아닙니다. 고대 그리스에서 중세, 근대에 이르기까지 박물학이라는 분야로 뭉뚱그려져 있었습니다.

16세기에서 20세기 전반에 이르기까지 유럽은 사실상 세계를 지배했습니다. 해가 지지 않는 나라 영국과 그 라이벌 프랑스가 대표적이었고 그 뒤를 독일, 네덜란드, 스페인, 포르투갈, 벨기에, 이탈리아가 따랐습니다. 아프리카의 대부분과 남북 아메리카, 오스트레일리아, 그리고 동남아와 중동에 이르기까지 이들은 지구의 표면 전체에 선을 긋고, 자신의 땅으로 만들었습니다. 결국 20세기에 두 차례의 세계대전을 겪게 된 것도 유럽의 제국주의 때문이었습니다.

유럽의 르네상스는 신에게 짓눌린 인간을 일으켜 세우고, 맹목적인 믿음보다 합리적 이성에 기초해 사고하도록 하며 과학적 사고방식을 키웠습니다. 이를 통해 유럽은 각성하고, 발전된 기술을 무기로 삼아 전 세계를 정복했습니다. 그들이 키워낸 이성의 힘은 프랑스 대혁명과 영국의 명예혁명 등으로 이어져 자국의 시민들에게는 자유와 인권을 되찾아 주었습니다. 그러나 그들의 식민지는 여전히 수탈당했고, 식민지 민중들은 차별받았습니다. 과학은 유럽의 것이었고, 기술도 유럽의 것이었습니다.

물론 과학은 그 과정에서도 발달했고, 그 성과는 오롯이 우리에게 전해졌습니다. 화성론과 수성론, 동일과정설과 격변설로 이어지는 논쟁과 연구는 지구의 역사를 이해하는 데 큰 도움이 되었습니다. 우리는 이제 왜 높은 산에서 조개 화석이 발견되는지, 화석으로 발견되는 생물들이 왜 지금은 살지 않는지를 알게 되었습니다.

화학이 하나의 분과학문으로 자리를 잡았고, 힘과 에너지가 어떤 존재인지도 알게 되었습니다.

그러나 당시 유럽의 과학자들이 이룬 성과는 무기의 혁신으로 이어졌고, 이를 통해 식민지를 점령할 수 있는 무력을 선사합니다. 과학자들의 역할은 그뿐만이 아니었습니다. 과학자들은 지질학에서, 유전학에서, 또 진화론에서 유럽이 전 세계를 지배해야하는 이유를 만들어냅니다. 그들이 주장했던 골상학과 우생학, 지리적 결정론 등은 이미 유사과학 내지는 사이비과학으로 판명되었습니다. 그렇지만 그들의 이데올로기는 현재까지도 차별 도구로 사용되고 있습니다. 근대 유럽의 박물학에는 제국주의의 그림자가 곳곳에 드리워져 있었습니다.

당시의 모든 과학자가 제국주의적 이념을 자신의 목적으로 두고 연구를 진행한 것은 아닙니다. 그런 혐의가 뚜렷한 소수를 제외하고는 자신의 분야에서 성실하고 창의적으로 연구에에 매진했습니다. 하지만 자신의 연구 결과가 어떻게 쓰이는지에 대한 깊은 성찰을 통해 사회에 문제제기를 한 이들 또한 소수에 불과합니다.

과학자들만의 잘못은 아닙니다. 시대적 한계라는 것은 시대를 초월한 진리를 추구하는 과학자에게도 마찬가지입니다. 당시의 과학자들에게 '보편적 인류'라는 인식은 너무도 먼 일이었을지도 모릅니다. 새로운 땅에서 그들이 마주친 원주민들을 도저히 자신들과 같은 인류의 일원으로 볼 수 없었을지도 모릅니다. 그럼에도 불구하고 우리는 현재의 시점에서 그들을 비판할 수 있어야 합니다. 인간의 역사는 성, 장애, 피부색을 벗어나 보편적 인류라는 이상을 향해 나아갔고, 이제 우리는 그러한 시대에 살고 있습니다.

4장

우주를
움직이는 힘은
무엇인가

$$E = mc^2$$

아버지의 뜻이 하늘에서와 같이
땅에서도 이루어지소서.

《신약성경》 마태오 복음, '주의 기도'에서

우주와 지구의 운동 원리는 다르다?

역학의 시조 아리스토텔레스

고대 그리스 철학은 크게 소크라테스Socrates, BC 470~BC 399 이전과
이후로 나뉩니다. 소크라테스 이전의 철학을 주로 자연철학이라고
하는데 만물의 근원은 무엇이고, 이 세상의 여러 변화의 원인은 무
엇인가를 깊게 연구했습니다. 여기서는 그리스 철학자들의 '운동'
에 대한 고민을 살펴보는 것으로 시작하겠습니다.

고대 그리스 자연철학의 아버지라 불리는 탈레스는 만물에는
영혼이 있고, 이 영혼에 의해 움직임이 일어난다고 주장했습니다.
그의 제자인 아낙시메네스는 만물의 변화를 농후와 희박이라는 원
리로 말합니다. 엠페도클레스의 경우 만물의 움직임은 4원소(물, 불,
흙, 공기) 사이의 미움과 사람에 의해 결정된다고 생각했습니다.

이렇듯 많은 철학자들이 변화의 원인이 무엇인지에 대해 고민
하고 또 대답했습니다. 그러나 아리스토텔레스 이전까지는 변화라
는 것 자체에 주목했지 변화가 다양한 층위로 나누어진다는 점까지
는 고민이 이어지지 않았습니다. 그런 의미에서 변화 자체를 여러
가지 형태로 나눈 아리스토텔레스는 어찌 보면 역학Dynamics에서도

시조라고 할 수 있습니다.

　이 부분을 조금 더 설명해보자면 아리스토텔레스는 생명이 태어나서 자라다가 마침내 죽는 과정과 물체가 한 장소에서 다른 장소로 이동하는 현상을 분리했습니다. 또한 물이 끓는다든가, 가을이 되어 나뭇잎의 색깔이 변한다든가, 암석이 모래가 되는 과정 또한 다른 것이라고 정의합니다. 현대적으로 말하자면 물리적 변화, 화학적 변화, 생물학적 변화, 사회적 변화를 서로 다른 영역으로 나눈 것입니다. 이렇게 변화에 대해 영역별로 구분한 후 아리스토텔레스는 역학에 대해서 논하기 시작합니다.

　아리스토텔레스의 역학에서 가장 중요한 것은 천상계와 월하계의 운동 원리가 다르다는 것입니다. 천상계는 에테르라는 제5원소로 가득 찬 곳입니다. 이곳은 완전하고 영원불멸합니다. 따라서 천상계에는 영원하고 완전한 원운동 이외에 다른 것은 존재할 수 없습니다. 이렇게 천상계와 월하계를 구분하는 것이 아리스토텔레스 고유의 것은 아닙니다. 모든 신화는 인간을 중심으로 만들어졌습니다. 당연히 인간중심주의가 그 밑바닥에 깔려있습니다. 따라서 천상계와 월하계를 나눈 뒤에 천상계는 완전하고, 지상계는 불완전하다고 선언해도 그것은 지상의 인간을 위해 준비된 또 다른 모델일 수밖에 없습니다. 우리가 사는 이 땅은 태양과 달과 별과 행성이 떠다니는 모든 우주와 일대일로 대응하고 있는 것이지요.

　이런 구조는 모든 우주가 인간을 위해 준비된 세계라는 개념이 기저에 있는 것으로 볼 수 있습니다. 그리고 천상계의 역학과 지상계의 역학이 다른 것도 이러한 사고의 밑바탕에서 나오는 것입니다. 모든 우주는 원운동을 하지만, 월하계는 월하계만의 운동을 하는 것입니다. 성경에서 말하듯 '하늘의 뜻이 땅에서도 이루어지기'위해서는 2000년의 시간이 흘러야 합니다.

여기서 잠깐, 왜 아리스토텔레스와 플라톤은 왜 원운동을 완전한 운동이라고 했을까요? 사실 이는 피타고라스의 영향이라고 볼 수 있습니

우로보로스의 상상도

다. 플라톤의 《티마이오스》를 보면 그의 우주관을 잘 알 수 있는데, 플라톤은 우주의 이데아를 기하학적 모형으로 생각했습니다. 그리고 이런 생각은 피타고라스가 만물의 본질은 수라고 한 것과 일맥상통합니다. 물론 멀리 보면 이는 고대 전설과도 통하는 측면이 있습니다. 고대 그리스의 꼬리를 문 뱀 우로보로스는 무한한 순환과 완전함을 의미했습니다. 즉 자신의 꼬리를 문 뱀으로 형상화되는 원은 그 자체로 완전함의 상징이었습니다. 동양에서도 이와 비슷하게 지상은 네모이고 하늘은 둥글다는 의미의 천원지방 사상이 있었습니다. 이는 하늘을 둥근 구의 형태로 보았던 고대인들의 경험적 관측에서 나온 사실입니다. 하늘이 둥글다는 것과 하늘이 완전하다는 것은 이렇듯 겹쳐지는 개념으로 자리를 잡았고, 이를 기하학적으로 정리한 인물이 바로 피타고라스입니다.

천상계와는 달리 물, 불, 흙, 공기라는 불완전한 원소들로 이루어진 지상계에서는 원소에 내재한 자발적 운동과 외부의 힘에 강제된 두 가지 형태의 운동이 존재합니다. 먼저 불과 공기가 많이 포함

된 물질들은 위로 올라가려는 내재적 속성에 의해 수직상승 운동을 하고, 흙과 물이 많이 포함된 물질들은 아래로 내려가려는 내재적 속성에 의해 수직하강 운동을 합니다. 따라서 무거운 것은 아래로 내려가고, 가벼운 것은 위로 올라갑니다. 이는 자신의 자리를 찾기 위한 자연스러운 운동입니다. 하지만 외부에서 힘이 가해지면 그 힘의 방향으로 강제적 운동을 하게 됩니다. 이 경우 외부의 힘이 사라지면 그 운동은 중단됩니다.

신의 기적은 없다

데모크리토스는 고대의 유물론자이자 만물의 변화에서 목적을 제거한 인물입니다. 그는 모든 물질은 더 쪼갤 수 없는 작은 입자로 이루어져 있으며, 여러 종류의 원소는 모양만 다를 뿐 질적으로 동일하다고 주장합니다. 그에 따르면 모든 원자들은 무작위적인 직선운동을 합니다. 그러다 서로 부딪치게 되면 그에 따라 방향이 바뀌는 것입니다. 그리고 이런 운동은 원자에 내재된 속성이므로 외부의 힘은 필요치 않습니다. 또한 원자들 외부는 어떠한 것도 존재하지 않는 진공 상태입니다.

이 주장에 대해 아리스토텔레스는 완전한 반대를 표명합니다. 실제로 아리스토텔레스는 데모크리토스의 주장을 대단히 싫어해서 자신의 글에서 그의 주장에 대한 부분을 거의 다루지 않습니다. 데모크리토스가 고대 그리스의 자연철학자들 중에서 굉장히 많은 저작을 했는데 지금은 거의 남아 있지 않은 것은 당시의 주류였던 아리스토텔레스와 그의 제자들의 의도적인 외면 때문이기도 합니다. 아리스토텔레스는 어떠한 힘이라도 원격으로 작용할 수 없고, 물체에 직접 닿아야만 한다고 생각했습니다. 그런데 만약 물체와 물체 사이가 텅 빈 진공이라면 힘이 전달될 수 없었습니다. 그래서 아리스토텔레스는 이 우주는 무엇인가로 꽉 찬 상태이며 이들에 의해 힘이 전달된다고 생각했습니다.

힘이 원격으로 작용하지 않는다는 아리스토텔레스의 생각은 대단히 도발적인 부분이 있습니다. 이는 신의 기적을 자연계 내에서 추방하는 것이기 때문입니다. 신의 기적은 기존에 인간이 알고 있는 인과관계를 배제하고 일어나는 일입니다. 또한 이 세계 외부에 존재하는 신이 이 세계의 특정 물체에 (주변의 다른 물체에는 어떠한 영향도 미치지 않으면서) 기적을 일으키려면 원격으로 작용하는 힘을 써야하는데, 아리스토텔레스가 이를 부정한 것입니다.

따라서 신도 이 세계에 뭔가 영향을 미치려면 아리스토텔레스의 역학 체계를 의지해야 합니다. 사실상 신의 퇴출을 의미합니다. 실제로 아리스토텔레스와 플라톤은 자신들의 저작에서 신을 배제했습니다. 이들에게 있어 우주는 처음보다 먼저 있고, 끝보다 나중까지 영속합니다. 천지는 창조된 것이 아니라 영원히 현재의 모습을 유지하고 있는 것입니다. 따라서 천지를 창조한 신이 필요하지 않습니다. 물론 플라톤의 경우 현상계의 목적이자 원형인 이데아를 상정하고 있으며, 이 이데아를 모사하여 현상계를 만든 데미우르고스란 상당히 격하된 신을 상정하기는 합니다. 대체 현상계의 물질을 가지고 이데아의 설계도대로 불완전한 세상을 창조한 신이라니, 플라톤에게 신이란 마치 흙으로 콘크리트 건축물을 흉내 내어 짓는 건설업자인 셈이었습니다.

어찌되었건 아리스토텔레스의 경우에는 어떠한 경우에도 원격으로 작용하는 힘은 없다는 일관된 모습을 보입니다. 그러나 골칫거리가 하나 있었습니다. 바로 자기력입니다. 막대자석을 가지고 놀아본 어린아이도 자석이 만든 힘은 허공을 격하고 작용한다는 것을 압니다. 자석과 쇠붙이 사이를 종이로 차단해도, 유리로 차단해도 그 힘은 엄연히 작용합니다. 고대 그리스인들도 이 사실을 알고 있었습니다. 당시에도 호박 등을 문지르면 전기가 발생한다는 것도 알고 있었지만, 당시에 관찰되는 전기력은 접촉에 의해서 생기는 마찰 전기여서 별 문제가 되지 않았습니다. 즉 당시에 문제가 되는 건 자기력뿐이었습니다. 그러나 이를 아리스토텔레스는 제대로 설명할 방법이 없었던 듯합니다. 결국 자기력에 대해서는 별다른 언급 없이 슬쩍 제쳐두고 맙니다.

또 다른 문제로 돌을 던지는 경우를 생각해 봅시다. 처음에 돌은 손으로부터 힘을 받아 손을 벗어나 운동을 시작합니다. 앞으로 나아감에 따라 점차 아래로 내려가는 것은 돌에 내재된 수직하강하는 경향으로 설명이 가능하나 왜 손을 떠나서도 계속 앞으로 가는지, 또 왜 그 속도는 점차 줄어드는지를 설명해야 합니다.

이 때 나온 것이 주변 매질과의 작용입니다. 돌이 앞으로 나아가도록 하는 것은 주변의 매질이 돌을 앞으로 밀기 때문이며, 그 속도가 느려지는 것은 돌 앞쪽의 매질이 돌의 운동을 방해하는 힘을 돌에게 전달하기 때문이라는 것이 아리스토텔레스의 설명입니다. 이 때 돌도 주변 매질에 영향을 주므로 이는 뉴턴의 '작용 반작용의 법칙'과 흡사하다고 할 수 있습니다. 어찌 되었든 이런 과정이 연속적으로 이루어지려면 돌 주변이 매질로 가득 차 있어야 합니다. 즉 진공이 없어야 하는 것입니다.

우주의 경우도 마찬가지입니다. 아리스토텔레스와 플라톤의 우주관은 앞서도 몇 차례 이야기했듯이 완전무결하고 영속적입니다. 따라서 하늘에 있는 천체가 개별적으로 운동을 할 수는 없습니다. 천체는 천구에 속박되어 있으며, 실제로 운동을 하는 것은 천구라고 여겼습니다. 그리고 이 천구는 에테르라는 완전한 원소로 이루어져 있으므로 완전한 운동인 원운동을 한다고 생각했습니다.

임페투스 혹은 원격의 힘

앞서 말했듯이 아리스토텔레스는 원격으로 작용하는 힘을 인정하지 않았습니다. 그러면 공을 비스듬하게 위로 던질 때 나타나는 포물선 운동에 대해서 그는 어떻게 설명했을까요? 아리스토텔레스는 손을 떠난 공의 운동을 결정하는 것은 공을 둘러싼 공기라고 생각했습니다. 공은 처음에는 위로 미는 공기의 힘에 의해 위로 올라가다가 아래로 미는 공기의 힘에 의해 떨어진다고 주장합니다.

이런 생각은 후대에도 쭉 이어집니다. 그러다 6세기 경 필로포누스John Philoponus, 490~570라는 사람이 이런 생각에 의문을 가집니다. 그는 아리스토텔레스가 돌이나 흙과 같은 물질은 그 안에 내재되어 있는 성질에 따라 아래로 내려가려는 성질을 가졌다고 주장하면서 동시에 공기가 돌을 위나 아래로 미는 힘을 가졌다고 주장하는 것이 서로 모순된다고 여겼습니다. 그리고 그 대안으로 기동력을 주장했습니다. 기동력이란 외부에서 물체에게 전달한 힘으로 이를 통해 물체는 운동을 지속할 수 있다는 것입니다. 그리고 이러한 기동력은 물체와 물체의 충돌에 의해서 생긴다고 주장했습니다. 접촉을 통해서만 힘이 전달된다고 주장했다는 측면에서 그는 아리스토텔레스 역학 체계 내의 인물이지만 그 힘이 물체의 내부에서 일정한 시간 동안 유지될 수 있다고 주장했다는 측면에서 진일보한 것이기도 했습니다. 그러나 그의 주장은 당시의 주류였던 아리스토텔레스주의자들에게 묻혀 더는 이어지지 않았습니다.

그러나 알렉산드리아의 거의 모든 유산이 넘어간 이슬람의 수도 바그다드에서 필로포누스의 이론을 계승하는 학자가 등장합니다. 바로 페르시아의 이븐 시나였습니다. 페르시아의 철학자이자 의학자, 약사, 시인, 외교관으로 '아부 알리 알 후사인 이븐 압둘라 이븐 알핫산 이븐 알리 이븐 시나'가 원래 이름입니다. 긴 이름만큼이나 여러 방면에서 뛰어난 사람으로, 이슬람계의 아리스토텔레스라 할 만 한 인물이었습니다. 그가 쓴 《의학 정전》은 500년 뒤 유럽의 파라켈수스가 "어찌 500년 전 이슬람의 책자를 여태 따라잡지 못하는가"라는 한탄을 자아내게 했습니다. 그는 법학, 자연과학, 논리학, 기하학, 의학, 형이상학, 천문학에 통달하여 당대에 명성을 떨쳤습니다. 토마스 아퀴나스와 스콜라학파도 그의 영향을 받았습니다.

어찌되었던 이븐 시나는 공기가 물체의 운동을 방해하는 요소라고 생각했고, 이 저항하는 '숨은 힘의 덩어리'를 가정했습니다. 그의 뒤를 이은 알 비트루지Al-Bitruji, 1150~1204?가 이 '숨은 힘의 덩어리'를 임페투스Impetus라고 명명합니다. 그리고 이 생각을 더욱 발전하여 자연적인 낙하운동이 아닌 모든 강제적 운동은 바로 이 임페투스에 의해서 일어난다고 여기게 되었습니다. 이러한 이슬람의 임페투스 역학은 유럽으로 전해지고, 초기 르네상스 시기에 물체의 운동을 설명하는 유력한 이론으로 자리 잡습니다.

14세기 프랑스의 장 뷔리당은 이 임페투스 개념으로 운동 현상을 더욱 정교하게 설명했습니다. 그는 질량이 무거울수록, 속도가 빠를수록 이 힘의 덩어리(임페투스)가 크다고 생각했습니다. 그가 생각한 이 개념은 고전역학의 운동량 개념과 상당히 유사해 보입니다 다만 현재의 운동량은 단순히 물체의 운동 상태를 기술하는 특정량이지 그 자체가 물체에 운동을 강제시키는 힘이 아니라는 점에서 전혀 다릅니다. 어찌되었건 뷔리당은 이 개념으로 물체의 낙하운동을 설명했습니다. 무거운 물체란 가벼운 물체에 비해서 '더 많은' 입자로 구성되어 있는데, 입자가 많을수록 받아들일 수 있는 임페투스의 양이 많아서 더 빠른 속도로 낙하한다는 것입니다. 지금의 시점에서 보면 이러한 뷔리당의 생각은 전혀 사실에도 맞지 않고, 어설퍼 보입니다. 그러나 뷔리당의 이런 생각은 그 자체로 두 가지 중요한 의미가 있습니다.

하나는 아리스토텔레스의 목적론적 세계관에서 빠져나와 물체의 낙하를 무작위적인 운동으로 여겼다는 점입니다. 나머지 하나는 정량적 분석을 시도하고 있다는 점입니다. 뷔리당은 물체의 질량과 속도를 임페투스라는 힘의 개념과 계산 가능한 방식으로 연결했습니다. 이 두 측면에서 뷔리당의 임페투스 개념은 뒤이어 올 기계론적 세계관으로 가는 연결점이 됩니다.

근대적 역학의 발달

아리스토텔레스의 역학에 균열을 낸 갈릴레이

14세기에서 16세기 초까지를 지배하던 임페투스 역학은 갈릴레이에 의해서 무너지기 시작합니다. 갈릴레이는 "가속과 감속의 원인을 제거하면, 운동 중인 물체의 속도는 변화에 저항하는 물체의 경향으로 인해 계속 유지된다. 이 점은 수평면에만 해당한다."라는 주장을 합니다.

먼저 갈릴레이가 이 주장을 증명하는 과정을 주목해야 합니다. 갈릴레이는 경사가 급한 포물선 모양의 레일을 만들고 공을 굴렸습니다. 공이 아래로 내려갈수록 점점 속도가 빨라지고 다시 올라갈 때는 점점 느려지는 것을 관찰할 수 있습니다. 그리고 레일을 가능한 한 매끄럽게 만들어, 즉 다시 말해 마찰이 적게 만들면 공이 내려갈 때나 올라올 때의 속도가 이전보다 더 빨라지는 걸 관찰할 수 있습니다. 또한 매끄러울수록 처음 공이 출발하던 지점과 비슷한 높이까지 다시 공이 올라옵니다.

다시 레일의 한쪽 끝을 수평으로 놓고 다른 실험을 해봅니다. 경사면을 내려간 공은 레일 위를 굴러가다가 멈춥니다. 이때도 레일이 매끈하면 매끈할수록 공은 처음 바닥에 내려올 때의 속도를 꽤 오랫동안 유지하는 것을 관찰할 수 있습니다. 즉 마찰이 적을수록 공은 더 멀리까지 굴러갑니다.

그리고 이제 머릿속으로 생각합니다. 즉 사고 실험을 하는 것입니다. 마찰이 완전히 없는 레일은 만들 수 없으니 머릿속으로 생각할 수밖에 없습니다. 마찰이 없는 레일이 무한히 뻗어있다면 어떻게 될까요? 갈릴레이의 머릿속 레일에는 공이 같은 속도로 무한하게 굴러가고 있었습니다.

이를 통해 갈릴레이는 먼저 수평으로 움직이는 물체에는 원래의 운동을 계속하려는 속성이 있다는 것을 밝힙니다. 이 자체로 아리스토텔레스 역학과 그 뒤를 잇는 임페투스 역학에 대한 전복입니다. 갈릴레이는 물체의 속성이 물체를 수평으로 움직이고, 외부의 힘이 작용하지 않으면 물체는 정지하지 않는다고 생각했습니다. 물체는 자체의 속성에 의해 자신의 운동을 계속 할 수 있다고 보았습니다. 이는 물체는 정지하려는 속성을 가지기 때문에 외부의 힘에 의해서만 움직일 수 있다는 기존 역학의 전제를 송두리째 부정하는 것이었습니다.

하지만 그 과정 또한 전복입니다. 갈릴레이는 여러 가지 변수를 배제한 실험을 했습니다. 고대 그리스 이래 과학은 실제 일어나는 현상을 탐구하고, 그 내부에 숨어있는 일관된 원리를 파악하는 것이었습니다. 이를 위해 작위적인 실험을 하는 것을 배제했습니다. 일상에서 관찰하기 힘든 작위를 통해 무엇을 얻을 수 있단 말인가? 그런 작위를 통해선 그릇된 인식만 할 뿐이라는 것이 이전 아리스토텔레스주의자들의 생각이었습니다.

그러나 갈릴레이는 외부 환경에 의해 변화되는 요인을 배제한 실험을 통해서 자신이 찾고자 하는 역학의 원리를 발견했습니다. 이를 현재 과학자들은 실험에서의 변인 통제라고 부릅니다. 실험에서 변인 통제에 실패했다면 어떤 실험도 정당성을 가지지 못합니다. 실험에 관한 논문을 발표할 때 과학자들은 항상 자신이 제대로 변인 통제를 했는지를 확인합니다. 논문을 심사하는 사람도 마찬가지입니다. 갈릴레이는 이제는 상식이 된 근대적 실험 방법론을 처음으로 보여준 것입니다.

더구나 사고 실험은 그러한 측면에서 고도로 추상화된 과학적 방법론을 보여 줍니다. 고대 그리스의 추상화란 현실의 감각이 불완전함을 깨닫고, 현실에 가려져 있는 이데아를 보여주는 선험적 진리의 추구였습니다. 하지만 이제 갈릴레이의 추상은 현실의 여러 요소들 중 핵심적인 부분을 확인하기 위해 부수적 요소들을 배제하는 작업이 됩니다. 또한 누구나 인정할 수밖에 없는 객관적 증거를 제시하는 것입니다. 즉 분석적 방법론이 실제로 시작된 것입니다. 근대적 과학으로 아주 크게 한걸음 내딛었다고 할 수 있습니다.

그러나 아리스토텔레스의 그림자는 여전히 갈릴레이의 역학에 짙게 드리워 있었습니다. 갈릴레이는 관성이 자연스러운 운동인 등속원운동의 지속이라는 생각을 바탕에 깔고 있었습니다. '아니 잠깐, 방금 사고 실험에서 수평으로 놓인 레일을 간다고 하지 않았나? 어떻게 수평운동이 원운동이지?'라고 생각할 수도 있습니다. 하지만 갈릴레이는 우리 눈에 수평으로 보이는 것이 사실은 지구가 아주 크기 때문이라고 생각했습니다. 즉 지구의 중심에 대해 일정한 거리에 있는 선을 다 연결하면 원이 되는데, 워낙 커서 아주 짧은 거리에서는 직선처럼 보인다고 생각한 것이지요. 즉 갈릴레이의 관성운동은 등속원운동이었습니다. 원운동이야말로 가장 자연스럽고 완벽한 운동이라는 고대 그리스의 생각은 아직 과학자들의 머리에서 완전히 빠져나가지 않았던 것입니다.

또한 무거운 물체와 가벼운 물체가 떨어질 때 같은 시간이 걸린다고 한 것도 갈릴레이였습니다. 그래서 갈릴레이는 아리스토텔레스의 주장을 반박한 것처럼 보였지만 아리스토텔레스 역학의 영향에서 완전히 벗어나진 못했습니다. 갈릴레이는 낙하운동을 '자연스럽게 가속되는 운동'이라고 해서, 다른 가속운동과는 다르다고 생각했습니다. 그래서 시간에 비례해서 속도가 증가하는 운동에 대해, 움직이는 거리는 시간의 제곱에 비례한다는 법칙을 알았지만 이를 낙하운동에만 한정시킵니다. 그리고 물체가 낙하하는 이유는 중력과 같은 외부의 힘 때문이 아니라 물체에 내재된 성질 때문이라고 생각했습니다. 그렇지만 이러한 갈릴레이의 낙하운동에 대한 생각은 아리스토텔레스 역학 체계에 하나의 파열구를 냈습니다.

갈릴레이는 무거움과 가벼움이 물체에 내재하는 속성이 아니라 상대적인 성질일 뿐이라는 것을 주장했습니다. 아리스토텔레스는 4원소설에 의한 주장을 하면서 물체를 이루는 원소의 속성에 의해 물체의 가벼움과 무거움이 정해지며, 이는 주변의 것보다 가볍다거나 무거운 것이 아니라 물체 자체의 고유한 본성이라고 주장했습니다. 그리고 이에 의해 '자연스러운' 수직운동이 일어난다고 했는데, 바로 이러한 근원적인 부분을 부정한 것입니다. 찰흙을 모아서 무겁게 만들거나 아니면 따로 떼어서 가볍게 만든다고 찰흙이라는 물질의 본성이 달라지는 것은 아니라고 생각했습니다. 또 금속

을 뭉치거나 아니면 얇게 편다고 금속의 성실이 달라지는 것 또한
아닌 것입니다.

근대 역학을 완성한 데카르트

갈릴레이가 관성과 낙하운동을 통해 마련한 근대적 역학은 르
네 데카르트와 하위헌스를 거쳐 뉴턴에 의해 완성됩니다. 과학혁명
시기에 데카르트의 역할은 대단히 중요했다는 말로는 부족할 정도
입니다. 그는 방법적 회의론으로 근대철학의 한 기둥을 세웠고, 많
은 이들이 대륙철학의 합리주의의 근본으로 그의 회의론을 말합니
다. 대수학과 기하학을 결합하여 해석기하학이라는 수학의 한 분
야를 만들기도 했습니다. 데카르트는 보편 수학에 기초하여 세상의
학문분야를 하나의 방법론으로 통일하려는 원대한 꿈을 꾼 사람이
었습니다. 그는 또한 물리학과 천문학에 있어서도 '굴절광학'이나
'천체론'을 통해 독보적 업적을 남깁니다. 데카르트는 이를 통해 갈
릴레이가 오직 수평운동에 대해서만 주장했던 관성을 물질 일반의
운동으로 확장합니다.
데카르트가 역학에 관해 정리한 3법칙은 다음과 같습니다.

1. 모든 물체는 다른 것이 그 상태를 변화시키지 않는 한 똑같은
상태에 남아 있으려고 한다.
2. 운동하는 물체는 직선으로 그 운동을 계속하려 한다.
3. 운동하는 물체가 자신보다 강한 것에 부딪히면 그 운동을 잃지

않고, 약한 것에 부딪혀서 그것을 움직이게 하면 그것에 준만큼의 운동을 잃는다.

1과 2는 그야말로 관성에 대한 일반적 선언입니다. 갈릴레이가 관성을 수평운동으로 국한하고, 그마저도 등속원운동의 근사적 표현으로 한정한 것에 반해, 데카르트는 관성을 모든 방향의 운동으로 일반화하며, 또한 직선운동으로 선언합니다. 3의 경우 데카르트는 '운동의 양'으로 지칭한 것이나 현재는 운동량 보존의 법칙으로 표현됩니다. 그리고 이 부분의 중요성은 충돌과정에서 두 물체가 각기 가지는 운동량은 변하지만, 전체 양은 항상 일정하게 유지된다는 측면입니다. 이때 운동량은 질량과 속력의 곱으로 나타납니다. 이를 우리는 중학교 교과과정에서 '운동량 보존의 법칙'으로 배웁니다. 그러나 데카르트가 이를 수식으로 완전히 정리한 것은 아니고, 이의 수식적 정리는 네덜란드의 물리학자이자 천문학자였던 하위헌스의 공이 됩니다.

데카르트는 갈릴레이가 수평을 강조할 때 염두에 두었던 자연스러운 운동과 강제적 운동이라는 구분도 없애버립니다. 따라서 이제 모든 운동은 속도가 변하지 않는 한 동일해졌습니다. 더구나 등속운동에 있어 상대성이란 개념이 나타나게 된 것도 주목해야 합니다. A라는 물체와 B라는 물체가 시간에 따라 상대적 위치가 달라진다고 했을 때, 둘 중 누가 움직이는 것인지, 혹은 둘 다 움직이는 것인지에 대해 알 수 없습니다. 혹은 둘 중 누가 움직인다고 해도 동일합니다. 따라서 '운동'과 '정지'는 상대적 개념이 됩니다.

예를 들어 도로에서 앞차를 따라가는 뒷차에 앉아 있는 사람이 앞차 뒷자석에 앉은 사람을 보고 있다고 생각해 봅시다. 그가 보기에 앞차는 자기와 항상 같은 간격을 유지하고 있습니다. 즉 그는 나에 대해 정지해 있는 것입니다. 하지만 동시에 그 도로 옆의 인도에서 버스를 기다리고 있는 사람의 입장에서 다시 생각해 봅시다. 버스를 기다리는 사람에게 앞차에 앉아 있는 사람은 자기에게 점점 다가오더니 이윽고 자기를 지나 멀어집니다. 즉 움직이고 있는 것입니다. 이처럼 관찰자의 입장에 따라 정지 상태는 등속운동 상태가 될 수 있고, 등속운동 상태도 정지 상태가 될 수 있습니다. 두 입장 중 어느 것도 자신만이 옳다고 주장할 수 없습니다.

이 시점에서 아리스토텔레스적 세계관은 또 한 번 무너집니다. 아리스토텔레스는 운동에는 운동 원인이 필요하다고 했지만, 이제 정지와 운동이 상대적 개념이 되면서 이러한 원인은 그 존재 자체가 사라져 버렸습니다. 물론 아직 외부의 힘이 있어야 가능한 가속운동은 그렇지 않습니다. 하지만 이런 가속운동도 상대성의 원리로 충분히 설명됩니다. 왜냐하면 속도의 변화율은 그 물체가 정지했다가 움직이든, 처음에 등속으로 움직이다가 그 속도가 변하든 동일하기 때문입니다. 마찬가지로 외부에서 작용하는 힘의 크기도 둘 중 어느 경우나 같습니다.

사실 이러한 상대성원리는 애초에 갈릴레이에서부터 시작되었기 때문에 현재는 모두 '갈릴레이의 상대성원리'라고 합니다. 뉴턴의 고전역학도 바로 이 갈릴레이의 상대성원리를 바탕으로 전개됩니다. 아인슈타인이 특수상대성이론을 발표하기까지 갈릴레이의 상대성원리는 서양의 고전역학에서 일관되는 원리가 됩니다. 하지만 이 상대성원리를 운동 전반에 걸쳐 일반화한 것은 아무래도 데카르트의 공이 크다고 할 수 있을 것입니다.

네카르트가 또 하나 고민했던 것은 충돌의 문제였습니다. 기계론적 세계관을 가지고 있던 그에게 외부의 작용은 직접 접촉을 해야만 이루어집니다. 이는 어찌 보면 아리스토텔레스적인 한계이기도 하지만, 또 다른 한편으로는 기독교적 세계관에 대한 전복이기도 합니다. 당시의 기독교에서 가장 중요하게 생각했던 것, 그리고 아리스토텔레스의 역학이 유럽에 소개되었을 때 가장 반발했던 문제 중의 하나가 바로 이 '직접 접촉에 의해서만 전달되는 힘'이란 개념이었습니다. 이 개념은 앞서 서술했듯이 신의 기적, 혹은 초자연적인 작용을 부정하는 것입니다. 데카르트의 기계론적 세계관에서는 신은 세계를 만든 후, 그리고 세계의 작동 시스템을 구축한 후, 이제 방관자적 삶을 살아야 합니다. 신이 현실에 개입할 어떠한 방법도 없는 것이지요. 아리스토텔레스가 그러했던 것처럼, 데카르트에게서도 신은 세계 그 자체이자, 세계가 움직이는 방식 그 자체였습니다.

결국 데카르트에게는 여전히 아리스토텔레스의 영향이 남아있었습니다. 데카르트의 우주는 당시의 다른 모든 이들이 그렇게 생각했듯 물질로 꽉 차있는 상태였습니다. 따라서 한 물질의 운동으로 비어진 공간은 그 옆의 다른 물질이 바로 채워야 했습니다. 따라서 모든 운동은 순환적이어야만 했고, 따라서 원운동은 필수적이었습니다. 그는 우주가 원운동을 하는 물질들의 소용돌이로 이루어진 구조라고 생각했습니다. 천상계와 월하계는 데카르트에게도 여전히 서로 다른 세계였습니다.

데카르트는 이러한 원운동이 원심력에 의해 이루어진다고 보았습니다. 그러나 이전까지 사람들은 천상계의 원운동은, 즉 태양이나 달, 행성들의 원운동은 에테르와 천구에 의한 물질에 내재적 요소로 인해 일어나는 운동이라고 생각했기 때문에 별다른 동인을 찾을 생각을 하지 않았습니다. 그런데 이에 대해서 최초로 원운동의 동력인을 고민했다는 점에서 의의가 있습니다. 데카르트는 태양에서 뻗어나가는 소용돌이치는 힘에 의해 행성들의 원운동이 이루어진다고 생각했습니다. 그러나 데카르트의 원운동에 대한 생각은 수학적 엄밀함을 가지고 있던 것은 아니었습니다.

이를 정량화시킨 것은 하위헌스입니다. 원심력Centrifugal Force이란 말 자체가 그로부터 비롯되었습니다. 그는 또한 자유낙하운동에서 낙하거리가 시간의 제곱에 비례한다는 것이 원심력에서도 여전히 적용된다는 사실을 확인합니다. 이를 통해 원심력과 중력을 연결시키고, 원심력의 크기를 정량적으로 나타낼 수 있었습니다. 그리고 하위헌스는 운동량에 이어서 운동에너지의 개념을 세워갑니다. 물론 에너지라는 개념을 생각한 것은 아닙니다. 운동량이 모든 운동 과정에서 또는 충돌 과정에서 항상 보존되는 양이 아니므로 충돌 중에도 보존되는 양으로 질량과 속도의 제곱에 비례하는 양을 찾아낸 것입니다. 물론 모든 충돌에서 보존되는 것은 아니고 탄성 충돌에서만 보존되는 것이긴 합니다. 이 개념은 다시 라이프니츠Leibniz, 1646~1716에게 이어져 '살아 있는 힘Vis Viva'로 명명됩니다.

이렇게 갈릴레이에게서 데카르트로, 데카르트에서 하위헌스로 이어지는 유럽 대륙의 역학의 전통은 라이프니츠에게로 이어집니다. 라이프니츠는 이 살아 있는 힘의 개념을 바탕으로 동역학을 구축하기 시작합니다. 이런 전통은 이후 라그랑주와 해밀턴으로 계속 이어지는데, 이들은 힘 대신 물체가 가진 고유한 양을 중심으로 역학을 사유했습니다. 물론 라그랑주와 해밀턴 그리고 라플라스의 경우 뉴턴의 세례를 받았기 때문에 이전 세대와는 완전히 다른 모습이긴 했습니다.

태양은 거대한 자석이다

어찌되었건 뉴턴도 이러한 상황을 모르진 않았습니다. 대륙에서 발전한 이런 역학은 어떤 형태로든 뉴턴에게 영향을 미치고 있었습니다. 그러나 데카르트로 대표되는 대륙의 사람들과 뉴턴은 결정적인 차이가 있었습니다. 대륙은 데카르트가 주창한 기계론적 세계관을 가지고 세계를 바라봤습니다. 그리고 그에 따라 원격으로 작용하는 힘을 부정하고 있었습니다.

그러나 그 당시 유럽에는 데카르트의 기계론적 세계관보다 먼저 유행한 사조가 있었습니다. 신플라톤주의와 헤르메티시즘 Hermeticism입니다. 뉴턴이 신플라톤주의의 세례를 받은 첫 사람은 아니었습니다. 그에 앞서 케플러도 이 영향을 받았습니다. 케플러가 그 당시 알려진 다섯 가지 행성에 대해 연구하면서 가진 첫 의문이 '왜 행성은 다섯 개인가'였습니다. 그는 이를 행성들이 정다면체 구조에 접하는 원의 궤도를 가지고 있기 때문이라고 생각했습니다. 이에 대해선 이 책의 2장에서 자세히 이야기했습니다.

지금 생각해보면 유치한 발상이라고 여길 수도 있고, 또 궤도의 반지름이 정확히 맞지도 않습니다. 어찌되었던 이런 발상이 가능했던 것은 그가 피타고라스와 플라톤을 알고 있었기 때문입니다. 피타고라스의 영향을 받은 플라톤은 기하학적인 형태야말로 이데아의 완전한 구현이라고 생각했고, 이에 따라 우주를 기하학적 모델로 구성하고 싶어 했습니다. 플라톤의 사상을 이어받은 신플라톤주의와 헤르메티시즘 역시 마찬가지였지요. 케플러는 그 영향에서 자유로울 수 없었습니다.

앞에서 잠깐 거론했지만 자기력은 당시까지 알려진 원격으로 작용하는 유일한 힘이었습니다. 이런 원격으로 작용하는 힘이 헤르메티시즘에 관심을 가진 사람들에게 주목을 받게 되는 것은 당연합니다. 그래서 중세 이후 헤르메티시즘의 한 경향인 백마술에서는 자석을 이용한 여러 가지 연구가 성행했습니다. 그리고 그 흐름의 한 갈래가 과학과 인연을 맺었습니다.

르네상스기에 들어와서 다시 활기를 띤 자석의 힘에 대한 연구는 원격으로 작용하는 힘에 대한 거부감을(적어도 신플라톤주의와 헤르메티시즘의 영향권 아래에 있던 과학자들에게는) 없애주었습니다. 케플러도 마찬가지였습니다. 행성의 원운동이 자기력에 의한 것이라고 생각하기에 이릅니다. 1600년 윌리엄 길버트William Gilbert, 1544~1603는 《자석에 관하여》라는 책에서 지구가 거대한 자석이라고 주장합니다. 이 책에서 영감을 얻은 케플러는 태양으로부터 뻗어 나오는 힘이 일종의 자기력이라고 생각했습니다. 태양이 회전을 하면서 자기력을 통해 행성을 당기기도 하고 밀어내기도 한다는 것입니다. 이 자기력은 거리가 멀어지면 그 힘이 약해지므로 태양에서 먼 행성일수록 공전속도가 느리다고 추측했습니다.

그리고 뉴턴에 아주 약간 앞서서 로버트 훅이 있었습니다. 쿡은 거리의 제곱에 반비례하는 힘을 뉴턴보다 먼저 생각했습니다. 물론 그가 생각한 것이 중력은 아니었습니다. 그는 인력Attraction이란 개념을 생각했을 뿐입니다. 훅이 이 개념을 생각하기 전에는 데카르트나 하위헌스처럼 원심력이 행성 운동의 기본적인 힘이라고 생각하거나 아니면 초기의 뉴턴처럼 원심력과 구심력이 균형을 맞춰서 원운동을 한다고 생각했습니다. 그러나 훅이 비로소 인력이 원운동을 하게 하는 힘이라고 정립을 한 것입니다. 이 Attraction이란 단어는 영어권의 단어 뉘앙스 그대로 다른 사람의 마음이나 흥미를 끌어당긴다는 매력이라는 뜻도 있습니다. 이런 중의적 해석이 가능한 것은 헤르메티시즘의 공감Sympathy이라든가 반감Antipathy 같은 개념과 유사하게 사용되었다는 뜻일 수도 있습니다.

로버트 훅의 말에 따르면 천체들 사이의 역학은 이러합니다.

첫째 모든 천체는 자신의 중심을 향하는 인력 또는 중력을 지니는데, 그런 힘으로 천체의 각 부분이 서로 뭉쳐 떨어져 나가지 않아 천체가 유지될 수 있을 뿐 아니라 자신의 힘이 미치는 영역 내부의 다른 모든 천체들을 잡아끈다. (…) 두 번째 가정은 이렇다. 직접적이고 단순한 운동을 하는 모든 물체들은 직선을 따라 계속 운동하려고 하지만, 실제로 여러 힘들이 가해지면 그 영향을 받아 원, 타원, 또는 복잡한 곡선 운동으로 전환될 수밖에 없다. 세 번째 가정은, 이런 인력은 그 물체가 자체의 중심에 가까워질수록 그 힘의 작용은 더욱 강력해진다.

그는 뉴턴의 3법칙 중 관성의 법칙을 두 번째 가정에서 거의 같은 형태로 제시하고 있습니다. 그러나 이것은 데카르트의 영향이었을 것입니다. 그리고 세 번째 가정은 거리에 비례하는 것이 아니라 거리의 제곱에 비례하는 것으로 바로 수정합니다.

이러한 훅의 사고는 사실 만유인력의 발견 바로 앞까지 다다른 느낌이었습니다. 하지만 딱 거기까지였습니다. 훅은 그곳에서 멈췄고, 그 이상 진전하지 않았습니다. 그리고 마지막 한 발자국, 가장 중요한 한 발을 뉴턴이 내딛은 것입니다. 이러한 상황은 훅이 그 당시 보기 드문 실험과학자의 전형이었기 때문이기도 합니다. 훅은 보일Boyle, 1627~1691의 실험 조수로 과학자로서의 첫발을 내딛었는데, 그는 실험을 통해서 확인한 사실에 대해 설명하고 직관적으로 판단할 수 있는 능력은 있었지만 수학적 추상화를 통해 이론을 정립하는 데로 나아가기에는 역부족이었습니다. 실제로 훅은 뉴턴에게 힘의 역제곱 법칙을 설명하고 이를 수학적으로 정리해볼 것을 권하기도 했습니다.

힘의 3법칙과 만유인력의 법칙을 증명한 뉴턴

신플라톤주의와 헤르메티시즘에 영향을 받은 뉴턴은 아주 편안하게 원격으로 작용하는 힘을 받아들입니다. 뉴턴은 대단히 굳건한 신앙을 가지고 있었습니다. 아니 어쩌면 굳건한 신앙을 유지하고 있었기 때문에 이런 사조를 받아들이기 더 쉬웠을 것입니다.

뉴턴은 데카르트의 관성의 법칙과 훅의 역제곱의 법칙을 이어받아 힘의 3법칙과 만유인력의 법칙을 수학적으로 완벽하게 증명합니다. 그는 갈릴레이의 상대성원리에 기대어 운동과 힘을 다음과 같이 정리합니다.

첫 번째, 모든 물체는 외부의 힘이 작용하지 않으면 자신의 운동 상태를 계속 유지하려고 합니다. 관성의 법칙입니다. 갈릴레이가 제안하고 데카르트가 보편화한 관성의 법칙은 이제 뉴턴에게 와서 수학적으로 재정의 됩니다. "물체의 질량 중심은 외부 힘이 작용하지 않는 한 일정한 속도로 움직인다." 우리가 가만히 버스에 앉아 있다고 생각해 봅시다. 차가 일정한 속도로 움직이는 동안 우리는 어떠한 힘도 느끼지 못합니다. 그러나 차의 속도가 느려지면 앞으로 향하는 힘을, 차의 속도가 빨라지면 뒤로 향하는 힘을 느낍니다.

즉 외부의 힘이 작용할 때 우리는 비로소 우리의 운동이 방해받고 있다는 걸 느낍니다. 물론 정지해있을 때도 마찬가지입니다. 앞쪽으로 움직이려 하면 뒤쪽으로 향하는 힘을, 뒤쪽으로 움직이려 하면 앞쪽을 향하는 힘을 느낍니다. 외부의 힘이 없다면 우리의 운동 상태는 지속됩니다.

두 번째는 힘과 가속도의 관계입니다. 힘의 종류가 무엇이든 상관없습니다. 물체의 속도 변화율, 즉 가속도는 힘의 종류에 관계없이 힘의 크기에 정확히 비례합니다. "물체의 운동량의 시간에 따른 변화율은 그 물체에 작용하는 알짜힘과 (크기와 방향에 있어서) 같다." 운동량은 물체의 질량에 속도를 곱한 값입니다. 어떠한 경우에도 물체의 질량에는 변화가 없으니 결국 '운동량의 시간에 따른 변화율'은 결국 '속도의 시간에 따른 변화율'과 동일한 의미를 갖습니다. 우리가 가속도라고 부르는 것이 외부에서 작용하는 힘과 비례한다는 것을 정의한 것입니다.

그리고 하나 더, 외부에서 작용하는 힘이 같다면 질량이 크면 가속도의 크기가 작아지고, 질량이 작다면 가속도의 크기가 커진다는 것을 의미합니다. 즉 가속도의 크기는 질량에 반비례합니다. 여기서 주목해야할 것이 바로 가속도의 개념입니다. 운반하는 물체가 무거우면 흔히 빠르게 운반하기 힘들 것이라 생각합니다. 하지만 이는 틀린 관점입니다. 물체가 무거우면 '속도를 바꾸기'가 어렵다고 해야 정확한 것입니다. 즉 느린 속도에서 빠른 속도로 가기가 힘든 것이지, 이미 빠른 걸 유지하는 것이 힘든 것은 아닙니다. (단 바닥과의 저항이 큰 경우는 다르다.) 왜냐하면 속도의 변화율은 질량에 반비례하기 때문입니다. 무거운 물체를 운반할 때 그 진로를 변경하기가 힘들다고 느끼는 것이 바로 이 점 때문입니다. 마찬가지로 무거운 물체를 빨리 운반하다 멈추는 것이 힘든 것도 바로 이 때문입니다. 경로를 바꾸는 것도, 늦추는 것도 '시간에 따른 속도의 변화'이며, 이 변화율은 외부 힘이 일정할 때 질량에 반비례하기 때문에 힘든 것입니다.

제 3법칙은 작용과 반작용의 법칙입니다. "물체가 다른 물체에 힘을 가하면, 힘을 받은 물체는 가한 물체에게 크기는 같고 방향은 반대인 힘을 동시에 가한다." 그래서 두 물체가 충돌을 하면 서로 반대 방향으로 힘을 가하기 때문에 둘 다 튕겨져 나오게 됩니다. 이를 통해 우리는 두 물체가 충돌하는 경우 한 물체가 일방적으로 다른 물체에게 힘을 전달하는 것이 아니라 서로가 반대 방향으로 힘을 교환한다는 것을 알게 되었습니다.

예를 들어 야구공으로 축구공을 맞춘다고 가정합시다. 만약 충돌과정에서 야구공이 축구공에 일방적으로 힘을 전달하기만 한다면, 야구공은 그 만큼 자신의 힘이라는 물리량이 줄어들어야하고, 반대로 축구공은 받은 만큼 힘이 증가해야 합니다. 그러나 물리량이 그렇게 물체 내에 존재할 수 없습니다. 이런 모순은 사실 꽤나 골치 아픈 문제입니다. 그래서 앞서 서술했듯이 임페투스 역학이나 대륙 역학에서 운동량과 같은 개념을 생각한 것입니다. 뉴턴은 이를 작용 반작용의 법칙을 통해 깔끔하게 정리합니다.

만유인력의 법칙으로 세상을 설명하다

이와 함께 뉴턴은 "존재하는 모든 물체는 자신과 상대의 질량의 곱에 비례하고 서로간의 거리의 제곱에 반비례하는 서로 잡아당기는 힘을 가진다."라는 만유인력의 법칙을 제시합니다. 뉴턴은 왜 모든 물체가 이런 인력을 가지는지는 설명하지 못합니다. 다만 선언을 할 뿐입니다. 그리고 이 힘에 의해 이전에 존재하던 모든 천문학적 문제를 한 번에 풀어 버립니다. 케플러가 관찰한 행성들의 타원운동, 면적속도 일정의 법칙들이 수학적으로 완벽하게 증명됩니다. 또한 왜 밀물과 썰물이 하루에 두 번씩 일어나며, 왜 그 시간 간격이 12시간에서 조금 더 늦춰지는 지에 대해서도 밝혀냈습니다. 또 당시에 목격되었던 혜성들이 어떻게 태양을 중심으로 긴 타원궤도를 그리는지도 설명했습니다.

그뿐만이 아니었습니다. 공중으로 쏘아올린 포탄이 어느 정도 거리를 날아가며 어떤 궤도를 그리는지, 그리고 얼마의 시간을 지나 땅에 떨어지는지도 명확히 계산합니다. 플라톤과 아리스토텔레스가 달 아래의 천상계와 월하계를 구분한 후 2,000년이 지나서야 드디어 우주와 지구가 같은 역학의 원리로 통일된 것입니다. 그리고 영원히 완전한 운동이라 여겼던 원운동도 그 특권을 내려놓고 왕좌에서 내려왔습니다. 이제 원운동은 다른 모든 운동과 마찬가지로 힘과 질량에 지배받는 운동이 되었습니다. 마치 왕족과 귀족이 태생부터 고귀하다는 환상에서 깨어난 후 다른 인간과 동일한 자리에 선 것처럼.

하지만 이 시점에서 짚고 넘어가야할 것이 있습니다. 뉴턴은 힘과 가속도의 법칙에서 가속도는 물체의 질량에 반비례한다고 선언합니다. 또한 만유인력의 법칙에서는 중력이 두 물체의 질량의 곱에 비례한다고 선언했습니다. 그런데 이 두 질량이 과연 동일한 것인가에 대해서는 아무런 설명이 없습니다. 앞의 것은 관성질량이라고 하고, 뒤의 것은 중력질량이라고 합니다. 둘 다 '질량'이라는 동일한 단어를 쓰기 때문에 당연히 같은 것이라고 생각할 수 있지만 사실 질량만큼 정의하기 어려운 것은 없습니다. 왜 중력에 영향을 미치는 물질의 본질적인 요소(중력질량)와 가속도에 영향을 미치는 물질의 본질적인 요소(관성질량)가 같은 것인가? 뉴턴 스스로도 이를 궁금해 했습니다. 왜냐하면 뉴턴의 운동 법칙과 만유인력의 법칙은 서로 아무런 관계가 없기 때문입니다. 이 문제는 이후 아인슈타인의 일반상대성이론이 발표되고 나서 해결됩니다.

텅 빈 우주의 양동이

망원경의 성능이 개선되면서 점차 행성에 대해 아는 것도 늘어났습니다. 뉴턴은 망원경의 개량에도 한몫을 담당하는데, 이전까지의 굴절식망원경 대신 반사망원경을 제작했습니다. 반사망원경은 대물렌즈로 볼록렌즈대신 오목거울을 쓰는 방식입니다. 이 방식은 구경이 큰 망원경을 만들기가 용이해서 더 높은 배율로 관찰하는 것을 가능하게 했습니다.

당연히 뉴턴도 이런 망원경으로 행성들을 관찰했습니다. 이즈음 목성이 완전한 구형이 아니라 적도가 부풀어 오른 타원형인 것이 관찰되었습니다. 완전한 구형을 이룰 것이라는 예상과는 다른 모양이었습니다. 그러나 뉴턴에게는 이것이 아주 당연했습니다. 지구처럼 모든 행성은 자전을 할 것이기 때문이지요. 그래서 자전 속도가 빠른 적도 부근은 원심력에 의해 부풀어 오르는 것이 당연하기 때문입니다. 하지만 조금 더 깊게 들어가면 당연하게 생각되는 이 현상이 꾀 심오한 문제였습니다.

등속운동은 무엇을 기준으로 하든 상관없습니다. 내가 기준이라도 되고, 상대가 기준이라도 됩니다. 심지어 우주에 무수히 있는 별 중 어느 하나를 기준으로 삼아도 됩니다. 이것이 갈릴레이 상대성원리의 멋진 점입니다. 그러나 가속운동은 다릅니다. 여기서 뉴턴의 그 유명한 사고 실험이 나옵니다.

아무 것도 없는 텅 빈 우주에 물이 반쯤 찬 양동이만 있다고 가정해 봅시다. 그리고 이 양동이를 자전시킵니다. 처음에는 양동이만 돌다가 나중에는 양동이 속의 물도 같이 돕니다. 물이 돌면서 원

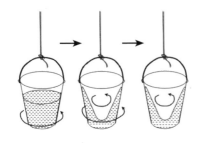

뉴턴의 텅 빈 양동이

심력이 생기고, 물은 양동이의 벽을 타고 올라가며 가운데가 오목해집니다. 이제 양동이를 멈추어도 어느 정도까지 물은 계속 돌고, 계속 가운데가 오목합니다. 이윽고 물의 운동도 잦아듭니다. 물의 가운데가 오목해진 것은 물이 가속운동에 의한 원심력을 가졌기 때문입니다. 그렇다면 이때 이 가속운동의 기준 좌표계는 무엇이 되어야 하는가? 바로 이 문제가 라이프니츠와 뉴턴의 여러 가지 논쟁 중 하나였습니다.

가속운동을 하고 있다는 말은 '누구에' 대해서라는 기준이 필요합니다. 우리가 달리기를 할 때 이전보다 더 빨리 달린다면 이는 땅에 대해 그렇다는 말입니다. 즉 이때의 기준은 땅입니다. 하지만 땅은 지구에 포함되어 있고, 따라서 땅조차도 지구와 함께 태양을 공전합니다. 그리고 태양은 은하의 중심에 대해 공전을 하고, 우리 은하는 안드로메다은하 쪽으로 이동하고 있습니다.

그렇다면 과연 우주에서는 무엇을 기준으로 가속운동을 판단해야 할까요? 등속운동은 기준계를 우리가 임의로 정해도 관계가 없습니다. 하지만 가속운동의 경우 기준계가 달라지면 문제가 생깁니다. 가령 우리와 같은 속도로 움직이는 차에 대해 우리를 기준으로 본다면 이 물체는 움직이지 않고 있는 것이 됩니다. 하지만 이 물체가 가속된다는 것은 실제로 관측된 사실입니다. 즉 힘을 받고 있는 것이지요. 가속운동이 특별한 것은 바로 이 힘을 받고 있다는 사실이 확인되기 때문입니다. 그렇다면 가속운동은 특별한 기준 좌표계가 있는 게 틀림없습니다. 그 좌표계는 무엇인가가 바로 이 당시 라이프니츠와 뉴턴을 괴롭히는 문제였습니다.

흔히 라이프니츠와 뉴턴의 논쟁이라고 하면 미분법을 누가 먼저 발견했느냐, 혹은 라이프니츠가 뉴턴의 미분법을 표절하지 않았느냐에 대한 것이 떠오르지만, 사실 그 문제는 지엽적이고 과학에서 별로 중요한 문제도 아니었습니다. 그러나 바로 이 공간에 대한 논쟁(가속운동의 기준 좌표계에 대한 논쟁)은 둘 뿐만이 아니라, 철학과 물리학 양쪽에서도 상당한 고민을 하게 하는 문제였습니다.

뉴턴에게 시간과 공간은 물질이 존재하는 장소였습니다. 마치 하이든의 〈고별 교향곡〉에서 단원들이 자신의 악기를 들고 한 명씩 사라져도 그들이 연주하던 무대는 남는 것처럼 물질이 하나씩 사라진다고 해도, 그래서 모든 물질이 사라져도 우주 공간은 남는다는 것이 뉴턴의 생각이었습니다. 뉴턴의 시공간은 우리의 인식과 감각적 경험과 무관하게 존재하는 선험적인 것이었습니다. 이를 절대시간 절대공간이라고 합니다.

하지만 라이프니츠의 생각은 달랐습니다. 그에게 시간과 공간은 독자적인 실체가 있는 것이 아니라 사물과 사물사이의 관계였습니다. 라이프니츠에게 공간은 '동시에 존재하는 사물들이 가지는 상대적 위치'였을 뿐입니다. 다만 동시에 존재하는 우주의 모든 사물이 서로에게 상대적 위치를 가지고 있으므로, 이로 인해 우주라는 거대한 하나의 공간이 설정되는 것입니다. 시간 또한 마찬가지여서 물체들 사이의 '나중'과 '먼저'의 척도일 뿐이었습니다.

이 둘의 논쟁은 사실 쉽게 끝날 성질의 것이 아니었습니다. 감각하지 못하는 선험적인 절대 시공간과 물질 사이의 관계로서의 시공간이 어찌 한두 번의 논쟁으로 끝날 수 있을까요? 하지만 라이프니츠의 공간개념은 뉴턴이 제기했던 텅 빈 우주의 양동이 문제를 해결하지 못했습니다. 결국 이 논쟁은 에른스트 마흐Ernst Mach, 1838~1916가 다시 제기할 때까지 수면 아래로 가라앉고, 19세기 말까지의 우주는 뉴턴의 절대공간이 지배합니다.

패러데이, 고전역학이 남긴 숙제를 풀다

뉴턴이 남긴 숙제

　뉴턴의 만유인력의 법칙은 행성의 운동과 지상의 운동에 대한 여러 고민을 일거에 해결한 쾌거이기는 하지만 문제가 전혀 없었던 것은 아닙니다. 가장 중요한 점은 중력이 순간적으로 작용한다는 점이었습니다. 갑자기 우주 공간에서 태양이 사라진 상황을 생각해 봅시다. 지구는 태양으로부터의 중력이 상실됨에 따라 이제 직선운동을 하게 됩니다. 그런데 이 과정이 매끄럽지 않습니다.

　태양에 가장 가까운 수성부터 가장 먼 해왕성까지 아니 그보다 더 멀리 있는 카이퍼 벨트와 오르트 구름대의 모든 천체가 모두 순간적으로 중력으로부터 벗어나 직선운동을 한다? 뭔가 우리의 상식과 맞지 않습니다. 고요한 호수에 돌멩이를 하나 던진다고 가정합시다. 돌이 호수 표면에 닿는 순간 호수의 물이 흔들리기 시작합니다. 그런데 자세히 보면 호수의 모든 물이 동시에 흔들리는 것이 아닙니다. 돌이 닿은 부분부터 흔들리기 시작해서 점차 그 흔들림이 퍼져나가는 현상을 관찰할 수 있습니다. 마찬가지로 아주 넓은 들에 100미터 간격으로 사람들이 서있는 것을 상상해 봅시다. 한쪽 끝에 큰 확성기가 설치되어 있습니다. 그 확성기에서 소리가 들립니다. "깃발 올려!" 이 소리를 듣자마자 깃발을 들기로 이미 사람들 사이에 약속되어 있습니다. 우리는 확성기에서 가까운 사람부터 한 명씩 순차적으로 깃발을 올리는 광경을 볼 수 있을 것입니다.

우리의 감각과 상식은 힘의 전달은 가까운 곳부터 시작해서 점차 멀리 뻗어나간다고 여기는데, 뉴턴의 중력이론은 그렇지 않습니다. 가까운 수성에서 거리가 100배 이상 떨어진 외행성까지 모두 순간적으로 반응하는 것입니다. 물론 우리의 감각이 틀릴 수도 있습니다. 과학은 그런 사례를 여러 차례 목격했습니다. 하지만 뉴턴의 만유인력은 왜 그런지에 대해서 아무런 설명이 없습니다. 그냥 그렇다고 선언할 뿐입니다.

뉴턴의 중력이론이 워낙 현실의 운동에 잘 맞고, 예측이 가능해 다들 수긍했지만 사실 과학자들은 불만이었습니다. 중력만 순식간에 작용한다는 것도 불만이었지만 왜 그런지를 모르는 것 또한 불만이었습니다. 이런 사정은 그 뒤 100여 년간 계속되었습니다. 뉴턴은 운동의 법칙과 중력의 법칙으로 고전역학을 완성했지만 여러 가지 숙제를 남겨 주기도 했습니다. 워낙 난이도가 높아서 제대로 풀려면 꽤 많은 주춧돌이 필요했던 것이지요.

전자기장에 대한 기본개념을 확립한 페러데이

장Field이란 개념이 있습니다. 흔히 전기장, 자기장이 흔하게 들을 수 있는 것이고, 중력장이나 힉스장 등 우주에 존재하는 힘마다 자신만의 장이 있습니다. 그리고 이제 물리학이 아닌 사회 전반에서도 자주 쓰이는 말이기도 합니다. 장의 개념을 처음 도입한 것은 세르비아의 보스코비치Ruđer Bošković, 1711~1787란 물리학자였습니다. 그는 궁극적인 물질인 원자는 힘의 중심으로써 작용하는 위치를 나타내는 한 점에 불과하다고 생각했습니다. 그리고 그 물체와 다른 물체 사이의 공간은 힘을 전달하는 어떤 매질로 채워져 있다고 생각했고, 이를 장이라 불렀습니다. 뉴턴의 중력이론에 대해 나름대로 대안을 제시하려고 한 것입니다. 그러나 보스코비치의 장이론이 실질적인 힘을 발휘한 것은 패러데이에 의해 다시 도입되었을 때부터였습니다.

전자기학의 역사에서 가장 주목받는 사람인 마이클 패러데이 Michael Faraday, 1791~1867는 또한 자수성가의 상징이기도 합니다. 가난한 대장장이의 네 자녀 중 셋째로 태어난 그는 읽고 쓰고 수를 세는 정도의 교육만을 받았습니다. 14살에 서점의 견습생으로 들어가 제본일을 배우면서 본격적인 독학을 합니다. 자기가 제본할 책을 읽으면서 과학에 대한 꿈을 키워나간 것이지요. 그러다가 독학으로 공부한 노트를 책으로 제본한 것이 눈에 띄어 왕립연구소의 조수로 지내게 됩니다. 이후 우여곡절을 겪으면서도 특유의 성실성을 바탕으로 위대한 학자가 되었습니다. 말 그대로 입지전적인 인물입니다. 패러데이는 화학과 전자기학 양쪽에서 여러 발견과 중요한 실험을 했습니다. 그중에서도 가장 큰 성취는 전기력으로 자석을 움직이게 만들어 전동기의 원형적 형태를 만든 것과 반대로 자석을 움직여 전기를 발생시키는 전자기 유도현상을 발견한 것입니다.

1785년 뉴턴의 만유인력에 감명을 받은 과학자 중 쿨롱Coulomb,

1736~1806이 실험을 통해 전기력도 비슷한 형태라는 것을 확인합니다. 즉 전기력은 두 전하량의 곱에 비례하고 거리의 제곱에 반비례한다는 것을 발견한 것입니다. 뒤를 이어 이탈리아의 볼타Volta, 1745~1827는 1799년 지속적으로 전기를 공급할 수 있는 전지를 개발합니다. 이를 통해 여러 가지 실험을 했고, 전기의 다양한 성질을 발견할 수 있게 되었습니다. 그중 가장 중요한 발견은 외르스테드Hans Christian Oersted, 1777~1851에 의해 이루어졌습니다. 전선에 전류가 흐르니 그 주변으로 자기장이 형성되는 것을 확인한 것입니다. 나침판을 전류가 흐르는 전선 옆에 놓았더니 나침판의 바늘 끝이 북이나 남이 아닌 전류에 대해 항상 일정한 방향을 가리키는 것을 발견한 것입니다. 이를 통해 이전까지 별개로 취급되던 전기와 자기가 상호 긴밀한 관계에 있음이 밝혀졌습니다. 앙페르André Marie Ampère, 1775~1836는 이를 수학적으로 정리해서 앙페르 회로 법칙을 만들었습니다. 즉 전류의 세기와 자기장의 관계를 적분식으로 정리한 것입니다.

이런 일련의 발견에 패러데이도 마찬가지로 흥미를 느꼈습니다. 그는 전류와 자석 그리고 나침판을 가지고 계속 실험을 합니다. 실험 결과, 전류가 흐르면 그 주변의 나침판들의 방향이 바뀝니다. 자석이 있는 곳 주변에서도 나침판의 방향이 변합니다.

그런데 이때 나침판이나 전류 주변의 특정한 위치에서 나침판의 방향이 변하는 정도는 항상 일정했습니다. 그리고 그 방향이 이웃한 위치들에서 연속적으로 변하는 것 또한 확인됩니다. 패러데이는 이 연속되는 방향을 만드는 무언가가 자석과 전선으로부터 나온다고 생각했습니다. 그리고 실험을 거듭하다가 원형으로 감은 전선 주위에서 자석을 움직이니 전선에 전기가 형성되는 것을 발견합니다. 전자기 유도현상을 발견한 것입니다. 전류의 움직임은 자석에 영향을 주고 자석의 움직임은 전류에 영향을 준다는 것이 명확해졌습니다.

패러데이는 전기와 자기 사이의 이러한 관계를 보스코비치의 장이론에 결합했습니다. 장이란 힘의 원인이 되는 물질로부터 뻗어 나오는 역선(力線)으로 이해할 수 있습니다. 역선이 밀집할수록 그곳에 존재하는 다른 물질에 미치는 힘은 커지고, 힘의 방향은 역선의 방향과 동일하다는 것이었습니다. 패러데이는 자기력선이란 개념을 제안합니다. 그리고 이 자기력선이 존재하는 공간을 자기장이라 부르기로 합니다. 이런 패러데이의 발상은 전기력이나 자기력이 실제 나타나는 현상을 아주 쉽게 설명했고, 또 정확했습니다. 그리고 다시 눈에 보이지 않는 이 자기력선의 실체는 무엇일까를 고민하기 시작합니다.

패러데이가 생각한 것은 바로 에테르였습니다. 뉴턴이 처음 빛을 입자라고 했을 때 다들 동의한 것은 아니었습니다. 그중 일부는 빛이 어떻게 입자일 수 있나, 파동일 것이라고 생각했습니다. 그리고 토머스 영Thomas Young, 1773~1829이 빛이 파동이라는 걸 밝힙니다. 19세기 초 토머스 영은 이중 슬릿 실험으로 입자로서는 도저히 나타날 수 없는 빛의 상쇄 간섭을 확인합니다. 이로써 빛은 다시 파동임을 증명했습니다. 뉴턴으로서는 첫 패배였습니다.

그런데 태양과 달, 별의 빛이 모두 파동이라면 그 파동의 매질은 무엇인가가 문제가 되었습니다. 우주 공간이 지상처럼 공기로 가득 차 있으리라곤 상상할 수 없었습니다. 과학자들은 아리스토텔레스의 영향으로 우주 공간에서 빛의 파동을 전달해주는 매실은 에테르라고 알고 있었습니다. 그리고 패러데이도 에테르가 전기장과 자기장의 매질이라고 생각했습니다. 이때까지만 해도 전기력과 자기력은 중력과 다른 힘이라는 것 정도로만 이해하고 있었습니다. 전기력과 자기력에 대한 패러데이의 이런 생각은(장이라는 개념과 장의 매질로써 에테르라는 물질을 상정한 것) 오랫동안 존재했지만, 물리학의 분야에서는 오히려 새로운 이 힘을 잘 설명해주고 있다는 점에서 모두를 행복하게 했습니다.

세상 만물은 빛이다

맥스웰, 물리학의 균열을 내다

19세기 말에 이르러 물리학은 완성된 것처럼 보였습니다. 뉴턴의 고전역학은 세계를 더할 나위 없이 설명하는 유일한 이론이었습니다. 당시 영국의 저명한 물리학자였던 캘빈 경은 이제 사소한 문제 몇 가지만 해결하면 더는 물리학에서 의미 있는 연구라고 할 만한 것이 없다는 선언하기까지 했습니다. 그러나 그 사소한 문제 몇 가지가 물리학을 뒤집습니다. 발단은 에테르와 전자기 방정식이었습니다.

패러데이의 눈부신 활약에 힘입어 전기와 자기는 하나의 통일된 힘이 되었습니다. 하지만 이를 수학적으로 한데 모아 아름답게 만든 건 맥스웰James Clerk Maxwell, 1831~1879이었습니다. 맥스웰은 앙페르의 회로 법칙을 수정하고 패러데이의 전자기 유도 현상을 합해 전자기 방정식을 만듭니다. 그런데 이 맥스웰의 방정식이 문제를 일으킵니다.

아리스토텔레스가 구축한 역학 체계는 갈릴레이와 데카르트 그리고 뉴턴에 의해 모두 새로운 옷으로 갈아입었지만 여전히 에테르가 남아 있었습니다. 아리스토텔레스의 주장으로 우주 공간을 가득 채우고 있다고 여겨졌던 제5원소 에테르는 19세기 말에 이르기까지 그 존재를 여전히 의심받고 있지 않았습니다. 왜냐하면 뉴턴이 《프린키피아》에서 우주는 다양한 밀도의 에테르로 가득 차 있다고 했기 때문입니다. 특히나 토마스 영이 1803년 간섭 현상을 통해 빛이 입자가 아니라 파동의 성질을 가지고 있다는 것을 증명하자 에테르는 더욱 필요했습니다. 모든 파동은 그 파동을 전달할 매질이 필요하기 때문입니다. 물결파는 물을 매질로 합니다. 그래서 물이 끝나는 해안에서는 물결파가 더 진전하지 못합니다. 소리는 공기가 매질이기에 진공상태에서는 소리를 들을 수 없습니다. 용수절의 진동은 용수철이란 매질이 있어야 합니다. 그렇다면 빛도 당연히 매질이 있어야 했습니다. 더구나 빛은 우주를 통과해서 지구로 온다고 믿던 유일한 것이었습니다. 이 우주에서 빛의 매질 역할을 해줄 수 있는 것은 아리스토텔레스가 주장하고, 뉴턴이 거듭 주장을 했던 에테르일 수밖에 없었습니다.

거기에 맥스웰 방정식이 더해졌습니다. 맥스웰은 패러데이가 규명한 전기력과 자기력의 상호관계를 설명하기 위해 장이론을 발전시켜 나가면서 전자기이론과 광학을 통합합니다. 즉 전기장과 자기장이 서로에 대해 간섭하면서 퍼져나가는 속도를 계산했더니 바로 빛의 속도였던 것입니다. 그리고 빛의 파동을 바로 앞에서 확인합니다. 즉 빛은 전자기 현상이 에테르라는 매질을 매개로 퍼져나가는 파동이라는 결론에 이릅니다.

그런데 문제가 생깁니다. 맥스웰 방정식은 그 자체로 전자기적 현상을 아주 잘 설명했습니다. 또 현실의 운동에 대해서도 정확한 예측을 합니다. 그런데 뉴턴의 고전역학은 갈릴레이 변환에 기초하고 있는데, 맥스웰 방정식에서는 이 갈릴레이 변환이 깨지는 것입니다. 갈릴레이 변환은 또 다르게는 갈릴레이의 상대성원리라고도 불립니다. 등속운동을 하는 물체에 대해 그 기준점을 바꿔도 동일하게 기술할 수 있다는 것이 핵심입니다. 서로에 대해 일정한 속도로 멀어지는 두 사람이 있다고 가정합시다. 둘 다 자신은 정지해 있고 상대가 움직이고 있다고 생각하고 운동을 서술한다면 어떨까요? 갈릴레이 변환에 따르면 각자 자기가 정지했다고 생각하고 서술한 두 운동 방정식이 동일한 결과를 낳습니다. 그런데 맥스웰의 방정식에 따르면 달리는 사람의 입장에서 봐도, 멈춰있는 사람의 입장에서 봐도 빛의 속도가 항상 일정하다는 문제가 발생합니다. 빛을 향해 달리면 빛의 속도가 더 빠르게 측정되어야 하고, 빛으로부터 멀어지면 빛의 속도가 더 느리게 측정되어야 하는데 그렇지 않았던 것입니다.

하지만 당시 대부분의 물리학자들은 이 문제가 곧 극복 가능할 것이라고 생각했기 때문에 크게 우려하거나 고민하지는 않았습니다. 어찌되었든 토마스 영과 맥스웰에 의해 빛의 파동성이 확인되었고, 이제 그 매질인 에테르를 찾으면 이 문제가 어렵지 않게 해결될 것이라고 생각했습니다. 그리고 빛의 속도가 일정하다는 맥스웰 방정식도 어디가 잘못된 것인지 곧 알 수 있을 것이라 여겼습니다.

마침내 에테르가 퇴장하다

사람들은 마침내 에테르를 확인하기로 했습니다. 방법은 하나뿐이었습니다. 지구는 태양의 둘레를 매초 30킬로미터의 속도로 공전합니다. 지금도 별반 다를 것은 없지만 당시로서는 지구에서 가장 빠른 속도로 움직이는 물체가 바로 지구였던 것입니다. 우리가 손바닥을 벌리고 팔을 휘저으면 눈에 보이지 않지만 공기의 흐름을 느끼는 것처럼, 지구가 에테르 사이를 달리니 그때 나타나는 에테르의 흐름을 측정하려고 했습니다. 그리고 에테르는 빛의 매질이니 빛을 이용해 이를 측정하면 된다고 생각했습니다.

지구가 나가는 방향과 그 수직인 방향에서 빛의 속도는 조금 차이가 날 수밖에 없을 것인데 그것을 측정하면 된다고 생각했던 것입니다. 그런데 문제가 있었습니다. 빛은 1초에 30만킬로미터를 달립니다. 즉 지구 공전 속도의 1만 배인 것이죠. 따라서 빛의 속도를 측정할 때 1만 분의 1의 값을 측정하는 정밀함이 요구됩니다. 사실 이 실험의 기본 아이디어는 훨씬 전부터 논의되었지만 기술적 한계 때문에 측정하지 못했습니다.

그러나 기술은 날로 발전하여 19세기 말이 되자 오차 범위 내의 측정이 가능해졌습니다. 1887년 앨버트 마이컬슨Albert Abraham Michelson, 1852~1931과 에드워드 몰리Edward Williams Morley, 1838~1923는 실패해서 더 유명해진 실험인 마이컬슨-몰리 실험Michelson-Morley experiment을 진행합니다. 실험은 당시 수준으로는 대단히 정교했습니다. 열과 진동의 효과를 차단하기 위해 벽돌로 된 빌딩 지하의 폐쇄된 방에서, 수은으로 채운 욕조에 대리석을 띄우고 그 위에 실험 장치를 설치했습니다. 실험은 행해졌고, 아무도 에테르를 발견하지 못했습니다. 이후에도 그들에 의해, 또 다른 과학자들에 의해 더 정교하게 실험이 진행되었지만 누구도 에테르를 확인하지 못했습니다. 에테르가 사라졌습니다. 아니 애초부터 없었던 것입니다. 아리스토텔레스의 제5원소는 그렇게 과학에서 퇴장합니다.

하지만 에테르의 존재를 의심하지 않았던 많은 과학자들이 근 20년에 걸쳐 비슷한 실험을 계속했습니다. 결국 아인슈타인의 특수상대성이론이 학계에 전반적으로 받아들여질 때까지도 에테르에 대한 미련을 버리지 못했습니다. '님은 갔지만 나는 님을 보내지 아니하였습니다.'라는 한용운의 시처럼 물리학자들은 쉽사리 미련을 놓을 수 없었던 것입니다.

에테르의 존재를 확인할 수 없게 되자(즉, 빛의 속도를 어떻게 해도 일정한 것이 거듭 확인되자) 여러 가지 다른 접근들이 나왔고, 그중에 일부는 아인슈타인의 상대성이론에 아주 근접한 것도 있었습니다. 뉴턴이 갈릴레이와 데카르트 그리고 훅의 연구 위에 자신의 업적을 쌓았듯이 아인슈타인 또한 마찬가지였습니다. 아인슈타인에 앞서 로렌츠Hendrik Antoon Lo´rentz, 1853~1928와 푸앵카레Henri Poincar, 1854~1912가 있었습니다. 특히 로렌츠가 만든 로렌츠 변환[1]은 특수상대성이론에 그대로 쓰일 정도였습니다.

그러나 결국 이들 중 누구도 아인슈타인이 되지는 못했습니다.

---

1 로렌츠 변환은 특수상대성이론에서 핵심적인 수식이다. 서로 간의 상대 속도가 단순히 더하고 빼는 것으로 결정되는 것이 아니라 빛의 속도와 관련된 식으로 이루어져 있다는 것이 핵심이다. 로렌츠는 이를 마이클슨-몰리 실험을 설명하기 위한 하나의 수학적 도구로만 여겼다.

아인슈타인의 비범한 점은 문제 해결의 방향을 완전히 나른 방향으로 돌린 것에 있습니다. 그는 에테르가 필요한가를 물었습니다. 그리고 스스로 답했습니다. 에테르는 필요가 없다고! 아인슈타인은 관측할 수 없다면 애초에 존재하지 않기 때문이라고 대범하게 에테르에 대한 미련을 놔버렸습니다. 사실 아인슈타인이 그럴 수 있었던 것은 빛을 파동이면서 동시에 입자라고 생각하고 있었기 때문입니다. 그는 두 가지 가정을 합니다. 첫 번째는 고전역학이 그랬던 것처럼 모든 관성계는 동등하다는 것이었습니다. 그리고 두 번째는 진공에서의 빛의 속도는 불변이라고 선언합니다.

기적의 해, 1905년

이 두 가지 전제에 기초하여 아인슈타인은 1905년 특수상대성이론을 발표합니다. 원 제목은 〈움직이는 물체의 전기동역학에 관하여〉였습니다. 갈릴레이 변환이 로렌츠 변환으로 대체되는 순간이었습니다. 어느 좌표계에서도 관성좌표계이기만 하다면 모든 관찰자의 눈에 빛은 동일한 속도로 보입니다. 이것에 대해서 로렌츠 변환을 시키니 지금까지의 모든 고민이 사라졌습니다.

그리고 이제 시간도, 공간도, 질량도 관측자에 따라서 변화한다는 사실이 밝혀집니다. 모든 것의 기준은 광속이 되었습니다. 근대 과학의 중심이 되었던 뉴턴의 고전역학은 아인슈타인의 상대성이론으로 바뀌었습니다. 또한 갈릴레이 변환도 로렌츠 변환으로 대체되었습니다.

갈릴레이의 상대성이론의 핵심은 다음과 같습니다. 당신은 자신이 정지해 있다고 생각하고 상대가 등속운동을 하고 있다고 가정합시다. 상대는 반대로 자신이 정지해 있고, 당신이 반대 방향으로 등속운동을 하고 있다고 생각합니다. 이는 바꿔 말하면 당신은 당신을 중심으로 하는 관성좌표계를 그리고 있고, 상대도 자기 자신을 중심으로 하는 관성좌표계를 그리고 있다는 것입니다. 그리고 이 두 좌표계는 아주 쉽게 변환됩니다. 이를 우리는 갈릴레이 변환 혹은 갈릴레이의 상대성이론이라고 합니다. 그리고 고전역학은 바로 이 바탕 위에 있었습니다.

이제 아인슈타인은 다시 바꿔 말합니다. 당신은 정지해 있고, 빛은 당신을 기준으로 초속 30만 킬로미터로 움직입니다. 당신은 이 빛을 이용해서 다른 모든 물질의 움직임을 파악합니다. 그리고 이를 통해서 상대가 등속운동하고 있다는 걸 파악합니다. 상대도 자신이 정지해 있고, 빛은 자신을 기준으로 초속 30만 킬로미터로 움직입니다. 그리고 이 빛을 이용해 다른 모든 물질의 움직임을 파악합니다. 이를 통해 당신이 등속운동하고 있다는 것을 파악합니다. 그러나 이제 상대가 파악하는 것과 당신이 파악하는 운동은 로렌츠 변환을 통해서만 상호변환이 가능합니다. 당신의 세계와 상대의 세계는 빛이 등속이라는 것을 중심으로 변환합니다.

나의 속도가 빠르면 빠를수록 상대방이 볼 때 나는 길이가 짧아지고 무거워지며 시간이 느려집니다. 그러나 나의 입장에서는 내가 정지해있고, 상대가 반대 방향으로 빠르게 움직입니다. 따라서 나의 눈에는 상대가 마찬가지로 길이가 짧아지고 무거워지며 시간이 느린 것으로 관측됩니다. 그래서 내가 볼 때는 상대가 더 느린 시간 속에 살고 있고, 상대가 볼 때는 내가 더 느린 시간 속에 살고 있는 것처럼 보입니다. 이 말도 되지 않는 상황이 우리가 사는 우주입니다. 그래서 우주의 모든 물질들은 빛 앞에 평등해 집니다.

또한 특수상대성이론은 우리에게 에너지와 질량이 등가임을 보여주었습니다. 이제까지 우리는 우주에 존재하는 것을 에너지 아니면 물질이라고 나누었으나 이제는 모두 에너지로 환원될 수 있게 되었습니다. 물질이란 정지해있을 때에도 에너지를 가지는 존재일 뿐입니다. 그래서 중력 또한 질량이 아니라 에너지 밀도에 의해서 표현됩니다.

1905년 발표된 특수상대성이론은 관성좌표계에서의 운동만을 다루고 있습니다. 즉 쉽게 말해서 속도가 변하지 않는 상황에서만 유효한 이론입니다. 따라서 아인슈타인 자신이 먼저 이를 확장하고자 하는 생각이 컸을 것입니다. 우리 주변의 어디를 봐도 속도가 일정한 운동은 거의 찾아보기 어렵습니다. 즉 현실 상황은 항상 속도가 변하는 가속도계의 이론을 요구하고 있는 것입니다. 이런 상황에 맞춰 특수상대성이론을 확장한 것이 일반상대성이론입니다. 그러나 일반상대성이론은 단순히 특수상대성이론의 확장이라기에는 더 커다란 함의를 포함하고 있었습니다. 먼저 중력에 대해 일반상대성이론은 뉴턴과 완전히 다른 정의를 내립니다. 바로 가속운동과 중력의 등가성입니다. 그 부분부터 살펴보기로 합시다.

당신이 눈을 가린 채 좌석에 앉아 있다고 생각해 봅시다. 그런데 갑자기 몸이 뒤로 쏠리는 느낌을 받습니다. 그러면 당신은 '차가 이제 점점 빨리 달리나 보다'라고 생각할 것입니다. 하지만 사실 몸이 뒤로 쏠리는 현상은 차가 앞으로 점점 더 빨리 달리는 경우와 차가 뒤로 가면서 속도를 줄이는 두 가지 모두 가능합니다. 눈이 가려져 있어서 둘 중 어느 상황인지 구분이 가지 않을 뿐입니다.

마찬가지로 당신은 우주선 안 시트에 앉아 있습니다. 갑자기 몸이 앞으로 급격히 쏠리는 느낌을 받습니다. 이 경우에도 당신은 우주선이 앞으로 갑자기 가속되고 있는지 아니면 뒤로 가는데 감속되고 있는지를 모릅니다. 그런데 여기에는 하나 더 이유가 있을 수 있습니다. 우주선이 움직이고 있기 때문이 아니라 우리 뒤에 행성이 있는데, 이 행성의 중력 때문일 수도 있습니다. 우주선 안에서는 어떻게 해도 이 세 가지를 구분할 수 없습니다. 여기서 등가원리가 등장합니다. 즉 중력과 가속에 의한 관성력은 같다는 것입니다.

아인슈타인은 이를 이용해 가속도 상황을 바꿀 수 있다고 생각했습니다. 누군가가 가속운동을 하고 있는 것을 중력이 존재하는 곳의 등속운동으로 바꿀 수 있다는 것입니다. 그리하여 등속운동을 하는 물체에만 적용되던 특수상대성이론을 가속운동을 하는 물체로 확대 적용할 수 있게 되었습니다.

아인슈타인의 특수상대성이론은 사실 또 하나의 문제를 가지고 있었습니다. 특수상대성이론의 전제는 어떠한 좌표계에서도 물질 혹은 에너지가 가질 수 있는 속도의 한계는 광속이라는 것입니다. 그러나 뉴턴의 중력이론에서 중력의 작용은 즉각적입니다. 즉 태양이 만약 어느 순간 사라진다면 지구에 미치는 중력은 바로 그 순간 사라져야 하는 것입니다. 하지만 중력이든 뭐든 이 세상에 작용하는 힘은 광속의 한계를 벗어날 수 없다는 것이 바로 특수상대성이론의 결과입니다.

그러나 이 두 이론 간의 불일치는 일반상대성이론으로 사라집니다. 뉴턴이 틀리고 특수상대성이론이 맞았던 것입니다. 아인슈타인의 일반상대성이론에 따르면 시공간은 물질에 의해 굽어진 구조이며 이는 그 속에 포함된 물질과 에너지에 의해서 결정됩니다. 이를 흔히 '물질은 시공간의 곡률을 결정하고, 시공간의 곡률은 물질의 이동 방향을 결정한다.'라고 합니다. 그리고 이렇게 시공간의 곡률이 변하는 과정은 빛의 속도에 따라 이루어집니다.

그리고 또 하나 앞서 뉴턴에 대해 이야기할 때 남겨진 문제가 있다고 했던 걸 기억해 봅시다. 바로 관성질량과 중력질량이 같은 이유를 뉴턴조차 모르고 있었다는 것입니다. 사실 과학자들은 의심하는 것이 일입니다. 아무리 뉴턴이 대가라 할지라도 정확한 이유도 없이 관성질량과 중력질량이 같다고 선언하기만 했으니 당연히 '정말 같을까'라는 의심이 들 수밖에 없습니다. 그래서 많은 과학자가 실제로 같은 지를 여러 차례 실험했는데, 결국 같았습니다. 물론 그들도 왜 그런지는 알 수 없었습니다. 하지만 아인슈타인의 일반상대성이론에 따르면 중력현상과 가속현상은 서로 구별되지 않는 동일한 현상이 됩니다. 그러니 당연히 둘의 질량이 같을 수밖에 없다는 걸 아주 간단하게(?) 증명합니다.

그런데 이 일반 상대성이론에 따르면 우리가 사는 우주의 시공간은 평평할 수가 없습니다. 여기서 잠깐 상상해 봅시다. 유연성이 좋은 고무판 곳곳에 아주 작은 자석들을 규칙적으로 붙여놓았다고 가정합니다. 그냥 놔두면 이 판은 평평합니다. 하지만 이 고무판 위에 아주 강력한 자석을 접근시키면 자석의 바로 아래쪽이 볼록하게 올라올 것입니다. 혹은 같은 극이면 아래로 오목하게 내려가게 될 것입니다. 이렇게 되면 판은 더 이상 평평한 상태를 유지할 수가 없습니다. 이처럼 우리가 사는 시공간 또한 여기 저기 있는 물질과 에너지에 의한 끌림으로 평평하지 않은 것입니다. 그리고 빛을 비롯한 모든 물질과 에너지는 이렇게 휘어진 곡선 위를 움직이게 됩니다. 뉴턴의 고전역학은 이제 완전히 아인슈타인의 일반상대성이론으로 대체됩니다. 그러나 19세기 고전역학의 위기는 또 다른 해결책을 필요로 하고 있었습니다. 양자역학이 바로 그것입니다.

내가 누구인지 말할 수 있는 자는 아무도 없다

다시 빛이 문제가 되다

쇠젓가락을 가스렌지 불 위에 올려놓으면 처음에는 큰 변화가 없지만 온도가 올라가면서 차츰 쇠젓가락이 빨갛게 달아오르는 걸 볼 수 있습니다. 그리고 온도가 더 높아지면 쇠젓가락이 점점 노랗게 빛나다가 나중에는 희게 변하는 걸 관찰할 수 있습니다. 이는 쇠가 아니라 다른 물질에서도 마찬가지입니다.

모든 물체는 자신의 온도에 비례하는 전자기파를 내놓습니다. 우리가 평소 보는 물체가 빛나지 않는 건 온도가 낮기 때문입니다. 낮은 온도에서는 우리 눈이 볼 수 없는 적외선 영역으로 전자기파를 내놓습니다. 이런 사실은 19세기의 과학자들도 이미 알고 있었습니다. 물체가 내놓는 전자기파는 온도에 따라 어느 진동수대가 가장 높은 세기를 가지는 지가 정해집니다. 그리고 우리는 세기가 가장 높은 진동수의 빛을 감지하는 것입니다.

물리학자들은 이를 파동방정식으로 정리하려고 했습니다. 빛도 파동이었으므로 당연한 이치입니다. 두 가지 파동방정식이 제안이 되었는데, 그중 레일리의 파동방정식이 실제 관측 결과와 가장 비슷하게 맞아떨어졌습니다.

그런데 이 방정식은 높은 온도의 물체에서는 영 이상하게 변했습니다. 이 방정식에 따르면 물체를 가열해서 온도가 높아질 때, 무한대의 에너지가 나와야 하는 것입니다. 이 문제를 흑체Black Body문제라고 합니다. 원래 파동의 에너지는 진동수의 제곱과 진폭의 제곱에 비례합니다. 따라서 높은 진동수의 전자기파는 그 세기가 작더라도 꽤 높은 에너지를 가지게 되는데, 이론적으로는 무한대의 진동수를 가지는 전자기파가 흑체로부터 나와야하기 때문에 붙여진 이름입니다. 당시 용광로에서 제철작업을 할 때 이와 관련된 사항이 중요하게 작용했고, 마찬가지로 전등을 만드는 과정에서도 이런 현상에 대한 규명이 필요했습니다.

이를 해결하기 위해 독일의 막스 플랑크는 고민에 고민을 거듭하고 일단 미봉책이라도 쓰자고 생각합니다. 그의 미봉책은 에너지가 일정한 상수의 배수로만 존재한다는 것이었습니다. 이때의 상수를 플랑크상수라고 하고 h라고 씁니다. 그리고 전자기파의 형태로 빠져나올 수 있는 에너지는 플랑크상수에 진동수를 곱한 값의 배수로만 나올 수 있다고 선언합니다. 이렇게 되면 진동수가 높은 전자기파는 한계점이 높아져서 그 이하로는 빠져나올 수 없게 됩니다.

아주 작은 공부터 무한히 큰 공까지 순서대로 배열해 놓고, 그 앞에 문을 달아 놓은 건물이 있다고 상상해 봅시다. 우리가 주입하는 에너지는 이 공들 앞에 놓여 있는 문을 여는 데 사용됩니다. 그리고 우리가 주입한 에너지의 양에 따라 문이 열리는 높이가 결정된다고 합시다. 우리가 에너지를 많이 주입하면 할수록 문이 열리는 높이는 높아지고, 그에 따라 더 큰 크기의 공이 빠져나올 수 있습니다. 그렇지만 우리가 무한대로 에너지를 주입할 수 없기 때문에 무한대로 큰 공은 결코 빠져나올 수 없습니다. 플랑크의 양자가설은 바로 이렇게 해서 무한히 큰 에너지가 나오는 걸 막아버린 것입니다.

그리고 이 비유처럼 플랑크의 에너지는 입자로 행동합니다. 막스 플랑크는 계산을 통해 그 값도 도출해 냈습니다. 이렇게 해보니 앞서 말했던 무한대의 에너지 문제가 아주 깔끔하게 풀렸습니다. 문제는 막스 플랑크 자신도 이 개념이 별로 맘에 들지 않았던 것입니다. 그는 에너지는 연속적이지만 어떤 이유로 불연속적인 양으로 빠져나온다고 생각했습니다. 그가 느끼기에 자신의 에너지 양자이론은 미봉책에 불과한 것이었습니다.

그런데 아인슈타인은 이 양자가 빛의 실체라고 주장했습니다. 바로 광양자설 Light Quantum Theory입니다. 아인슈타인은 특수상대성이론을 발표한 1905년에 이 광양자설도 발표되었고, 아인슈타인에게 노벨물리학상을 안긴 것도 바로 이 이론이었습니다.

빛을 파동이라고 생각해 봅시다. 우리는 높은 에너지를 가지는 빛에 대해 두 가지 이유가 있다고 생각할 수 있습니다. 하나는 빛의 진동수가 높은 것입니다. 즉 빛이라는 파동이 1초 동안 진동하는 횟수가 높아서 에너지가 높다고 생각할 수 있습니다. (진동수가 많다는 건 그만큼 빨리 움직인다는 것이고, 그 이야기는 운동에너지가 크다는 것과 비슷하다.) 다른 하나는 빛의 진폭이 크다는 것입니다. 즉 동일한 진동수를 가지고 있더라도 높낮이가 크면 에너지가 높습니다. (이는 같은 시간 동안 더 많은 거리를 움직인다는 것이니 이 또한 속도가 빠른 것이고 그만큼 운동에너지가 높다는 것도 유사하다.)

그런데 이런 방식으로 설명할 수 없는 현상이 발견됩니다. 바로 광전효과입니다. 금속으로 된 판에 빛을 쪼이면 전자가 튀어나오는 현상을 보입니다. 이를 광전효과라고 합니다. 그런데 빛을 파동이라 생각하면 이해가 되지 않는 방식으로 이 광전효과가 나타났습니다. 예를 들어 진동수가 작은 붉은색 빛을 쪼이면 튀어나오는 전자가 가진 운동에너지는 약했고, 진동수가 큰 푸른빛을 쪼이면 튀어나오는 전자가 가진 운동에너지가 컸습니다. 푸른빛이 에너지가 크니 전자가 에너지를 많이 흡수해서 그런 거라고 생각할 수 있습니다. 그런데 에너지가 많으면 더 많은 전자가 튀어나올 수도 있지 않을까요? 빛의 세기를 일정하게 하고 푸른빛과 붉은빛을 쪼여주면, 튀어나오는 전자의 개수는 동일하고 튀어나온 전자의 운동에너지만 달라지는 것이었습니다.

반대로 이번엔 진동수가 일정한, 그러니까 색깔이 같은 빛을 한번은 밝게, 다른 한번은 어둡게 만들어 쪼여주니 이번엔 튀어나오는 전자의 개수만 달라졌습니다. 강한 빛에서는 더 많은 전자가 튀어나오는데, 튀어나오는 전자의 운동에너지는 딱 빛의 색깔에 의해 정해진 정도만 가지고 있었던 것입니다. 즉 튀어나온 전자의 운동에너지는 빛의 색깔(진동수)에만 관계합니다. 그리고 전자가 몇 개나 튀어나오는지는 빛의 세기(진폭)에만 관련이 있다는 것이 광전효과의 결론입니다.

빛이 파동이라면 이럴 수 없었습니다. 어차피 센 빛이건 진동수가 높은 빛이건 전달하는 에너지의 양은 같은데 왜 다른 현상이 나타날까요? 빛을 파동이라고 생각하던 19세기 말 물리학자들의 머리가 아프기 시작합니다. 그런데 이때 아인슈타인이 등장합니다.

아인슈타인은 빛을 입자라고 생각하자고 했습니다. 즉 빛의 진동수를 빛 입자 1개가 가진 에너지라고 주장한 것입니다. 그리고 빛의 세기는 빛 입자의 개수라고 생각하자는 것이었습니다. 그렇게 생각하니 광전효과가 아주 쉽게 설명되었습니다.

푸른색 빛은 붉은색 빛보다 입자 1개가 가진 에너지가 많은 것이었습니다. 그리고 빛 입자 1개는 정확히 전자 1개를 때리게 되고, 이때 자기가 가지고 있던 에너지를 몽땅 전자에게 넘깁니다. 따라서 푸른색 빛에 얻어맞은 전자는 더 많은 에너지를 가지게 되니 운동에너지가 클 수밖에 없고, 붉은색 빛에 맞은 전자는 작을 수밖에 없습니다. 마찬가지로 센 빛은 빛 입자가 많은 것이니 더 많은 전자를 때릴 수 있고, 따라서 튀어나오는 전자의 개수가 늘어나는 것입니다. 아무리 빛이 세도 빛 입자 1개가 가진 에너지는 정해져 있어서 전자가 가지게 되는 운동에너지는 변함이 없습니다.

바로 이 설명이 막스 플랑크의 양자와 만납니다. 막스 플랑크는 에너지가 연속적이지만 밖으로 나올 때만 양자화 된다고 생각했습니다. 그러나 아인슈타인의 광양자설에 따르면 애초에 빛 에너지는 양자화 된 단위로 존재한다는 것입니다. 막스 플랑크는 아인슈타인의 특수상대성이론에 대해선 열광했고, 그를 스위스의 특허사무소에서 독일의 연구소로 오도록 만들 정도로 좋아했지만 바로 이 점에 대해선 동의하기 힘들었습니다. 앞서 말한 것처럼 자신이 미봉책으로 제시한 것이 오히려 미봉책이 아니라 빛의 본질이 된 것이지만 자신의 세계관과 충돌했기 때문입니다.

그렇다고 아인슈타인이 빛은 파동이 아니라고 말한 것은 아닙니다. 기묘하게도 빛은 입자와 파동의 성질을 모두 가지고 있다는 것입니다. 이를 빛의 이중성이라고 합니다. 어떤 현상이 파동이 되려면 회절, 간섭 반사, 굴절이 일어나야 합니다. 그중에서도 가장 중요한 두 가지를 고르라면 회절과 간섭입니다.

회절이란 파동이 물체의 모서리에서 사방으로 퍼져 나가는 현상을 말합니다. 흔히들 비유하길 담장 뒤의 보이지 않는 곳에서 소리를 질렀을 때 담 너머에 있는 사람이 이 소리를 듣는 것이 회절 효과 때문이라고 말합니다. 소리라는 공기의 파동이 담의 끝에서 사방으로 퍼지고, 그중 일부는 담 너머에 있는 사람의 귀로 들어갔기 때문에 나타나는 현상입니다.

간섭의 경우 두 파동이 만나 진폭이 커지거나 줄어드는 현상을 말합니다. 특히 두 파동이 만났을 때 한쪽의 마루와 다른 쪽의 골이 중첩되어 진폭이 줄어드는 상쇄 간섭이 파동의 특징으로 선호됩니다. 빛의 경우 이 회절과 간섭 둘 다 아주 간단한 실험으로도 확인되기 때문에 빛이 파동이 아니라고 말할 수는 없습니다.

따라서 빛은 파동과 입자의 이중적 성질을 가지는 기묘한 것이 됩니다. 빛의 색깔은 파동일 때는 진동수지만 입자일 때는 입자 한 개가 가지는 운동에너지가 됩니다. 빛의 밝기는 파동일 때는 진폭이고, 입자로 볼 때는 광양자의 개수가 됩니다. 더구나 빛의 입자와 파동의 이중성은 절묘한 타협을 하는데, 파동을 관찰하는 실험에서는 빛이 파동으로 행세하고, 입자를 관찰하는 실험에서는 입자로 행세하기 때문입니다. 즉 파동성과 입자성이 동시에 나타나지는 않습니다. 따라서 우리는 입맛에 맞게끔 골라 쓰면 되는 것입니다.

당시 원자를 연구하던 또 다른 일군의 과학자들이 있었습니다.

처음 톰슨Joseph John Thomson, 1856~1940이 음극선 실험[2]으로 원자 내에 음전하를 띄는 물질이 있다는 것을 밝혔을 때 사람들은 깜짝 놀랐습니다. 그런데 그다음 어니스트 러더퍼드Ernest Rutherford, 1871~1937는 아주 얇은 금속막에 헬륨의 원자핵을 쏘는 실험을 통해 원자의 대부분은 빈 공허이며 그 중심에 아주 작지만 원자 질량의 대부분을 차지하는 원자핵이 있다는 사실을 발견합니다. 그리고 전자가 이 원자핵 주변을 빠르게 돌고 있다는 사실 또한 발견합니다.

그런데 바로 이 전자가 원자핵 주위를 돈다는 것이 문제가 되었습니다. 전자는 말 그대로 전하를 띈 물질입니다. 맥스웰 방정식에 따르면 가속운동을 하는 전하는 전자기파를 발생시킵니다. 따라서 원자핵 주변을 도는 전자도 전자기파를 내야 합니다. 그런데 전자기파라는 것이 엄연한 에너지고, 당연히 전자는 전자기파 형태로 에너지를 내놓기 때문에 자신이 가진 에너지가 줄어드는 운명에 처합니다. 전자가 가진 에너지라고 해봤자 운동에너지밖에 없으니 결국 전자가 원자핵 주위를 도는 속도가 줄어들어야 한다는 뜻입니다. 전자는 몇 바퀴 돌다가 점점 궤도가 줄어들어 원자핵에 부딪혀야 한다는 것이죠. 이 계산대로라면 원자가 만들어지고 나서 1초도 되지 않는 아주 짧은 시기에 원자는 사라져야 합니다. 그러나 현실은 그렇지 않았습니다. 이 사실은 당시 많은 물리학자를 괴롭혔습

---

2 내부를 진공으로 만든 유리관의 양쪽 끝에 금속판을 댄다. 그리고 금속판에 전선을 연결하여 강한 전기장을 형성하면 진공으로 된 유리관 안에 -전극에서 +전극쪽으로 향하는 입자가 발생한다. 이를 처음으로 관찰한 것이 톰슨의 음극선 실험이다. 당시 미지의 대상이었던 이 입자는 단순한 에너지 혹은 빛이 아니라 아주 작은 입자임이 밝혀졌고, 곧 전자라는 이름을 얻게 되었다.

니다. 이때 보어가 나섭니다.

양자역학의 기초를 구축한 보어

닐스 보어 Niels Bohr, 1885~1962는 막스 플랑크의 양자설과 아인슈타인의 광양자설에서 힌트를 얻었습니다. 원자핵 주위를 도는 전자가 내놓은 에너지도 일정한 덩어리가 아닐까? 그렇다면 그 덩어리만큼이 되지 않는 양의 에너지는 내놓을 수 없는 것이 아닌가? 이것이 보어의 기본 아이디어였습니다.

가령 당신이 만 원권 지폐 열장을 가지고 있다고 칩시다. 아주 불쌍해 보이는 사람이 당신에게 다가와 3일을 굶어 배가 고픈데 돈이 없으니 만 원만 달라고 한다면, 당신은 선뜻 돈을 줄 수도 있습니다. 그러나 그 사람이 순대국을 먹으려니 정확히 7천 원만 달라고 하면 어떨까요? 상대는 딱 7천 원만 달라고 하는데, 만 원을 주니 거슬러 줄 돈이 없다면서 정확히 7천 원이 아니면 받지 않겠다고 하는 상황을 생각해 봅시다. 당신은 7천 원을 줄 방법이 없어서 결국 주지 못하게 됩니다. 바로 이와 같은 상황이 전자에게 있다고 생각한 것입니다.

보어는 전자가 연속적인 전자기파를 내놓고 나선운동을 하면서 원자핵에게로 다가가는 운동을 하지 못한다고 선언합니다. 그래서 전자기파를 내놓을 수 없기 때문에 안정적인 궤도를 돈다고 여긴 것입니다. 맥스웰의 방정식을 이용하면 전자가 일정한 궤도를 돌 때 내놓는 전자기파의 에너지를 계산할 수 있습니다. 그런데 이때 내놓아야 하는 전자기파 에너지의 양이 바로 딱 떨어지는 양이 아니었습니다. 전자는 만 원을 내놓겠다는데 맥스웰 방정식은 3745.20원을 내놓으라고 하니 전자가 돈을 지불할 방법이 없는 것입니다.

그리고 여기서 더 나아가 전자가 전자기파로부터 받을 수 있는 에너지의 양도 정해져있다고 선언합니다. 즉 특정한 값의 배수에 해당하는 에너지만 받을 수 있다는 것입니다. 따라서 아무 전자기파나 쏜다고 전자가 궤도를 바꿀 수는 없다고 주장합니다.

자, 여기까지만 하더라도 '전자 참 희한한 녀석이네'라고 생각할 수도 있습니다. 그런데 보어는 한 발 더 나갑니다. 전자는 더 높은 궤도로 가기 위한 에너지를 정해진 양만큼만 받는데, 우연히 딱 그만큼의 에너지를 받는다면 궤도를 즉시 옮긴다고 주장합니다. 여기서 주의할 점은 '즉시'라는 것입니다. 나선을 그리면서 다음 궤도로 이동하는 것이 아니라 즉시 다음 궤도로 옮겨진다는 것입니다. 다시 말해 순간 이동을 하는 것입니다. 이런 말도 안 되는 주장이 나오자 당시의 물리학자들은 다들 웃기지 말라는 식의 반응을 보였습니다. 그런데 이 주장은 실험으로 증명됩니다. 보어가 예측한 그대로였습니다. 보어의 계산에 맞춰 수소원자는 특정한 파장의 빛만 방출하고 또 흡수했습니다. 이렇게 양자역학은 시작되었습니다.

물질도 파동이다

여기서 루이 드 브로이Louis de Broglie, 1892~1987가 나타납니다. 드

브로이는 아인슈타인의 광양자설과 특수상대성이론, 그리고 보어의 이론을 가지고 고민을 하다가 만약 빛이라는 에너지가 파동과 입자의 이중성을 가진다면 반대로 우리가 입자라고 알고 있는 물질도 파동성을 가질 수 있지 않을까라는 발상을 합니다.

그는 '만약 입자가 파동성을 가진다면 어떻게 될까'를 연구하면서 드브로이 방정식을 제안합니다. 그의 방정식에 따르면 물질의 파장은 플랑크상수를 물질의 운동량으로 나눈 값이 됩니다. 이제 관측만 하면 사실인지 확인할 수 있습니다.

그런데 이 플랑크상수가 지극히 작은 값이라서 파장 자체도 대단히 짧습니다. 우리가 파동을 관찰하려면 그 파장을 파악하면 되는데, 이때 가장 좋은 방법은 회절을 이용하는 것입니다. 회절은 파장이 짧을수록 그 일어나는 정도가 작습니다. 즉, 물질파의 파장이 작다는 것은 그만큼 회절을 관찰하기가 어렵다는 것입니다. 그래서 파장은 플랑크상수를 운동량으로 나눈 값이니 운동량을 적게 하면 되겠다는 결론에 이릅니다. 운동량은 질량 곱하기 속도기 때문에 둘 다 적게 하면 됩니다. 그런데 여기서 문제가 발생합니다.

속도를 낮추면 광양자설에서 확인한 것처럼 진폭이 줄어듭니다. 진폭이 작으면 회절이나 간섭의 효과가 미미합니다. 따라서 속도를 일정량 이하로 낮추면 이 또한 관찰하기가 어렵습니다. 그렇다면 이제 줄일 수 있는 건 질량밖에 없습니다. 우리가 알고 있는 질량이 가장 작은 물체는 전자입니다. (전자는 양성자나 중성자 질량의 대략 1,800분의 1 정도다.) 그래서 전자로 실험을 진행 했습니다. 그 결과, 전자의 회절무늬가 관찰되었습니다.

자, 이제 물질도 파동이면서 입자인 이중성을 가지는 괴상한 것이 되었습니다. 그리고 에르빈 슈뢰딩거가 등장합니다. 슈뢰딩거는 고전역학에서 만들어진 에너지 보존의 법칙을 양자역학으로 재해석한 슈뢰딩거 방정식을 만듭니다. 이를 통해 보어가 주장했던 전자의 이상한 움직임을 하나의 방정식으로 정량화할 수 있게 된 것입니다. 그런데 여기서 문제가 발합니다.

이 방정식을 풀면 해가 하나가 아니라 여러 개가 나옵니다. 즉 원자 속에 있는 전자의 파동함수를 구하면 서로 다른 에너지를 가지는 여러 가지 파동함수가 나오는 것입니다. 그중에서 무엇인 정답인지 알 수가 없었습니다. '어? 그럼 그걸 왜 해?'라고 물을 수 있습니다. 그런데 슈뢰딩거는 이 파동함수가 말 그대로 전자의 파동을 나타낸다고 생각했습니다. 즉 여러 가지 에너지의 파동함수가 나오면 각각이 각 에너지 상태에서의 전자의 파동을 나타내는 거라고 생각한 것입다.

그러나 여기에 막스 보른Max Born, 1882~1970이 딴지를 걸었습니다. 막스 보른은 각 파동함수는 전자가 각각의 에너지를 가질 확률을 나타낸다고 생각한 것입니다. 보른의 해석에 따르면 전자는 어떠한 에너지를 가질지 정확히 알 수 없고, 단지 어떤 에너지를 가질 확률이 얼마인지만 알 수 있다는 것입니다. 그리고 슈뢰딩거의 해석보다도 보른의 해석이 실험 결과에 더 정확히 맞았습니다.

하지만 정작 이 방정식을 만든 슈뢰딩거는 이런 확률적 해석을 거부했습니다. 아인슈타인처럼 그도 신은 주사위 놀이를 하지 않는다고 굳게 믿고 있었던 것입니다. 그래서 그 유명한 '슈뢰딩거의 고양이' 사고 실험을 고안한 것입니다.

코펜하겐 해석

보른의 주장은 닐스 보어와 베르너 하이젠베르그Werner Karl Heisenberg, 1901~1976에 의해 코펜하겐 해석으로 발전합니다. 보어의 상보성원리와 하이젠베르그의 불확정성의 원리를 바탕으로 만들어진 코펜하겐 해석은 아인슈타인과 슈뢰딩거를 비롯한 여러 과학자들의 비판과 이견을 하나하나 격파하면서 마침내 양자역학의 주류 해석으로 자리 잡습니다.

코펜하겐 해석에 대해 알아보기 전에 닐스 보어의 상보성원리와 하이젠베르그의 불확정성의 원리를 먼저 알아봅시다. 하이젠베르그의 불확정성의 원리Uncertainty Principle은 양자역학에서 두 개의 물리량을 동시에 측정할 때, 각각의 값의 정확도의 곱에는 물리적 한계가 있다는 원리입니다. 말 자체가 좀 어렵습니다. 쉽게 풀어보자면 양자적 물체(즉 그 크기와 질량이 매우 작은 물체)에 대해 그 위치와 운동량 동시에 정확히 측정할 수 없다는 것을 뜻합니다. 위치가 정확하게 측정될수록 운동량의 불확정도가 커지고, 반대로 운동량을 정확히 측정할수록 위치의 불확정도가 커진다는 것입니다.

전자 1개가 수소의 원자핵 주위를 돌고 있습니다. 당신은 이 전자의 위치와 속도를 동시에 알고 싶습니다. 전자의 위치와 속도를 알려면 전자기파를 쏘아서 맞추고 돌아오게 해야 합니다. 그런데 전자기파는 입자와 파동의 성질을 동시에 가지고 있습니다. 전자기파의 파장이 너무 길면 우리는 전자의 위치를 정확히 알기가 어렵습니다. 파장이 길다는 것은 진동수가 적다는 이야기고, 이는 에너지가 적다는 이야기와도 통합니다.

그래서 이번에는 파장이 짧은 전자기파를 쏩니다. 그러면 전자의 위치는 좀 더 좁은 범위로 줄어들고 정확도가 커집니다. 하지만 이때 우리가 쏜 전자기파의 에너지가 전자와 상호작용을 해서 전자의 정확한 속도를 알 수가 없게 됩니다. 따라서 우리는 적당한 전자기파를 골라서 위치라면 위치, 속도라면 속도 둘 중 어느 것을 더 정확히 알아낼 것인지 정해야 합니다. 결국 이 둘의 정확도를 합한 값은 일정한 한계를 넘어설 수 없는 것입니다. 물론 이는 쉬운 예일 뿐입니다.

하이젠베르그의 불확정성의 원리는 우리의 관찰 도구에 국한된 문제가 아니라, 물질의 본질에 관한 문제입니다. 즉 관측 도구가 아무리 개선되고, 혹은 에너지를 가지지 않는 것이라 할지라도 여전히 우리는 물질의 운동량과 위치 둘을 동시에 정확하게 알 수 없습니다.

또 다른 예에서 우리는 그것을 확인할 수 있습니다. 만약 사방 1미터인 정육면체 안에 전자가 1개 들어있다고 생각해 봅시다. 그러면 우리는 전자의 위치를 그 상자 안이라고 생각할 수 있습니다. 다만 전자가 상자 안의 어디에 있는지는 모릅니다. 이렇게 위치값이 불명확할 때 우리는 전자의 운동에너지 혹은 운동량은 꽤 정확하게 측정할 수 있습니다. 그런데 이 상자의 크기를 점점 줄이면 우리는 전자의 위치를 조금씩 더 정확히 알게 됩니다. 또 그에 따라 안에 들어있는 전자의 운동에너지와 운동량의 범위는 점점 더 커지게 됩니다. 우리가 상자를 아주 극단적으로 작게 만들면, 마침내 전자는 정지 상태에서 광속에 이르기까지 그 속도를 알 수가 없게 되는 것입니다. 이것이 불확정성 원리입니다.

이러한 하이젠베르그의 불확정성의 원리에 기초해 닐스 보어는 상보성원리를 발표합니다. 닐스 보어의 상보성원리Complementarity Principle는 양자역학적 물체는 어떤 실험을 하느냐에 따라 파동 또는 입자의 성질을 보인다는 것입니다. 즉 빛의 경우 우리가 빛이 입자임을 확인하는 실험을 할 때는 입자로 작용하고, 반대로 파동임을 확인하는 실험을 할 때는 파동으로 보인다는 것입니다.

그러나 파동이면서 동시에 입자일 수는 없습니다. 그리고 이것은 물질의 경우도 마찬가지입니다. 결국 이 말은 전자가 우리 맘을 아는 것처럼 행동한다는 뜻이기도 합니다. 우리가 전자가 입자인지 확인하려고 실험을 하면 전자는 입자가 되고, 파동의 성질을 가졌는지 확인하려 하면 파동이 된다는 뜻입니다. '아니 전자가 그걸 어떻게 알고?'라는 의문이 들 수밖에 없습니다. 지금 우리가 그런 의문을 갖듯이 당시에 많은 학자들도 그런 의문을 가졌습니다.

그런데 실제로 실험을 해보면 그렇게 결과가 나오는 것입니다. 빛의 입자성을 실험하기 위해 광전효과 실험을 하면 빛은 입자인 것처럼 행동하고, 빛의 파동성을 확인하려고 회절이나 간섭 실험을 하면 떡하니 파동의 모습을 보였습니다. 아인슈타인의 광양자설에서 말했던 것처럼 전자도 마찬가지였습니다. 전자의 파동성을 확인하기 위해 이중 슬릿 실험을 하면 전자는 파동에서나 나타나는 상쇄 간섭과 보강 간섭의 무늬를 보란 듯이 그립니다. 그런데 이중 슬릿의 어느 쪽으로 가는지 확인해보려고 하면 우리가 엿보는 걸 알아차리곤 간섭무늬를 만들지 않습니다. 그나마 다행인건지 아니면 불행인건지 입자이면서 파동이거나, 파동이면서 동시에 입자처럼 보이지는 않겠다는 다짐이라도 한 것처럼 이 둘을 동시에 확인할

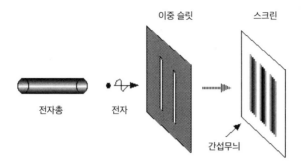

이중 슬릿 실험. 전자총에서 나온 전자가 이중 슬릿을 통과하여 뒤편에 맞으면서 파동에서나 관찰될 수 있는 간섭무늬가 생겨난다.

수는 없습니다.

그럼 여기서 다른 역학에서는 찾아보기 힘든 해석이라는 것이 왜 존재하는지 알아보겠습니다. 막스 플랑크의 양자가설에서 시작된 양자역학은 아인슈타인의 광양자설과 닐스 보어의 수소 원자모형, 그리고 드 브로이의 물질파 이론에 이은 슈뢰딩거의 방정식과 하이젠베르그의 행렬역학으로 하나의 동역학 체계가 되었습니다. 작은 입자들에 대한 물리적 실험 결과를 매우 정확하게 설명하고 예측할 수 있는 법칙들이 개발되고, 이 법칙들이 일반화되면서 하나의 체계로 자리 잡은 것입니다.

그러나 이 현상을 설명하는 보어와 하이젠베르그가 주가 된 코펜하겐 해석에 대해선 반발이 일어났습니다. 양자역학의 기초 혹은 시발점이라 할 수 있는 슈뢰딩거의 방정식을 고안한 슈뢰딩거 스스로가 보른의 확률함수론에 기초한 보어와 하이젠베르그의 해석을 거부합니다. 그래서 다양한 다른 해석들이 나타난 것입니다. 하지만 아직도 양자역학에 관해서는 코펜하겐 해석이 100년의 시간을 견디며 주류를 이루고 있습니다.

물론 이에 대한 불만이 완전히 사라진 것은 아닙니다. 다양한 해석들이 현재도 코펜하겐 해석의 대안으로 주장됩니다. 그런 해석 중에는 '서울 해석'이라는 것도 있습니다. 하지만 여전히 대다수의 양자역학 연구자들은 코펜하겐 해석이 가장 정확하다고 생각합니다.

너무나 많은 기본 입자

원자의 실체가 드러나다

처음 데모크리토스가 이 세상은 더 이상 나눌 수 없는 입자로 이루어져 있다고 했을 때 아리스토텔레스를 비롯한 대다수의 자연철학자들은 콧방귀를 꼈습니다. 그리고 2,000년이 지나도록 일부를 제외하고 과학자들은 원자의 실체도 인정하지 않았다. 보일이 1,500년이 지난 후에 원자설을 다시 주장하고, 돌턴John Dalton, 1766~1844이 원자론을 정리했지만 여전히 사람들은 믿지 않았습니다. 라부아지에Antoine-Laurent de Lavoisier, 1743~1794가 33종의 원소를 발표하였지만 그때도 여전히 원자론을 믿지 않는 사람들이 많았습니다. 19세기 말까지도 그랬습니다. 당시 대표적인 과학자인 에른스트 마흐는 눈에 보이지도 않는 걸 믿는 건 멍청이라고 말하기도 했습니다. 실제로 20세기 초까지도 원자론은 하나의 가설에 지나지 않았습니다.

그러나 실험을 거듭하면서 원자의 실체가 점차 확실히 드러났습니다. 그리고 이 실험은 역으로 원자가 기본 입자가 아니라는 것도 드러냈습니다. 앞서 말했던 것처럼 톰슨이 원자 안에 마이너스 전기를 띄는 입자가 있다는 사실을 밝혀냈고, 뒤이어 러더퍼드가 플러스 전기를 띄는 원자핵의 존재를 확인합니다. 그리고 원자핵이 양성자와 중성자라는 입자로 이루어져 있다는 사실도 밝혀집니다.

그런데 여기서 과학자들은 새로운 의문이 들었습니다. 양성자들은 모두 플러스 전하라서 서로 간에 전자기적 반발력이 작용하는데 어떻게 하나의 원자핵에 묶이느냐는 것입니다. 중성자도 마찬가지입니다. 이들을 묶는 힘으로 생각하기엔 중력은 너무나도 약한 힘이었습니다. 그래서 이들의 전자기적 반발력을 이겨내고 하나의 핵으로 묶는 아주 강력한 힘이 있을 거라 생각하고 그를 '강한 핵력'이라 명명했습니다.

당시에 과학자들은 우라늄이나 라돈 같은 방사성원소들이 방사선을 내며 붕괴되는 과정을 연구하며 이 강한 핵력의 힘을 얼추 계산할 수 있었습니다. 그리고 조금 더 연구가 진전되면서 물리학자들은 중성자나 양성자가 기본 입자가 아니라 쿼크라는 입자로 구성되어 있음을 다시 발견했습니다. 이 과정에서 강한 핵력은 중성자나 양성자가 가지는 것이 아니라, 이들을 구성하는 쿼크들이 글루온이라는 입자를 서로 주고받으면서 만드는 힘이라는 것을 확인했습니다. 그리하여 강한 핵력이란 이름은 다시 '강력'으로 명칭을 바꾸게 됩니다.

이렇게 원자핵과 방사선을 연구하는 과정에서 방사선중 베타선(전자)를 내며 핵붕괴가 일어나는 베타 붕괴에 강력이나 전자기력이 아닌 다른 힘이 관여하고 있다는 것을 알게 됩니다. 약한 상호작용을 발견하게 된 것입니다. 이렇게 해서 20세기에 인류는 이 세계를 구성하는 네 가지 기본 힘에 대해서 알게 되었습니다. 또한 이

기본적인 힘을 매개하는 입자들(보손)의 여러 가지 성질들에 대해서도 알게 되었습니다. 이 정도에서 멈출 수 있었다면 얼마나 좋았을까요. 하지만 연구가 계속될수록 새로운 문제가 생겼고, 문제를 해결할 때마다 새로운 입자들이 튀어나왔습니다.

결국 이 입자들을 정리해보니 다음과 같았습니다. 먼저 물질을 구성하는 기본 입자는 6개의 렙톤과 6개의 쿼크로 이루어져 있습니다. 이들은 다시 세대가 나뉘는데 1세대에 해당하는 것들이 전자, 전자 중성미자, 위 쿼크Up Quark, 아래 쿼크Down Quark 4개입니다. 2세대는 뮤온과 뮤온 중성미자, 맵시 쿼크Charm Quark, 기묘 쿼크Strange Quark 4개, 3세대는 타우온, 타우온 중성미자, 꼭대기 쿼크Top Quark, 바닥 쿼크Bottom Quark입니다.

그러나 저 많은 입자 중에서 원자의 핵을 구성하는 중성자와 양성자는 위 쿼크와 아래 쿼크로만 이루어져 있습니다. 결국 일상적으로 보는 물질들은 대부분 전자와 위 쿼크, 아래 쿼크 세 가지 종류로 이루어져 있는 셈입니다. 그리고 중성미자Neutrino의 경우 원자핵의 베타 붕괴 시에 만들어지는데, 태양에서 아주 열심히 베타 붕괴가 일어나기 때문에 흔합니다. 그러나 문제는 이 중성미자가 다른 물질들과 거의 반응을 하지 않는다는 것입니다. 따라서 있어도 거의 있는 듯 마는 듯합니다.

나머지 입자들은 가속기 속에서나 아주 잠깐 있다 사라지고 맙니다. 그리고 힘을 매개하는 입자들이 4개 있는데 이들을 보손Boson이라고 합니다. 전자기력을 매개하는 광자Photon, 약력을 매개하는 Z 보손과 W 보손, 강력을 매개하는 글루온Gluon이 그들입니다. 그런데 디랙Paul Adrien Maurice Dirac, 1902~1984이 이들이 모두 반입자를 가지고 있어야 한다는 사실을 밝혀냅니다.

왜 이렇게 많은 기본 입자들이 있을까요? 그리고 입자들마다 질량은 왜 이리도 큰 차이가 날까요? 이 입자들 간의 관계를 물리학자들이 정리한 것을 표준 모형Standard Model이라고 하는데, 이 표준 모형도 그에 대해 답하지 않습니다. 오직 이 모형이 제시하는 입자들이 실제로 존재하고, 그에 따라 실험을 하면, 그리고 예측을 하면 기가 막히게 들어맞는다는 것만 확인해 줍니다. 마치 뉴턴이 모든 질량을 가진 물질들은 서로 끌어당기는 중력이 있고, 그 값이 거리의 제곱에 반비례한다고 선언했을 때, 왜 그런지에 대해선 함구한 것과 마찬가지입니다. 과학자들은 다시 답답함을 느낍니다.

우리는 아직도 모른다

인간은 우주의 근본적 비밀을 헤아리기 위해 수천 년을 탐구해왔지만 아직도 모르는 것이 많습니다. 앞서 살펴보았던 표준 모형뿐만이 아닙니다. 아주 높은 에너지를 갖고 있는 아주 좁은 공간, 즉 블랙홀이나 빅뱅이 일어나는 초기 상태에 대해 알고 싶지만 아직 우리는 그에 대한 이론을 가지고 있지 않습니다.

이유는 일반상대성이론과 양자역학의 불화 때문입니다. 양자역학은 확률적 이론입니다. 어떤 일이 반드시 일어날 경우의 확률을 1이라 하고, 반드시 일어나지 않을 경우의 확률을 0이라 합니다. 그리고 나머지 확률은 모두 0과 1 사이에 존재해야 합니다. 그런데 양자역학과 일반상대성이론을 결합시키는 순간 확률이 1을 훨씬 넘어버린다는 것입니다. 이래서는 도저히 문제를 풀 수가 없습니다. 블랙홀과 빅뱅이론이 나온 때부터 물리학자들은 이를 해결하기 위해 노력했지만 아직도 해결의 실마리가 보이진 않습니다. 물론 초끈이론이나 양자중력이론 같은 가설들이 이를 설명하기 위해 등장했습니다. 하지만 그 이론들은 검증하려면 먼 길을 가야 합니다.

우리가 모르는 것은 이것만이 아닙니다. 제 1장에서 언급한 것처럼 우리는 우주를 구성하는 것 중 4.5퍼센트 정도의 물질만 파악하고 있습니다. 나머지를 구성하고 있는 암흑에너지와 암흑물질에 대해선 아직도 감을 잡지 못하고 있습니다. 또한 표준 모형의 그 수많은 입자들이 어떻게 그렇게 많은지, 그들 사이의 질량비가 왜 그렇게 큰지도 아직 알지 못하고 있습니다.

어쩌면 우리는 우주의 궁극적 비밀에 영원히 다가갈 수 없을지도 모릅니다. 마치 처음에 아주 가는 실 한 가닥을 발견하고, 그를 쫓아 이 실이 어디에서 왔는지를 확인하려는 어린이와 같다고나 할까요? 그 실을 따라가니 굵은 실 뭉치에서 한 가닥 빠져나온 것이란 걸 확인하고 기뻤는데, 실 뭉치는 또 어디서 왔는지 궁금해진 것입니다. 실 뭉치를 따라가니 그 실뭉치는 훨씬 더 굵은 밧줄에서 풀려나온 것이었습니다. 하지만 그 밧줄은 다시 더 큰 밧줄의 한 부분인 과정이 영원히 계속될 수도 있습니다.

그러나 그러면 어떻습니까? 우리는 어제의 우리보다 조금 더 많은 걸 알게 되었고, 그에 대한 보상으로 우리가 앞으로 알아야 할 것이 훨씬 더 많다는 걸 깨닫게 된 것입니다. 이것을 모름을 알아가는 기쁨이라고 말해야 할까요.

처음 역학에 대한 체계적 고민을 시작했던 아리스토텔레스는 하늘과 땅을 나누고, 자연스러운 운동과 부자연스러운 운동을 나눴습니다. 그러나 2,000년이 지나 우리는 하늘과 땅이 모두 동일한 원리 속에서 움직이는 하나의 세계란 것을 알게 되었습니다. 우주는 에테르에 의해 구성되고, 지상은 물, 불, 흙, 공기라는 4원소로 이루어졌다던 구분 또한 사라졌습니다.

우리는 별도 태양도 지구도 모두 같은 원자로 이루어져있으며, 또한 동일한 기본 입자들로 구성되어 있음을 압니다. 우주 어디에도 특별한 원소, 특별한 힘은 없습니다. 모두가 동일한 입자로 구성되고, 모두가 같은 힘의 원리로 존재합니다. 심지어 현재 밝혀진 네 가지 근본적인 힘(중력, 전자기력, 약력, 강력)도 하나의 힘으로 통일될 것이라고 물리학자들은 생각합니다.

이미 전자기력과 약력은 전자기약력이라는 하나의 힘으로 통일되었습니다. 물론 초기 빅뱅 상황에서의 이야기입니다. 시간이 흐르고 우주의 온도가 내려가면서 대칭성이 깨지고, 약력은 전자기력과 떨어져 현재의 독자적인 모습을 가지게 되었습니다. 그러니 중력과 강력도 우리가 아직은 모르는 원리에 의해 빅뱅(우주의 시작)에서는 하나의 힘으로 통일될 것이란 조심스런 희망을 갖는 것입니다.

정리하는 글

우리는 이 세계를 얼마나 알고 있는가

기독교에서 가장 중요하게 여기는 기도문은 '주님의 기도'입니다. 예수가 제자들에게 직접 가르쳐준 기도이기 때문입니다. 기도문 중에 '주님의 뜻이 하늘에서와 같이 땅에서도 이루어지소서.'라는 구절이 있습니다. 그러나 사람들은 문명이 생긴 후 대부분의 시간 동안 하늘을 지배하는 원리와 땅이 이루는 원리가 서로 다르다고 생각했습니다. 그 예가 운동의 원리입니다.

하늘은 완벽한 원운동을 하고 땅은 물질에 내재된 속성에 따라 수직 운동을 한다는 것이었습니다. 그리고 땅에서는 그 외에도 외부의 힘에 의해 이루어지는 불완전한 운동이 있다고 생각했습니다. 이런 고대 그리스 아리스토텔레스의 자연철학은 하늘과 땅을 나누는 이유 중 하나가 되었습니다. 사람들은 이 명확한 운동관에는 어떠한 질문의 여지도 없다고 생각했습니다. 운동에 대해 모든 것을 알고 있다고 여겼습니다.

사물의 운동에 대한 이런 생각은 르네상스 이후 새로운 사고와 실험, 관측을 통해 변화합니다. 갈릴레이는 관성운동이라는 새로운 개념을 도입하고 상대성원리를 밝혀냈습니다. 데카르트와 하위헌스는 관성운동이 직선운동임을 밝히고 원심력의 실체에 대해 고민했습니다. 뉴턴은 이런 사고의 연장선에서 아리스토텔레스의 역학체계 자체를 새로운 역학 체계로 완전히 전환시켰습니다. 뉴턴에 의해 역학은 수학을 자신의 언어로 가지게 되었습니다. 또한 하늘의 의지와 땅의 운동이 동일한 원리에 의해 이루어졌다는 것을 알게 되었습니다. 뉴턴식 표현으로 하자면 달의 원운동과 사과의 낙하는 같은 의지의 다른 표현일 뿐이었습니다.

사람들은 뉴턴이 세상의 숨겨진 비밀을 완전히 밝혀냈으며, 우주의 운동에는 어떠한 숨김도 존재하지 않는다고 생각했습니다. 그 뒤로도 볼타와 외르스테드, 가우스를 이은 패러데이에 의해 전자기학이라는 전기와 자기에 관한 새로운 역학이 만들어지고 맥스웰은 이러한 전자기학을 수학적 언어로 완성했습니다. 고대적부터 보아왔던 신비한 힘인 전기력과 자기력은 사실 전자기력이라는 본질의 다른 표현이었음을 우리는 알게 되었습니다.

그리하여 삼라만상을 삼라만상이게 하는 우주의 힘은 중력과 전자기력이라는 2개의 근본 원리로 정리되는 듯 했습니다. 그러나 전자기학과 뉴턴역학의 사소한 불화가 아인슈타인의 특수상대성 이론을 탄생시킵니다. 갈릴레이의 상대성원리와 뉴턴의 고전역학은 이제 우리가 익숙한 속도에서만 근사적으로 맞는 이론이며, 우주의 실제는 빛의 등속성에 의해 주어졌다는 것이 밝혀졌습니다. 또한 파동적 성질과 입자적 성질을 동시에 갖춘 빛의 이중적인 면모는 원자 내에 존재하는 원자핵 그리고 전자의 발견과 더불어 양자역학이라는 새로운 영역을 개척하는 이유가 되기도 했습니다.

이런 이중성은 빛에서만 나타나는 것이 아니라 물질에서도 나타났습니다. 슈뢰딩거는 이를 하나의 방정식으로 정리했고, 디랙은 슈뢰딩거의 방정식을 아인슈타인의 특수상대성이론에 맞게끔 다시 조정했습니다. 하이젠베르그는 우리가 사물의 위치와 그 속도에 대해 알 수 있는 한계가 존재한다고 역설했고, 보어는 우리가 파동이 보고 싶으면 전자는 파동이 되고, 우리가 입자가 보고 싶으면 전자는 입자가 된다는 상보성의 원리를 주장했습니다.

그리하여 20세기가 되자 우리는 비로소 우리가 물질의 근원과 운동에 대해 정말 많이 모르고 있다는 것을 깨닫게 되었습니다. 근본적인 힘은 중력과 전자기력에 이어 약력과 강력까지 4개로 늘어났고, 이들 사이의 통합은 아직은 난망합니다. 기본입자는 수십 개가 되며, 이 입자들이 만들어진 근본 원리는, 그런 것이 있는지조차 합의되지 않고 있습니다. 한편 시공간과 그 안의 물질이 상호작용을 한다는 놀라운 발견을 일구어낸 일반상대성이론은 아직도 양자역학과 불화를 해결하지 못하고 있습니다.

수천 년의 역사를 이어 온 인간의 노력은 이렇게 우리가 얼마나 많은 것을 모르는지를 알게 해주었습니다. 우리는 하늘과 땅의 원리를 통일했고, 지구만이 우주에서 특별한 공간이라는 편견에서 벗어났습니다. 또한 우리 앞에 펼쳐진 무지의 세계에 대한 겸손한 태도를 갖게 되었습니다.

과학을
한다는 것

과학을 한다는 것

인간중심주의를 벗어나는 긴 여정

신화는 자연에서 일어나는 여러 가지 일에 대해 그 인과관계를 설명하는 것으로부터 시작되었습니다. 신화에 따르면 번개는 제우스의 창에 의해 생기고, 천둥은 토르가 망치를 내려쳐서 일어납니다. 가이아의 딸이 지상으로 돌아오는 봄이면 대지는 다시 활기차게 식물을 길러 내고, 그 딸이 하데스의 지하 궁전으로 되돌아가는 겨울이 되면 대지는 가이아의 슬픔으로 인해 아무것도 길러내질 못하는 불모의 땅이 됩니다.

자연에 대한 지식이 늘어가면서 자연스럽게 사람들은 자연 현상에 대해 이런 설명보다는 보다 합리적인 해석을 요구했습니다. 여기서부터 과학이 시작되었습니다. 그러나 시작에서부터 확고했던 고정관념이 있었습니다. 바로 인간중심의 사고였습니다. 그리고 인간 중에서도 자기 종족, 자기 민족, 자기 씨족을 중심으로 세상을 보는 사고였습니다. 이는 어찌 보면 당연할 것일지도 모릅니다.

지리학의 시작은 자기가 사는 곳에서 시작됩니다. 해 뜨는 방향으로 가니 산이 나오고, 해가 지는 방향으로 가니 바다가 나왔습니다. 남쪽은 더웠고 북쪽은 추웠습니다. 자기가 사는 마을을 중심으로 지도를 그리고 방향을 잡았습니다. 그리고 그 범위가 조금씩 넓어져 강 건너에 사는 집단들의 지형지물을 알게 되었고, 산 너머에 사는 초원의 유목민들을 알게 되었습니다. 지금도 세계지도는 나라마다 다릅니다. 자신이 살고 있는 나라를 세계지도의 중심에 놓고 봅니다.

세계관도 마찬가지입니다. 자신이 딛고 서있는 땅이 가장 중요했고, 자신의 머리 위에 뜨는 해, 달, 별이 중요했습니다. 우주의 중심도 지리학이 그랬던 것처럼 자기가 살고 있는 곳이었습니다. 시기를 나누는 것도 마찬가지입니다. 농경민족은 밭을 일구고 씨앗을 뿌리는 시기와 잡초를 제거하고 홍수에 대비하는 시기를 알고 싶어 했고, 바다를 떠도는 민족은 어느 시기에 어디에서 어떤 바람이 불어오는지를 알아야 했습니다. 유목민족은 가축을 데리고 떠나야 하는 시기와 목초를 마련해야 하는 시기를 알고 싶었습니다. 큰 변화가 1년 단위로 되풀이되기 때문에 1년이라는 단위를 세웠습니다. 달이 차고 이지러지는 것을 기준으로 삼아 달을 만들고 주를 만들었습니다. 해가 뜨고 지는 걸 보면서 하루의 단위를 만들었습니다.

생물을 나누는 것도 마찬가지였습니다. 먹어도 되는 풀과 먹으면 안 되는 풀을 나누고, 먹을 수 있는 열매가 열리는 나무와 그렇지 않은 나무를 나눕니다. 인간을 위협하는 동물과 인간이 먹을 수 있는 동물을 나누고, 둘 중 아무 것도 아닌 것을 나누었습니다. 단단한 돌과 잘 부스러지는 돌을 구분하기 시작했고, 불이 붙는 돌도 발견하고, 뜨겁게 가열하면 단단하고 물이 새지 않는 도기가 되는 흙도 알아냈습니다. 어떤 종류의 흙은 물이 잘 빠지고, 어떤 종류의 흙은 물을 잘 머금었습니다.

이런 과정을 거쳐서 기술이 발달했고, 자연스럽게 주변 환경 모두를 인간 위주로 생각하는 것이 자연스런 전통이 되었습니다. 그런데 그리스에서 시작된 과학은 이러한 인간중심주의를 깨는 과정을 통해 발달해 왔습니다. 앞에서 했던 이야기가 보여주는 여정은 모두 인간중심주의를 극복하는 과정이었습니다. 이는 바꿔 말해서 인간을 객관적으로 바라보는 힘을 길러 주었습니다. 인간이 이우주에서 어떠한 위치를 차지하고 있는지를 알게 되었고, 지구의 숱한 생명들 사이에서 인간이라는 종이 어떠한 역할을 하는지를 알게 되었습니다. 인간 사이의 나눔 또한 마찬가지였습니다. 인종이라는 굴레가 얼마나 비과학적인지를 알게 되었고, 성을 둘러싼 역할론도 허구임이 밝혀졌습니다. 장애, 정신질환, 젠더 등의 편견은 다양성을 인정해야 한다는 개념으로 느리지만 꾸준히 변화되어 왔습니다.

그리고 과학의 여정은 또한 확장의 여정이었습니다. 과학은 바벨탑을 높게 잘 쌓으면 하늘의 끝에 닿을 수 있을 거라 여겨지던 시절부터 시작해서 이제 백억 광년이 넘는 거대한 우주로 확장되었습니다. 몇천 년 전밖에 되지 않았던 천지창조가 135억 년이라는 시간을 거슬러 올라갔습니다. 토성이 끝이었던 태양계는 천왕성과 해왕성으로 넓어지고, 카이퍼 벨트와 오르트 구름대를 포함하여 그 반지름이 100배 이상 확대되었습니다. 수백, 수천 개였던 별들은 1000억개가 넘는 은하마다 1000억개가 넘는 항성을 가지고 있다는 사실로 확장되었습니다.

세계지도는 겨우 T자로 그려졌었습니다. 이집트와 메소포타미아, 지브롤터 해협까지를 인간의 영역이라고 믿었습니다. 그러나 인도, 중국, 몽골, 아프리카가 더해지고 남북아메리카, 오스트레일리아, 남극이 더해졌습니다. 바다 밑으로는 1만 미터가 넘는 깊은 해연이 자리 잡고 있었고, 8,000미터가 넘는 해저 산맥이 줄을 지어 있었습니다.

지구의 역사는 몇천 년에서 몇 만 년이 되었다가 몇백만 년으로 그리고 마침내 45억 년이 되었습니다. 그중 인간이 등장한 100만 년~300만 년은 지구 역사 전체에서 0.1퍼센트로 되지 않는다는 사실을 확인했습니다. 35억 년 가까이를 단세포 생물들만 살았고, 공룡이 지구를 지배하던 시기는 지금 인간이 지구를 지배하는 시기의 최소한 수백 배가 됩니다.

이제 인간은 몇 밀리미터의 크기에서 마이크로미터의 세계로 그리고 나노미터의 세계로 영역을 확장했습니다. 인간의 인식이 확장될 때마다 우리는 인간의 영역이 아닌 다른 기준들이 있다는 사실을 발견했고, 조금 더 겸손해지면서 동시에 조금 더 거만해지기도 했습니다.

의심을 품는 자가 진정 복된 자다

신약성서에 이런 구절이 있습니다. 예수는 십자가에 못 박혀 죽은 지 사흘 만에 부활합니다. 그리고 몇몇 제자들 앞에 나타나서 자신의 부활을 알립니다. 그러나 열 두 제자 중 한 사람이었던 토마스는 이 이야기를 전해 듣고도 부활을 믿지 못했습니다. 그는 다른 제자들에게 "내 눈으로 그 분의 손목에 있는 못자국을 보고, 그 못자국에 내 손가락을 넣어 보고, 또 내 손을 그 분의 옆구리에 넣어 보지 않고는 결코 믿지 못하겠다"고 말합니다. 그 후 예수가 토마스 앞에 나타납니다. 그리고 손바닥을 내밀어 못자국을 보여주며 말합니다. "보지 않고도 믿는 사람은 행복하다"

그러니 과학을 하는 사람, 과학적 사고를 하는 사람은 종교적으론 행복한 사람이 될 수 없습니다. 그러나 과연 맹목적인 믿음이 우리에게 참된 행복을 주는 것일까요? 믿는다는 것은 자신의 일을 타자에게 떠넘기는 일입니다. 자신이 증거를 확보하고, 논리적 인과관계를 따지며 무엇이 참인지 확인하지 않고, 이 모든 과정과 자신의 운명을 타인의 손에 맡기는 사람이 과연 행복할 수 있을까요? 자신이 잘못 생각할 수 있듯이 타인도 잘못 생각할 수 있습니다. 잘못된 생각이 생각에만 그치면 다행입니다. 그러나 잘못된 사고는 잘못된 행동으로 나타나고 맙니다.

인간의 역사는 그릇된 맹신이 만든 수많은 비극으로 점철되어 있습니다. 우생학, 천동설이 그랬습니다. 조르다노 부르노는 화형을 당했고, 지적 장애인은 강제불임시술을 당했으며, 아우슈비츠에선 끔찍한 학살이 있었습니다. 그래서 나의 판단에 대해 증거 없이 확신하지 않듯이 타인의 주장에 대해서도 의심을 품어야 합니다. 의심을 품는 자만이 행복할 수 있다고 감히 말합니다.

그렇지 않은 학문이 어디 있겠습니까만, 과학도 보편적 원리를 추구하지만 끝내 보편적 지식에 닿을 수 없는 운명의 영역입니다. 그래서 과학자는 항상 자신이 틀릴 수 있다는 생각을 가지고 연구에 임해야 합니다. 물론 자신이 세운 가설이 옳다고 믿고, 그 가설을 검증하는 과정이 정확하다고 확신하며 그 결론이 타당하다고 생각할 것입니다. 그러나 이 모든 것은 동료평가와 검증을 통해 확인해야 합니다. 어떤 권위 있는 이론도 맹목적인 믿음의 대상이 될 수는 없습니다. 과학에서 배워야할 가장 중요한 한 가지가 있다면 바로 이 '합리적 회의주의'일 것입니다.

알 수 없음의 행복

과학을 한다는 것은 자신이 모르는 영역이 더 많아지는 것을 의미하기도 합니다. 자신이 물리학을 모를 때는 단지 물리학을 모를 뿐입니다. 그러나 물리학을 공부하기 시작하면 모르는 것이 점점 늘어납니다. 소립자물리, 양자역학, 고체물리, 열역학, 통계물리, 광학, 유체역학, 천체물리학 등이 미지의 영역으로 놓입니다.

생물학도 마찬가지입니다. 한 개인이 생물학을 공부하기 전에는 생물학만을 모릅니다. 하지만 당신이 생물학을 공부하기 시작하면 모르는 것이 늘어납니다. 분자생물학, 진화생물학, 유전학, 생물분류학, 생물형태학, 생물환경학, 세포생물학, 신경생물학 등에서 모르는 것들이 나타납니다. 과학뿐 아니라 모든 학문이 마찬가지입니다. 공부를 한다는 것은 하나를 알게 되면 열 개의 물음이 다시 놓이는 과정입니다.

또한 과학은 '영원한 알 수 없음'입니다. 처음 고전역학이 완성되었을 때 과학자들은 이제 물리학이 완성되었다고 생각했습니다. 그러나 곧 이어 맥스웰 방정식이, 상대성이론이 나오고, 양자역학이 등장합니다. 이제 물리학은 더 많은 질문 앞에 놓여 있습니다. 이 질문을 설명하기 위해 다양한 가설들이 주장됩니다. 초끈이론, 양자중력이론 등등이 우리 앞에 떠돕니다. 그러나 우리는 이 이론들이 증명되고 확인되어도, 또 다른 질문 앞에 설 것이라는 것을 압니다.

한 개인으로서의 우리는 개인적 한계 때문에 무지에서 자유롭지 못합니다. 공부하고 또 궁구해도 모르는 것은 점점 늘어날 뿐 줄어들지 않습니다. 마찬가지로 집단으로서의 우리도 여전히 무지에서 자유롭지 않습니다. 서로 경쟁하고 협력하면서 우리는 무지의 껍질을 벗겨 내고, 그 속의 지식을 찾지만 그 껍질 안에는 또 다른 무지의 껍질이 있을 뿐입니다. 그러나 계속 이어지는 우리의 '모름'은 우리가 옳게 방향을 잡고 있다는 증거이기도 합니다. 모른다는 사실을 아는 사람만이 행복할 수 있습니다.

과학은 누구를 위하는가

1만 년 전 어디쯤에선가 인류는 삶의 방향을 바꾸었습니다. 구대륙에 인류가 살 수 있는 거의 모든 곳에 인류가 실제로 살고 있었습니다. 더구나 생태계의 최상위 포식자가 되어 천적도 거의 없는 상태였습니다. 인구가 급증하면서 수렵과 채집으로는 늘어나는 입을 감당할 수 없게 되었습니다. 인류는 스스로 먹을 것을 생산하기로 결심합니다. 수렵 대신 유목을, 채집 대신 농경을 선택합니다.

특히나 농경을 선택한 집단은 재배한 곡식으로 자신과 가족을 먹이고도 남는 여유가 생깁니다. 당시의 새로운 기술로 땅을 갈고, 가축을 이용하고, 보관용기를 제작하면서 더 풍요로워졌고, 이 풍요로움은 집단을 대규모로 키웠습니다. 그래서 모두 행복했을까요? 그렇지 않습니다. 잉여생산물은 집단의 지배자들이 독차지했고, 나머지 농민들은 이전의 수렵채집 시절과 별반 다를 바 없이 살았습니다. 연구에 따르면 평균수명이 늘어난 것도 아니고, 영양 상태가 좋은 것도 아니었습니다. 노동량은 오히려 늘었고, 건강 상태는 개선되지 않았습니다.

그 후로 1만 년 동안에도 기술의 발달은 사람들에게 여유와 풍요를 주기보다는 더 많은 노동량을 요구했고 더 큰 위기에 빠뜨리기도 했습니다. 1811년 영국 노팅엄셔, 요크셔, 랭커셔 등지에서 섬유노동자들이 기계를 때려 부숩니다. 러다이트 운동Luddite Movement(기계파괴운동)이 시작된 것입니다.

이전까지는 숙련된 노동자들만 섬유를 생산할 수 있었으나 증기기관과 제니방적기 등의 도입으로 미숙련 노동자를 고용해도 비슷한 제품을 더 싸게 대량생산할 수 있게 되었습니다. 자본가들은 숙련노동자들을 해고하고 대신에 미숙련노동자들에게 자신의 기계를 대여해서 제품을 생산하게 했습니다. 그 결과 엄청난 섬유제품이 생산되면서 자본가들의 부는 기하급수적으로 늘어났습니다. 그러나 미숙련노동자들은 하루 15시간을 일해도 그날 먹을 빵 한 덩이 사는 수입 이상을 벌 수 없었습니다. 더구나 당시의 영국은 일정한 세금을 납부할 수 있는 사람만 선거권을 가지고 있던 상황이었고, 국회는 단결금지법으로 노동자들의 조합 결성을 법으로 막았습니다. 더구나 인클로저운동[1]의 결과로 농촌에서 쫓겨난 농민들이 도시로 몰려들고 있던 상황이었습니다. 노동자들은 기계를 부수는 걸로 저항하기 시작했습니다.

이런 일은 산업화 이후 곳곳에서 일어났습니다. 미국에선 포드 시스템을 통해 자동차가 대량으로 생산되면서 마차를 몰던 인부들이 일시에 직업을 잃게 되었습니다. 열차가 동부와 서부를 연결하자 역마차가 사라졌습니다. 한국의 경우도 마찬가지였습니다. 1970년대에서 1980년대에 수동식 교환기가 전자식 교환기로 바뀌던 시기에 수많은 전화교환원이 해고를 당했습니다. 버스에 토큰이 도입되자 버스승무원 수천 명이 일시에 해고를 당합니다. 컴퓨터가 회사에 도입되고, 모든 사무직 노동자들이 자신의 문서를 직접 작성하기 시작하자, 기업마다 부서마다 있던 타자수들이 사라지기 시작했습니다. 더불어 컴퓨터를 통한 회계 관리가 시작되자 경리들도 사라지기 시작했습니다. 20세기 후반까지 동네마다 보이던 양복점, 양장점, 구두방도 마찬가지입니다. 대기업의 대량생산 시스템이 구조화되면서 본격적으로 의류를 양산해서 팔기 시작하자 이들은 거의 자취를 감추어 버립니다. 아주 일부만이 의류 수선점으로 남아 있을 뿐입니다.

이런 사례들은 무수히 많습니다. 새로운 기술이 등장하면 대부분의 경우 새로운 생산 방식이 기존에 있던 노동을 대체합니다. 그

---

1 16세기 영국에서 모직물 공업의 발달로 양털 값이 폭등하자 지주들이 자신의 수입을 늘리기 위해 농경지를 양을 방목하는 목장으로 만든 운동으로, 자본주의적인 경영 방법에 눈뜬 젠트리들은 부를 축적할 수 있었으나 다수의 영세농은 몰락했다.

리고 그 과정에서 기존 방식으로 작업하던 이들은 직업을 잃습니다. 이들에 대해선 거의 어떠한 사회적 배려도 없었습니다. 그 결과 러다이트 운동이나 노동 쟁의들이 일어났습니다. 그럴 힘도 없는 경우에는 그저 잊혔습니다.

그리고 이런 문제는 현재진행형입니다. 소위 4차 산업혁명을 이끄는 화두는 자율주행차와 인공지능Artificial Intelligence 그리고 로봇입니다. 먼저 자율주행차를 생각해 봅시다. 짧게는 5년 길게는 10년을 보는 본격적인 자율주행차의 도입은 우리의 생활을 완전히 바꿔놓을 것입니다. 그리고 그 변화에 따라 수많은 사람이 자신의 직업을 잃게 될 것입니다. 물류기지와 물류기지 사이를 왕복하는 화물 트럭, 시외버스와 고속버스부터 시작되어 점차적으로 시내버스와 택시 등 영업용 차량들로 확산될 것입니다. 그리고 궁극적으로는 차량 운전을 직업으로 삼는 노동자 대부분을 대체할 것입니다.

그 뒤를 이어 인공지능 도입이 본격화되면 번역과 통역 부분에서 시작해 사무직에 종사하는 많은 사람들이 자신의 직업을 잃게 될 것입니다. 또한 인공지능은 손님을 상대하는 서비스직 분야에서도 빠르게 도입될 것입니다. 이 뿐만이 아닙니다. 약사, 변호사, 재무상담사, 심지어 의사에 이르기까지 전문직들도 안심할 수 없는 상황입니다.

로봇은 로봇대로 산업현장에서 인력을 급속히 대체하기 시작할 것입니다. 아디다스사Adidas가 독일에 세운 스피드 팩토리는 이 점에서 시사적입니다. 같은 양의 신발을 생산하는 동남아의 공장은 적게는 1,000명에서 많게는 1만 명 이상을 고용하는데 반해서, 독일에 설립한 스마트 공장은 고작 160명의 인력만 일하고 있습니다.

또한 신기술의 도입은 사회에 필요한 순서대로 이루어지지 않습니다. 오히려 자본의 논리에 의해 이루어집니다. 예를 들어 사진의 도입은 음화를 대신하는 포르노그래피를 양산하게 했고, 영화의 도입은 포르노 영화를 만개시킵니다. 가상현실Vurtual Reality과 증강현실Augmented Reality 또한 새로운 형태의 포르노 산업에 먼저 눈을 돌리고 있습니다. 육종학은 가축을 인간이 공장식 대량사육으로 가는 길을 열었습니다. 유전공학은 이를 더욱 가속화했습니다. 좁은 곳에서 사육해도 질병에 잘 걸리지 않는 품종으로 개량하고, 빠르게 살이 찌고 수동적인 품종으로 바뀝니다. 이전에는 그런 형질을 가진 개체들간의 교배를 통해 육종이 이루어졌지만 이제 유전자가위 같은 최신 유전공학으로 대체될 뿐입니다. 식물도 마찬가지입니다. 새로운 품종은 제3세계 농민에게 그 혜택을 주는 것이 아니라 종자를 파는 다국적 기업의 이윤 확대에 이바지하고 있습니다.

어찌 보면 이는 당연한 것입니다. 새로운 기술은 자본의 지배 아래 놓여있고, 자본은 이를 통해 새로운 이윤을 창출하려는 목적에 충실합니다. 특히나 산업혁명 이후 갈수록 새로운 기술의 개발에 많은 자금과 인력이 투입되고 있는데 이를 감당할 수 있는 건 자본과 국가뿐입니다. 국가 역시 새롭게 개발된 기술을 자본에게 이전시키고 이를 통해 국부를 늘리기를 최우선시 하고 있으며, 이러한 형태는 당연한 것으로 여겨집니다. 당장 신기술과 관련된 몇 가지 신문 기사를 검색하면 아주 자연스럽게 이 신기술은 몇 조원의 가치를 지닌다는 식의 평가를 쉽게 접할 수 있습니다.

신기술의 도입이 가장 빠른 곳 중 하나가 군대입니다. 원자력 발전소보다 원자폭탄이 먼저 나왔습니다. 내연기관이 등장하자 이를 이용한 장갑차가 나옵니다. 이제 드론은 무인 정찰기가 되고, 잠수함은 아예 거의 군대의 몫입니다. 가장 빠른 비행기는 전폭기입니다. 로봇은 전투병의 형태를 띕니다. 그리고 인공지능은 실시간 전투를 지휘하게 될 것입니다.

새로운 과학적 발견과 기술 혁신이 어떻게 사회 전체 구성원의 행복을 증진시키는데 이바지할 것인가에 대한 논의는 오히려 뒷전입니다. 이러한 현실에서 과학자들은 연구에만 매진한다는 것은 스스로 알면서 자본의 노예가 되는 것입니다. 어떤 이들은 말합니다. "나는 정치엔 관심이 없어. 난 그냥 내가 잘하는 과학만 열심히 할 거야." 마치 아무런 입장도 가지지 않고 중립을 표방하는 것 같지만 이 말 자체가 사실은 하나의 입장입니다.

단순한 하나의 입장이 아니라, 아주 나쁜 입장입니다. 사회의 여러 분야들이 서로 복잡한 연관 관계를 가진 것처럼, 과학도, 과학자도 이 사회의 여러 부분과 얽혀 있습니다. 이점을 무시하고 자신의 연구에만 매몰된다면 그 자체가 이미 사회에 대해 그리고 다른 사람들에 대해 나는 책임지지 않겠다는 입장을 밝히는 것입니다. 물론 이 문제가 온전히 과학자들만의 몫은 아닙니다. 과학자를 비롯하여 과학과 연관된 사회 전체가 기술의 향유에 대한 새로운 패러다임을 고민해야할 때입니다.

과학이 예측하고 대답하는 것

유럽에서 산업혁명을 촉발시킨 것은 증기기관의 발명이었습니다. 하지만 초기 증기기관은 압력조절이 힘들어서 툭하면 멈추거나 반대로 폭발하는 일이 잦았습니다. 이를 해결하기 위해 과학자들이 연구를 한 결과가 현재의 열역학으로 발전했습니다. 그런데 이 열역학은 분자나 입자 1개를 다루는 법칙이 아닙니다. 증기기관 실린더 안의 수증기 분자 수는 어마어마하게 많아 당시의 어떤 기술로도(그리고 현재도) 개별입자 하나하나의 움직임을 확인하고 제어할 수 없습니다. 그래서 도입된 것이 통계적 방법입니다.

증기기관의 실린더 안에 수증기들이 일정한 온도에 도달한다고 생각해 봅시다. 이 수증기 입자들은 대체로 평균 온도에 해당하는 운동에너지를 가집니다. 그리고 우리는 수증기 분자의 분자량(혹은 질량)을 알고 있으므로 이 분자들의 평균속력을 알고 있습니다. 그러나 모든 분자들이 같은 속도를 가지진 않습니다. 실제로 실린더 안의 수증기 분자들 몇 개를 측정해보면 속도가 들쭉날쭉한 것을 확인할 수 있습니다.

그러나 이 수증기 분자들을 많이 확인하면 할수록 우리가 예상하는 평균속력에 가까운 분자들이 가장 많고 평균 속력에서 멀어질수록 그에 해당하는 분자들의 개수가 적어진다는 걸 알 수 있습니다. 그리고 그 수증기 분자들의 속력을 모아 평균을 내보면 우리가 예상한 속력과 거의 비슷합니다. 따라서 개개의 분자는 여러 우연한 요인에 의해 속력이 다르고 그에 따라 온도가 들쭉날쭉하지만 그를 포함한 전체의 온도는 외부에서 가한 열에너지양만 안다면 정확하게 예측할 수 있습니다. 즉 필연적입니다.

캐나다 동쪽 한 섬에서의 일입니다. 생물학자들이 그 섬에 살고 있는 사슴과 늑대의 개체수를 수십 년간 매년 확인했습니다. 그랬더니 항상 사슴의 개체수가 늘어나면 그다음 해에는 늑대의 개체수가 늘었습니다. 그리고 늑대의 개체수가 늘어나면 다시 사슴의 개체수가 줄고, 사슴의 개체수가 줄면 늑대의 개체수가 줄었습니다. 생물학자들은 이러한 주기가 5년마다 매번 되풀이 되는 것을 확인할 수 있었습니다.

그리고 좀 더 관찰을 했더니 사슴의 개체수가 줄면 초원의 풀들이 늘어나고 다시 사슴의 개체수가 늘어나면 풀들이 줄어드는 걸 확인할 수 있었습니다. 물론 항상 그런 것은 아니었습니다. 가뭄이 심하게 들면 풀들이 제대로 자라지 못하고 그 영향으로 사슴이 줄고 다음 해에는 늑대가 줄었습니다. 그러나 이런 우연한 요소가 개입해도 2~3년의 조정 과정을 거치면 다시 5년 주기의 현상이 되풀이 되었습니다.

인간도 마찬가지입니다. 우리의 머리색은 의지가 아니라 유전에 의해 결정됩니다. 하지만 부모는 단 한가지의 유전자가 아니라 머리카락의 색에 대한 대립되는 2개의 유전자를 각각 가지고 있습니다. 그중 어떤 2개가 자식에게 물려질지는 아무도 알지 못하고, 제어하지도 못합니다. 또한 아주 드물지만 돌연변이가 일어나서 부모와 전혀 다른 색을 가질 수도 있습니다. 그뿐이 아닙니다. 엄마의 자궁 속에서 수정란이 배아가 되고 다시 태아가 되는 과정에서 일어나는 무수한 상호작용들이 머리카락의 색에 변화를 줄 수도 있습니다. 이런 변이와 우연에 의해 정해지는 것이 우리의 외모입니다. 하지만 대부분의 경우 부모의 자식들의 머리색은 비슷합니다.

우리는 그런 세상에 삽니다. 개인의 삶은 수많은 요소들에 의한 우연에 지배당합니다. 어느 날 갑자기 로또가 당첨될 수도, 시험에서 잘 몰라 찍은 게 정답이 될 수도 있습니다. 우연히 돌아 간 길에서 일생의 인연을 만날 수도 있습니다. 불운하게 사고를 당하기도 하고, 길 가는데 비둘기 똥이 머리에 떨어지기도 합니다. 그러나 이렇게 우연한 개인들이 만나서 함께 사는 우리 사회는 통계적으로 필연이 지배합니다.

음주운전을 하는 경우가 일반적인 상황보다 더 높은 확률로 교통사고를 내고, 생활수준이 높아지면 평균수명이 늘어납니다. 담배를 끊으면 좀 더 오래 살고, 부모가 가난하면 자식들도 대개 가난하게 살게 됩니다. 서울 강남지역의 고등학생들은 다른 지역의 고등학생들에 비해 높은 확률로 소위 명문대학에 진학하고, 부유한 부모를 둔 사람들이 사회적 성공을 하는 경우가 더욱 높습니다.

개인은 우연히 행복하고 불행하지만, 사회 전체는 필연적으로 행복하거나 불행합니다. 그래서 성숙한 사회는 이러한 우연들이 겹쳐져서 만들어 내는 필연적 불행에 대비합니다. 예를 들어 음주운전을 규제하면 개별적 사고의 발생을 막을 순 없지만, 그리고 음주운전을 완전히 사라지게 할 순 없지만 전체적으로 교통사고의 발생 건수를 줄일 순 있습니다. 그래서 음주운전 방지 캠페인을 하고, 단속을 강화하고, 처벌을 엄격하게 합니다.

부모의 재산이 자식의 운명을 결정하지 않도록 교육시스템을 정비하고, 나이든 가난한 이들이 돌연사하지 않도록 노령화에 대비를 합니다. 갑작스런 실업으로 가정이 나락에 빠지지 않도록 사회보장제도를 돌보고, 사용자가 노동자를 함부로 할 수 없도록 노동권을 보장합니다. 선박과 같이 많은 사람을 수송하는 경우에는 안전에 보다 엄격한 기준을 적용해 사고의 확률을 줄입니다. 그리고 사고가 나면 사고의 원인을 면밀히 분석해서 같은 사고가 반복되지 않도록 대처합니다. 성숙한 사회는 그렇습니다.

과학이 인류에게 보내는 경고

과학은 이제 이렇게 사회관계에 대해서도 통계적 진실을 보여줍니다. 무수히 많은 개인의 운명에 대해선 아직 과학이 그 필연적 과정을 알 수 없고, 앞으로도 알기 힘들 것이지만, 사회 전체의 통계적 진실은 이제 과학의 일이 되었습니다.

마찬가지로 과학은 인류 전체의 진로에 대해서도 부분적인 진실을 이야기합니다. 우리가 화석연료를 현재처럼 쓰는 한, 언젠가 화석연료는 바닥나고 그에 기초한 우리 문명은 괴멸될 것임을 예고합니다. 또한 화석연료의 연소 과정에서 발생하는 이산화탄소를 방치하면 지구 온난화는 필연적이라는 것도 예측합니다. 지구 온난화가 진행될 경우 해류가 교란되고 그 결과로 지구 전체에 빙하기가 찾아올 가능성이 매우 높다는 사실도 지적하고 있습니다.

인간에 의해 멸종되는 생물종이 산업혁명 이후 급속히 늘고 있고, 종 다양성은 심각하게 훼손되고 있다는 사실도 말해 줍니다. 지금 현재가 고생대 이후 5억 7천만 년 동안 나타났던 다섯 번의 대멸종보다 훨씬 심각하고 빠르게 진행되는 대멸종의 시기이고, 그것이 바로 인간 때문이라는 것을 과학은 분명히 하고 있습니다. 후쿠시마 원전 사고에서 드러났듯이 원자력 발전은 안전하지 않고, 지금처럼 원자력 발전소를 늘릴 경우, 확률적으로 인류 전체에 재앙이 될 사고가 일어날 수 있음을 밝혀냅니다.

인구가 급속하게 늘면 지구 전체가 위협을 받습니다. 이전에는 지구 전체에 인간이 사는 곳이 섬처럼 존재했습니다. 그 나머지는 모든 지구 생명들의 공동체였습니다. 그러나 이제 지구는 인간들이 사는 곳 사이사이에 섬처럼 자연이 존재합니다. 도시와 도시가 섬처럼 존재하는 것이 아니라, 도시와 도시 사이에 섬처럼 자연이 있습니다. 오늘날 인류는 70억에 육박했습니다. 늘어나는 인구만큼 인간은 더 많은 지분을 요구하게 될 것이고, 지구에 같이 사는 생명들의 몫은 줄어들게 될 것입니다. 도시에 포위된 남산의 모습은 전 지구적 미래입니다.

과학이 대답하지 못하는 것

언젠가 필자가 참가하는 과학 독서모임에서 에른스트 마이어의 《이것이 생물학이다》라는 책에 대한 토론이 있었습니다. 여러 재미있는 이야기들이 오가는 중에 근접인Proximate Cause과 궁극인Ultimate Cause에 대한 이야기가 있었습니다. 필자가 펼친 주장의 핵심은 궁극인이라는 단어에 대한 불만이었습니다. 특히나 그 책에서 읽어낸 바로는 그 단어는 이유라는 의미를 가진다고 생각했기 때문에 용어 선택이 잘못된 것은 아닌가라고 지적한 것입니다.

예를 들어 '왜 슬프면 눈물이 나는가?'라는 질문이 있다고 합시다. 근접인은 슬픔이라는 현상이 우리의 대뇌에 어떤 작용을 하고, 이 작용이 어떠한 프로세스를 거쳐서 눈물샘을 자극하여 눈물이 나도록 만드는지에 대한 설명입니다. 궁극인은 이와는 달리 인간이 어떤 진화적 과정을 거쳐 왔기 때문에 슬프면 눈물을 흘리게 되었는지에 대한 설명입니다. 즉 근접인은 생리적 프로세스이고, 궁극인은 진화적 과정에 대한 설명입니다.

이제 질문을 조금 바꿔 봅시다. '왜 슬프면 눈물이 나는가?'가 아니라 '너 왜 우니?'라고. 이 질문에 대한 대답은 '슬픔이 나의 대뇌를 자극해서 이러저러한 프로세스를 거쳐서 내 눈 양쪽의 눈물샘에서 분비가 일어나게 한다.'라든가 '나의 먼 조상 때 주변 환경에 대한 적응을 하다 보니 슬픈 감정을 느끼면 눈물이 나게끔 진화했어'일 것입니다. 생물학 내로 한정한다면야 이런 진화가 궁극적 인과관계라고 한들 뭐 그러려니 하겠지만 말입니다.

우리는 과학을 하면서 '왜'를 묻지 않고, '어떻게'를 묻는다는 걸 자주 깜빡합니다. 과학이 다루는 대상은 (현재까지는) 자연입니다. 이 자연에 누군가의 의지, 누군가의 목적이 없다는 것은 과학의 전제입니다. 즉 과학은 완전히 무신론적입니다. 과학은 그 프로세스를 다층적으로 연구하는 것입니다. 광합성이 일어나는 과정에 대해 연구한다면 그를 분자생물학적으로 연구할 수도 있고, 개체 내의 상호작용 차원에서 연구할 수도 있습니다. 그리고 진화론의 관점에서 어떤 과정을 거쳐서 각 개체가 광합성을 하도록 진화했는지 연구할 수도 있습니다. 모두 각자의 해답이 있습니다. 우리는 이런 다른 층위의 프로세스가 나오는 것을 창발성Emergence이라고 말합니다. 그러나 어떤 과정에 대한 연구도 왜 식물이 광합성을 하는지에 대한 해답을 주지는 않습니다. 왜냐하면, 식물은 애초에 목적을 가지고 광합성을 하지 않기 때문입니다. 식물은 목적을 가지고 광합성을 하는 것이 아니라 여러 변이를 거치는 과정에서 '우연히' 광합성을 하게 된 개체일 뿐입니다.

우리가 일상생활에서 흔히 '왜'와 '어떻게'를 잘 구별해서 쓰지 않기 때문에 이 둘의 차이를 구분하는 것이 오히려 이상할 수 있습니다. 하지만 '너 왜 우니'와 '너 어떻게 우니'는 분명히 다른 설명을 요구하는 질문입니다. 마찬가지로 '식물은 어떻게 광합성을 하지?'와 '식물은 왜 광합성을 하지?'도 완전히 다른 질문입니다. '어떻게'에 대한 질문의 답을 찾는 것이 과학입니다. 왜에 대한 답은 과학에 기대지 말고, 다른 차원에서 찾아야 합니다.

이를 착각할 때 우리는 과학을 잘못 사용하는 오류를 범하게 됩니다. 제대로 된 답을 얻으려면 제대로 된 질문을, 제대로 된 대상에게 해야 합니다. 과학에게 물어야 할 것은 '어떻게'인 것입니다. 그런데 왜를 물으면서 그에 대한 대답을 찾으려할 때 우리는 오류를 범합니다. 그리고 마찬가지로 '어떻게'를 물어야할 때 '왜'를 물어도 우리는 오류를 범합니다. 과학에 물어야 할 것은 다른 곳에 물어도 오류를 범하고, 다른 것에 물어야 할 질문을 과학에 물어도 오류를 범하는 것입니다.

이런 예는 이제까지 무수히 많이 나왔습니다. '왜 생물은 진화하는 것이냐'라고 묻고는 '신의 뜻'이라고 답합니다. 애초에 '왜'가 없는 곳에 억지로 '왜'를 묻는 것입니다. 왜 백인들은 흑인들을 노예로 부리냐고 묻는다면 그 답은 백인의 탐욕입니다. 하지만 이 질문을 하는 사람들은 사회학에 묻지 않고 생물학에 묻고는 백인들이 흑인들보다 뛰어나기 때문이라고 답합니다. 왜냐하면 이미 사회학에 물어서는 자신들이 원하는 답이 없다는 걸 알기 때문입니다. '어떻게' 선천적 장애인이 태어나는지는 오히려 과학에 물어야 할 질문인데 중세에는 종교에 '왜'라고 물었습니다. 그리곤 신의 형벌이라고 답했습니다.

소위 4차 산업혁명이 시작되었다고들 말합니다. 이 산업혁명으로 인간의 미래는 어떻게 될 것이냐를 묻습니다. 그리고 로봇과 인공지능, 자율주행차와 사물인터넷 등이 인류의 삶을 행복하게 할 거라고들 답합니다. 하지만 이 질문은 과학에게 하는 질문이어서는 안 됩니다. 과학은 그런 기술이 개발 가능한 지에 대한 답만을 내놓습니다. 그 기술이 우리를 행복하게 할 것인지는 과학이 아닌 다른 곳에, 바로 인간 스스로에게, 우리 사회에게 물어야 합니다. 인간의 잘못을 과학에게 돌릴 순 없습니다.

그래서 묻습니다. 과연 우리가 과학으로 행복하려면 어떻게 해야 할까요?

참고문헌

《공생, 그 아름다운 공존》, 톰 웨이크퍼드, 전방욱 옮김, 해나무, 2004.

《공생자 행성》, 린 마굴리스, 이한음 옮김, 사이언스북스, 2007.

《과학과 계몽주의 : 빛의 18세기, 과학혁명의 완성》, 토머스 헨킨스, 양유성 옮김, 글항아리, 2011.

《과학과 기술로 본 세계사 강의》, 제임스 E. 매클렐란 3세, 해럴드 도른, 전대호 옮김, 모티브북, 2006.

《과학철학의 이해》, 제임스 레디먼, 박영태 옮김, 이학사, 2003.

《과학한다는 것》, 에른스트 페터 피셔, 김재영 외 3명 옮김, 반니, 2015.

《과학혁명 : 유럽의 지식과 야망》, 피터 디어, 정원 옮김, 뿌리와이파리, 2011.

《과학혁명의 지배자들》, 에른스트 페터 피셔, 이민수 옮김, 양문, 2002.

《그리스 과학 사상사》, 조지 E. R. 로이드, 이광래 옮김. 지식을만드는지식. 2014.

《동물 철학》, 장 바티스트 드 라마르크, 이정희 옮김, 지만지고전천줄, 2009.

《땅 속 생태계》, 이본 배스킨, 최세민 옮김, 창조문화, 2007.

《라이프니츠의 형이상학》, 박제철, 서강대학교출판부, 2013.

《마이크로 코스모스》, 린 마굴리스 · 도리언 세이건, 홍욱희, 김영사, 2011.

《모든 사람을 위한 빅뱅 우주론 강의》, 이석영, 사이언스북스, 2017.

《별밤의 산책자들》, 에른스트 페터 피셔, 송소민 옮김, 알마, 2013.

《보이지 않는 세계》, 이강영, 휴먼사이언스, 2012.

《볼츠만의 원자》, 데이비드 린들리, 이덕환 옮김, 승산, 2003.

《빅뱅 이전》, 마르틴 보요발트, 곽영직 옮김, 김영사, 2011.

《빅뱅》, 사이먼 싱, 곽영진 옮김, 영림카디널, 2015.

《살아 있는 지구의 역사》, 리처드 포티, 이한음 옮김, 까치, 2005.

《서양과학사상사》, 존 헨리, 노태복 옮김, 책과함께, 2013.

《서양사 총론》1·2, 차하순, 탐구당, 2000.

《시간 연대기》, 애덤 프랭크, 고은주 옮김, 에이도스, 2015.

《신경 과학의 철학》, 맥스웰 베넷·피터 마이클 스티븐 해커, 이을상 외 5인 옮김, 사이언스북스, 2013.

《신들의 계보》, 헤시오도스, 천병희 옮김, 도서출판 숲, 2009.

《에덴의 진화》, 앨런 터너·마우리시오 안톤, 안소연 옮김, 지호, 2007.

《우주의 끝을 찾아서》, 이강환, 현암사, 2014.

《우주의 신비를 캔 천문학자 이야기》, 이향순, 현암사, 2000.

《은하수를 여행했던 천재들의 역사》, 위르켄 하멜, 두행숙 옮김, 다산초당, 2009.

《이것이 생물학이다》, 에른스트 마이어, 최재천·고인석 옮김, 바다출판사, 2016.

《2천년 식물 탐구의 역사》, 애너 파보르드, 구계원 옮김, 글항아리, 2011.

《인간 등정의 발자취》, 제이콥 브로노우스키, 김현숙·김은국 옮김, 송상용 감수, 바다출판사, 2009.

《인류의 기원》, 이상희·윤신영, 사이언스북스, 2015.

《자연과학사》1·2, 박인용, 경당, 2016.

《지구 이야기》, 로버트 M. 헤이즌, 김미선 옮김, 뿌리와이파리, 2014.

《지중해 철학기행》, 클라우스 헬트, 이강서 옮김, 효형출판, 2007.

《진화》, 칼 짐머 지음, 이창희 옮김, 세종서적, 2004.

《천문학 및 천체물리학》, 스티븐 A. 그레고리·마이클 자일릭, 강혜성 옮김, Cengage Learning Korea, 2014.

《천문학》, 에릭 체이슨, 스티브 맥밀런, 김희수 외 17명 옮김, 시그마프레스, 2016.

《철학의 탄생》, 콘스탄틴 J. 밤바카스, 이재영 옮김, 알마, 2008.

《최신 유전학》, D. 피터 스너스태드, 김상구 옮김, 범한서적, 2002.

《최초의 생명꼴 세포》, 데이비드 디머, 류윤 옮김, 뿌리와이파리, 2015.

《최초의 인류》, 앤 기번스, 오숙은 옮김, 뿌리와이파리, 2008.

《커넥톰, 뇌의 지도》, 승현준, 신상규 옮김, 정경 감수, 김영사, 2014.

《통증 연대기》, 멜러니 선스트럼, 노승영 옮김, 에이도스, 2011.

《티마이오스》, 플라톤, 박종현·김영균 옮김, 서광사, 2000.

《하늘의 문화사》, 슈테판 카르티어, 서유정 옮김, 풀빛, 2009.

《현대물리학》, 아서 베이저, 장준성 옮김, 한국맥그로힐, 2015.

나의 첫 번째 과학 공부

초판 1쇄 발행   2017년 9월 30일

지은이   박재용

펴낸곳   (주)행성비
펴낸이   서재필

책임편집   박강민
디자인   강준선

편집팀   여미숙
마케팅팀   한경화, 오창록
경영지원팀   이순복

출판등록번호   제313-2010-208호
주소   서울시 마포구 토정로 222 한국출판콘텐츠센터 318호
대표전화   02-326-5913
팩스   02-326-5917
이메일   hangseongb@naver.com
홈페이지   www.planetb.co.kr

ISBN 979-11-87525-54-7 03400

행성B는 독자 여러분의 참신한 기획 아이디어와 독창적인 원고를 기다리고 있습니다.
hangseongb@naver.com으로 보내 주시면 소중하게 검토하겠습니다.